Veranstaltungen 4.0

Thorsten Knoll
(Hrsg.)

Veranstaltungen 4.0

Konferenzen, Messen und Events im digitalen Wandel

Springer Gabler

Herausgeber
Thorsten Knoll
TUBS GmbH
Berlin, Deutschland

ISBN 978-3-658-16222-1 ISBN 978-3-658-16223-8 (eBook)
DOI 10.1007/978-3-658-16223-8

Die Deutsche Nationalbibliothek verzeichnet diese Publikation in der Deutschen Nationalbibliografie; detaillierte bibliografische Daten sind im Internet über http://dnb.d-nb.de abrufbar.

Springer Gabler

Gedruckt auf säurefreiem und chlorfrei gebleichtem Papier

Springer Gabler ist Teil von Springer Nature
Die eingetragene Gesellschaft ist Springer Fachmedien Wiesbaden GmbH
Die Anschrift der Gesellschaft ist: Abraham-Lincoln-Str. 46, 65189 Wiesbaden, Germany

Geleitwort

Veränderungen der Veranstaltungsbranche durch technische Innovationen

Digitale Werkzeuge

Unser Augenmerk in der Veranstaltungs- und Live-Kommunikationsbranche richtet sich zu Recht erst auf die erheblichen technologischen Verbesserungen und erweiterten Möglichkeiten, die uns die Digitalisierung gebracht hat. Noch nie waren so viele Werkzeuge vorhanden, um Besucher und Teilnehmer individuell und gezielt anzusprechen, um Teilnehmermanagement zu professionalisieren und perfekt abgestimmtes zielgruppengerechtes Marketing durchzuführen. Durch die Ausstattung der Gäste und Besucher mit Smartphones oder Tablets haben sich die Dialogoptionen vervielfacht. Etwaige Sprachbarrieren verschwinden langsam durch den Einsatz digitaler Übersetzungstechnologien. Superschnelle Netzwerke ausgeführt mit Glasfaserkabeln ermöglichen weltweite Bild- und Videoübertragungen in hervorragender Qualität. Die Mitglieder des VPLT setzen hochkomplexe Technologien ein, um kundenspezifische Vorstellungen, von der verständlichen sprachlichen Kommunikation bei einem Kongress bis zu ästhetisch anspruchsvollen und oftmals monumentalen Inszenierungen eines Corporate Events, zu ermöglichen. Medienserver und Hochleistungsprojektoren schaffen scheinbare dreidimensionale Welten, die vor wenigen Jahren tatsächlich nicht in den kühnsten Träumen als realisierbar galten. Und: Die Digitalisierung vereinfacht auch nachhaltiges Handeln, da Prozesse, Ressourcen und Technik optimiert werden können.

Zugleich sorgt die Digitalisierung für einen veränderten Arbeitsmarkt: Die Implementation neuer Technologien fordert weniger, aber zugleich besser ausgebildete Mitarbeiter. Aus diesem Grund engagiert sich der VPLT stark bei der

Gestaltung der Aus- und Fortbildungen in der Medien- und Veranstaltungstechnik und war maßgeblich beteiligt bei der Erschaffung des Fortbildungsberufes Meister für Veranstaltungstechnik mit integrierten Fachqualifikationen. Die mannigfaltigen technischen Möglichkeiten können nur durch qualifiziertes Personal effektiv eingesetzt werden. Das Know-how wird zum entscheidenden Faktor am Markt – die Technologie wird ohnehin immer preiswerter, wenn auch vielfältiger. Der gekonnte Umgang mit diesen neuen Werkzeugen entscheidet letztendlich über den Erfolg. Es gibt zahlreiche deutsche Unternehmen, die „Cutting Edge" und zukunftsweisende Technologien für internationale Veranstaltungen und Live-Events herstellen und/oder diese zur Verfügung stellen. Die Veranstaltungs- und Kreativwirtschaft ist wichtiger Bestandteil des Wirtschaftswachstums in der Bundesrepublik Deutschland.

Die Veränderungen im Arbeitsmarkt gehen aber viel weiter. Nach der Oxford-Studie „The Future of Employment" von Carl Benedikt Frey und Michael Osborne aus dem Jahr 2013 wird ein hohes Risiko für eine baldige „Verdrängung durch Computer" bei 47 % der Arbeitsplätze in den USA voraussagt. Und die Denkfabrik McKinsey Global Institute (Dobbs et al. 2015) sieht eine „Transformation der Gesellschaft" auf uns zukommen, die „zehn Mal schneller abläuft und sich 300 Mal umfangreicher sowie 3.000 Mal stärker als die industrielle Revolution auswirken wird." Dabei spielt die Entwicklung neuer Technologien eine große Rolle. Nach Jahrzehnten eines Daseins in der Theorie erobern praktische Formen der künstlichen Intelligenz Bereiche in unserem Arbeitsalltag. Zunehmend muss in unserer post-postindustriellen Gesellschaft damit gerechnet werden, dass auch komplizierte Arbeitsvorgänge automatisiert werden können – und werden. Die Veranstaltungsbranche wird von dieser Entwicklung nicht ausgenommen sein. Die schon erwähnten Übersetzungstechnologien mit Hard- und Softwarelösungen für Kongresse und Tagungen sind nur der Anfang. Ein kurzer Einblick in mögliche Veränderungen durch die Digitalisierung im Markt der Live-Musikveranstaltungen in den letzten Jahren mag dafür beispielhaft sein.

Digitale Veränderungen – Beispiel: Live-Musikveranstaltungen

Die Entwicklungen in Musikindustrie und Musikmarkt haben sich wegen der Digitalisierung der Tonträger und Vertriebssysteme in den letzten Jahren stark verändert und zeigen beispielhaft, wie tief und weitgreifend die Veränderungen sind. Die Digitalisierung von Musikinhalten und die Erschaffung neuer Vertriebswege durch Musik-Download-Portale und Live-Streaming-Dienste haben kostengünstige Angebote des Musikerlebens geschaffen. Die Umsätze im Tonträgermarkt, einst „Cash Cow“ der Branche, verlieren immer mehr an Bedeutung. Gleichzeitig verändern sich die Einstellungen der Käufer gegenüber dem Wert der „unbegrenzt reproduzierbaren Musik“. Wie wertig sind Musikdateien, die 24/7/365 weltweit – zu einem Monatspreis von zehn Euro und zum Teil unerlaubterweise kostenlos – als Zeugnisse künstlerischen Schaffens zur Verfügung stehen?

Walther Benjamin hatte 1936 im Pariser Exil schon vorausgesehen: Die unbegrenzte Reproduzierbarkeit eines Kunstwerkes führt zwangsläufig zu einer Entwertung der „Echtheit = Hier und Jetzt“ eines Werkes. Benjamin spricht von Verlust der „Aura“. Wenngleich nicht jedes Musikstück als „Kunstwerk“ bezeichnet werden darf, ist Benjamins These durch das Verhalten der Konsumenten im Musikmarkt bestätigt worden. Die Zuhörer haben entschieden: Nur das Live-Erlebnis hat einen echten Wert. Für die Live-Musikbranche bedeutet dies einen Boom, der seinesgleichen sucht. Nach der GfK-Konsumstudie des Veranstaltungsmarktes zum Konsumverhalten der Konzert- und Veranstaltungsbesucher in Deutschland betrug im Jahr 2013 der Umsatz der Musikindustrie in der Bundesrepublik Deutschland durch Live-Veranstaltungen 2,7 Mrd. EUR und 67 % des Gesamtumsatzes; der Tonträgermarkt machte nur noch 33 % des Umsatzes aus. Das Musikfestivalgeschäft wächst weltweit rasant an. Es gibt weltweit über 1500 Musikfestivals. In den USA besuchen 32 Mio. Menschen jedes Jahr mindestens ein Musikfestival. Sponsoren haben im Jahr 2015 1,3 Mrd. US$ ausgegeben, um dabei zu sein (Patterson 2015). Die Entwicklung bedeutet erfreulicherweise eine erhebliche Steigerung der Umsätze und Zahl der Arbeitsplätze in der Entertainment-Industrie und im Bereich der Medien- und Veranstaltungstechnik.

Die Fans möchten allerdings keineswegs auf die digitale Konnektivität, die sie im Alltag kennen, bei einem Konzert- oder Festivalbesuch verzichten. Betreiber und Veranstalter müssen zunehmend darauf achten, dass genügend Netzkapazitäten zur Verfügung stehen, um die mitgebrachten Smartphones und Tablets zu bedienen, sodass Freunde und Bekannte in Echtzeit mit Bildern und Videos der Erlebnisse versorgt werden können. Veranstalter nutzen die mitgebrachten Geräte der Besucher, um diese in die Licht- und Videogestaltung der Show zu integrieren. Besucher können die Bühnenshow via Live-Stream überall vor Ort mitverfolgen. Das US-Medienunternehmen Live-Nation ist eine Partnerschaft mit der Firma NextVR eingegangen, um im Sommer 2016 Konzerte als „Virtual Reality Live Streams“ anzubieten. Besucher befinden sich virtuell – durch den Einsatz von VR-Headsets und ausgestattet mit „Tickets“ als Zugang zum Stream – bei der Veranstaltung. Allerdings stehen diesen Besuchern wesentlich mehr Möglichkeiten zur Verfügung als denen, die tatsächlich vor Ort sind. Unterschiedlichste Blickwinkel und Zugänge zur Bühne oder auch dahinter sowie individuell steuerbare Einstellungen bei der Musikübertragung lassen sich mühelos aus dem Komfort des eigenen Wohnzimmers auswählen. Natürlich behaupten die Macher, dass das Live-Erlebnis nicht durch einen Virtual-Reality-Besuch ersetzt werden kann – noch.

Digitale Welten – das Live-Event als individualisiertes virtuelles Erlebnis

Das Wacken Festival 2016 endete mit einem Auftritt eines Hologramms des verstorbenen „Rainbow"- und „Black Sabbath"-Sängers Ronnie James Dio. Das Hologramm wurde von Live-Musikern der Band „Dio's Disciples" begleitet. Die Reihe der posthum als Hologramm performenden Künstler, unter anderem 2Pac, Michael Jackson und Elvis Presley, wird immer länger. Bald tritt der 1995 verstorbene Entertainer Dean Martin in einer eigenen Show in Las Vegas auf. Um alle großen Künstler digital wieder auferstehen zu lassen, stehen mehrere Unternehmen schon in Verhandlung mit etlichen Nachlassverwaltern und Erben.

Ein Künstlerhologramm bietet – gegenüber einem Live-Performer – erhebliche Vorteile:

- Große Künstler sterben nicht mehr. Sie stehen ewig in jedem Lebensalter zur Verfügung.
- Konzerte müssen nie wegen einer Erkrankung oder Laune des Stars abgesagt werden.
- Hologramme können gleichzeitig an mehreren Orten auftreten.
- Kostenstrukturen sind langfristig planbar – unabhängig vom Erfolg.
- Schon verloren geglaubte Märkte können wieder abgeschöpft werden.

Das ist aber nur der Anfang.

Hatsune Miku ist ein Musikstar, den es nur digital gibt. Im April 2016 tourte Hatsune durch die USA, Kanada und Mexiko und trat als Hologramm unter anderem vor ausverkauften Sälen (fast 60.000 Besucher insgesamt) in New York City, Seattle, Chicago, Los Angeles und Dallas auf. Die japanische „Künstlerin", deren Gesang zum Teil durch die Stimme der Schauspielerin Saki Fujita und sonst über „Virtual Studio Technology" erzeugt wird, sieht wie ein sechzehnjähriges „Sailor-Moon-Wesen"– eine Manga-Reihe der japanischen Zeichnerin Naoko Takeuchi – aus. Ihr gesamtes Repertoire ist „crowdsourced"; Musiker und Komponisten laden ihre Vorschläge über eine Software hoch, und wenn sie bei der Fangemeinde Gefallen finden, kommen sie in das abendliche Programm. Noch begleiten Live-Musiker das Hologramm während der Konzerte und es gibt ein entsprechendes Ambiente mit Licht, Effekten, sowie eine Liveübertragung der Musik in den Saal.

Ein frei erfundenes Künstlerhologramm bietet – gegenüber einem Live-Performer – noch deutlich mehr Vorteile:

- Der Star kann marketingtechnisch genau auf die Zielgruppe eingestellt werden.
- Es gibt nie Auseinandersetzungen wegen „künstlerischer Freiheit“.
- Die Fans können durch die Musikbeiträge zum Teil der Performance werden.
- Der Star existiert so lange wie nötig und kann auch „ewig“ verändert werden.
- Ein wichtiger Kostenfaktor, der Künstler, wird zum Arbeitsmittel.

Hatsune ersetzt den Live-Entertainer. Schon längst wird auch daran gearbeitet, den Saal, die Show, das ganze Event in virtuelle Welten zu transportieren. Diese Welten stünden jederzeit zur Verfügung, Teilnehmer könnten zwischen grenzenlosen Angeboten wählen, schon längst verstorbene Künstler erleben oder selbst zum Star in eine individualisierte Traumwelt eintauchen und verweilen. Wenn Freunde in Echtzeit sich beteiligen, umso besser. Softbots – Computerprogramme, die zu gewissem (wohl spezifiziertem) eigenständigen und eigendynamischen (autonomen) Verhalten fähig sind – könnten aber auch bei Bedarf die Rolle der Freunde übernehmen. Theoretisch können auch Softbots den eigenen Besuch im virtuellen Raum selbst durchführen. Der passende virtuelle Bericht lässt sich, bei Bedarf, später erleben – falls der persönliche Softbot diesen als „erlebenswert“ empfiehlt.

Virtuelle Konzerte bieten erhebliche Vorteile für Besucher:

- Es gibt unbegrenzte Möglichkeiten. Es können Konzerte stattfinden, die es real nie gegeben hat, mit Künstlern, die es nie real gegeben hat, in Räumlichkeiten, die es nicht real gibt, und mit nicht realen Fans, die nach den Vorstellungen des Bestellers kreiert worden sind.
- Der Besucher bestimmt Zeit und Ort des Erlebens.
- Der Besucher erhält Zugang zu allen Plätzen und Perspektiven des Konzertes und kann bei Bedarf selbst Musik und Dramaturgie bestimmen.
- Sämtliche Fragen der Besuchersicherheit entfallen.
- Sämtliche Unannehmlichkeiten von Großveranstaltungen, zum Beispiel unzureichende Toilettenanlagen, teures Catering, überfüllte Besucherflächen, Parkplatzsuche, Fahrtwege und -zeiten entfallen.

Aber: Können in Zukunft virtuelle Konzerte tatsächlich das Live-Erlebnis ersetzen?

Fazit

Es ist eine äußerst spannende Zeit der Entwicklungen in der Veranstaltungsbranche. Die weitreichenden möglichen Veränderungen betreffen alle Formen der direkten Kommunikation. Niemand vermag heute vorauszusehen, wie sehr die bald perfekten virtuellen Angebote und Möglichkeiten unsere menschliche Gemeinschaft und unser Handeln beeinflussen werden. Bleibt die „Aura" so stark, dass wir den Unterschied zwischen wiederholbaren und einmaligen Ereignissen erkennen können? Wird das Menschliche, die Einzigartigkeit der Begegnung und Interaktion von realen natürlichen Organismen gegenüber der Vielseitigkeit der jederzeit zur Verfügung stehenden virtuellen Welten bevorzugt, oder ist es den kommenden Generationen in einer Individualgesellschaft, die von Streben nach Autonomie und Selbstbestimmung geprägt ist, egal, ob sie mit Menschen oder mit Technologie kommunizieren, agieren und feiern? Wie werden Fragen der Sicherheit und Verifizierbarkeit im Netz – mit wem oder was findet die Interaktion in dieser virtuellen Welt statt – hierbei eine Rolle spielen?

Dieses Buch wird einige notwendige Diskussionen und Denkprozesse zu dieser von uns zu gestaltenden Zukunft der Veranstaltungsbranche auf den Weg bringen. Die Antworten und Ergebnisse darauf werden in den nächsten Jahren durch neue Technologien, aber auch durch Entscheidungen der Nutzer bestimmt werden. Wir sind gut beraten, wenn wir uns so gut wie möglich auf die kommenden Veränderungen vorbereiten.

Randell R. Greenlee

Literaturverzeichnis

Benjamin, W. 2011. *Das Kunstwerk im Zeitalter seiner technischen Reproduzierbarkeit.* Stuttgart: Reclam (Erstveröffentlichung 1936).

Bundesverband der Veranstaltungswirtschaft e. V. (bdv), und Musikmarkt GmbH & Co. KG. 2014. Veranstaltungsmarkt 2013: Eine Studie der GfK.

Dobbs, R., Manyika, J., und Woetzel, J. 2015. *No ordinary disruption, the four global forces breaking all the trends.* New York: McKinsey and Company. Frey, C. B., und Osborne, M. A. 2013. The future of employment: How susceptible are jobs to computerisation? Oxford: University of Oxford.

McLuhan, M. 1994. Understanding media, the extensions of man. Cambridge: MIT Press (Erstveröffentlichung 1964).

Patterson, T. 2015. Music festivals fueling music industry as album sales fade. Axs.com. http://www.axs.com/news/music-festivals-fueling-music-industry-as-album-sales-fade-65343. Zugegriffen: 8. Dez. 2016.

Weiterführende Literatur

Trede, S. 2006. Marshall McLuhan: *Das Medium ist die Botschaft – Diskussion einer grundlegenden These der Medientheorie im 20. Jh.* Athens: National & Kapodistrian University of Athens.

Über den Autor

Randell R. Greenlee Seit 36 Jahren ist der gelernte Bühnenbildner und Lighting Designer **Randell R. Greenlee** im Bereich Theater, Szenografie und Veranstaltungsdramaturgie international tätig und seit 2014 beim VPLT: Der Verband der Medien- und Veranstaltungstechnik beschäftigt. In 2016 wurde er Bereichsleiter für Politik und Internationales. Seit 15 Jahren ist er als Dozent bei den IHK-Ausbildungslehrgängen für Meister/in für Veranstaltungstechnik und den IHK-Qualifizierungslehrgang Projektleiter/in Messe und Event an der Deutschen Event Akademie, DEAplus, tätig. Seit 2011 ist er Lehrbeauftragter an der Hochschule Hannover, Fakultät III, im Bachelor-Studiengang Veranstaltungsmanagement.

Kontakt: randell.greenlee@vplt.org

Inhaltsverzeichnis

Der Herausgeber

Dr. Thorsten Knoll arbeitet seit 2001 als Projektleiter im Veranstaltungsmanagement der TUBS GmbH und verantwortet dort die konzeptionelle und organisatorische Durchführung von wissenschaftlichen Ausstellungen und Messebeteiligungen sowie Kongressen und Tagungen.

Für den in Ostwestfalen-Lippe Geborenen führte der Weg nach dem Abitur in Lemgo und dem Zivildienst beim Detmolder Kinderschutzbund direkt nach Berlin. Hier begann er 1986 seine kulturgeschichtlichen Studien an der Freien Universität Berlin.

Nach dem erfolgreichen Studienabschluss der Kunstgeschichte, Geschichte und Publizistik und seiner Promotion als Architekturhistoriker ging er mit der Entscheidung für das Studium des „European Communication and Administration - Europäisches Kulturmanagement" den für sein heutiges Tätigkeitsfeld entscheidenden Schritt von der Geschichtsvermittlung in Museen und Galerien hin zu Gegenwart und Zukunft im universitären Veranstaltungsbereich.

Aufbauend auch auf seinen in den Kulturbetrieben erworbenen Kenntnissen, begann er mit der TUBS GmbH für die TU Berlin wissenschaftliche Ausstellungen und Messebeteiligungen zu organisieren und durchzuführen. Zudem lehrt er seit Jahren als Gastdozent an der TU Berlin und lehrte an der BEST-Sabel-Hochschule Berlin professionelles Veranstaltungsmanagement im MICE-Bereich.

Sein besonderes Interesse gilt heute neben der konzeptionellen Entwicklung und Umsetzung neuer partizipativer Veranstaltungsformate insbesondere dem digitalen Wandel in der Veranstaltungsbranche durch den Einsatz innovativer Technologien. Er ist der Überzeugung, dass nur die Anbieter, die den digitalen Transformationsprozess in eine zukunftsfähige Innovationskultur einbinden auch in Zukunft am Markt bestehen können.

Abbildungsverzeichnis

Tabellenverzeichnis

1 Einleitung: Die Veranstaltungsbranche im digitalen Wandel

Thorsten Knoll

Wir scheitern selten an Ideen, sondern am Mangel an Veränderungsbereitschaft.

Prof. Dr. Holger Lütters

Zusammenfassung

Vernetztes Denken und Handeln hat die Veranstaltungsbranche maßgeblich verändert. Der digitale Wandel setzt den einzelnen Menschen mit seinen individuellen Bedürfnissen ins Zentrum gesellschaftlicher und ökonomischer Leistungserbringung. Besucher und Teilnehmer von Veranstaltungen werden zunehmend ihre eigenen individuellen Bedürfnisse an die jeweilige Veranstaltung artikulieren (können) und die Veranstaltungsbranche wird darauf mit einem hohen Maß an Consumer Convenience reagieren (müssen). Nur die Anbieter, die diesen Transformationsprozess in eine zukunftsfähige Innovationskultur einbinden, die den veränderten Bedürfnissen und Möglichkeiten durch neue Technologien, Arbeitssysteme und Netzwerke Rechnung tragen, werden auch in Zukunft am Markt bestehen können.

Wo internationale Unternehmen längst vorausschauend handeln, betrachtet und hinterfragt die deutsche Dienstleistungsbranche den digitalen Wandel noch immer. Ob es sich bei ihm nun um die vierte oder nur die 3,5te industrielle Revolution handelt: Es besteht kein Zweifel daran, dass die Zukunft – alle Geschäftszweige durchdringend – noch digitaler wird und das in zunehmender Geschwindigkeit, an die sich die Dienstleister anpassen müssen. Flexibilität ist

T. Knoll (✉)
TUBS, Berlin, Deutschland
E-Mail: knoll@tubs.de

T. Knoll (Hrsg.), *Veranstaltungen 4.0*,
DOI 10.1007/978-3-658-16223-8_1

deshalb gefragt, doch setzt Flexibilität im Handeln Flexibilität im Denken voraus. Die digitale Transformation beginnt ihren Weg im Kopf und auf diese Reise müssen alle beteiligten Gruppen gemeinsam gehen: Industrieunternehmen ebenso wie die Dienstleistungsbranchen von Banken über Transport und Logistik bis hin zum MICE-Bereich.

„Digitaler Wandel" und „Disruption" sind dabei die Buzzwords. Wer, zu lange zögernd, den digitalen Weg nicht mit beschreitet, riskiert die Verdrängung vom Markt, denn zunehmend kürzere Innovationszyklen digitaler Systemlösungen und Produkte sind ebenso Treiber dieses Prozesses wie die umfangreiche digitale Erhebung und Auswertung von Daten. Unsere Arbeits- und Lebenswelt erfährt einen Paradigmenwechsel: Digitale Medien und Softwarelösungen schaffen die Voraussetzungen für neue Formen von Informationssammlung und -weitergabe sowie von Vernetzung und Zusammenarbeit.

Basis dieser Veränderungen ist das Internet. Durch die immer stärkere Verbreitung von mobilen Endgeräten, Smartphones, Tablets und zunehmend auch Wearables wie Smartwatches und -brillen können immer mehr Menschen in immer kürzerer Zeit auf Inhalte des Netzes zurückgreifen. Die beschleunigte Kommunikation findet insbesondere in den sozialen Netzwerken wie Facebook, WhatsApp oder Twitter ihren Ausdruck. Die rasche Weiterentwicklung dieser Plattformen wird nicht zuletzt durch Application Software, kleine spezialisierte Computerprogramme, vorangetrieben. Apps sind zum Motor des räumlich und zeitlich unbegrenzten Zugriffs auf Dienstleistungen und Informationen geworden.

Diese Entwicklung hat für das Live-Marketing, für Events und Bildungsveranstaltungen weitreichende Konsequenzen. Veranstaltungen der Zukunft werden Teile eines komplexen Netzwerkes oder einer thematischen Plattform sein, die eine umfassende Wertschöpfung aus der Veranstaltung ermöglicht. Das Event 1.0 war die klassische Veranstaltung mit An- und Abreise, eindimensionalem Frontalvortrag vor Ort in anonymer Zuhörerschaft und dadurch bedingtem kaum lenk- und kontrollierbarem Informationsgewinn. Der Teilnehmer war auf sich selbst gestellt. Im Zuge der verschiedenen Phasen wurde dieser Zustand aufgehoben: über zunehmende Offenheit, Interaktivität und sozialen Austausch, über individuelle oder gruppenspezifische Ansprüche von Teilnehmern und Veranstaltern und deren Erfüllung, über den Einsatz neuer interaktiver Technologien, die digitale Vernetzung und die Forderung nach Nachhaltigkeit in der Erkenntnisverwertung. „Veranstaltung 4.0" beschreibt somit ein Paradigma, in dem an die Stelle starrer Standardprodukte und Dienstleistungen bzw. Prozesse sowie eindimensionaler Wertschöpfungen kundenindividuelle Problemlösungen und offene, kollaborative Netzwerke entlang kompletter Wertschöpfungsketten treten.

Für die Organisationsprozesse von Veranstaltungen ergibt sich durch den Einsatz digitaler Technik eine Reihe von Vorteilen. Intelligente Softwarelösungen ermöglichen eine erhöhte Flexibilität bei der Vorbereitung, Organisation und Durchführung. „Vollständig digital tagen – Erfahrungen und Ergebnisse der 12. Internationalen Tagung Wirtschaftsinformatik“ von **David Sossna** und **Oliver Thomas** schildert den konsequenten Einsatz digitaler Technologien bei der Organisation einer großen Fachkonferenz.

Insbesondere durch die Nutzung von Apps können alle Teilnehmer eines Events schon im Vorfeld Einladungen und Empfehlungen für die Veranstaltung erhalten. Dabei haben die Teilnehmer die Möglichkeit, ihre Kompetenzen und ihr Vorwissen auch als Content einzubringen. Intelligentes Matchmaking unterstützt im Rahmen der Veranstaltung eine umfassende Verbreiterung der Informationsbasis für alle Teilnehmer. **Thorben Grosser** befasst sich in seinem Beitrag „Bits and Apps im Messe- und Tagungswesen“ mit der zunehmenden Technologisierung von Veranstaltungen wie Kongressen und Messen und deren Auswirkung. Dabei werden verschiedene Nutzungsfälle beleuchtet und mit praxisnahen Beispielen illustriert. Schwerpunkte bilden Teilnehmerinformation, interaktive Veranstaltungen, Technologiemarketing und Datenschutz sowie die Schaffung von messbaren Ergebnissen zur besseren Bestimmung des „Return on Investment“.

Durch kollaborative Formate wie Blogparaden oder virtuelle Round Tables sowie die Nutzung sozialer Plattformen wie Twitter während der Veranstaltung werden die Teilnehmer zu Akteuren bzw. Multiplikatoren. Somit verschwinden die physischen und temporären Grenzen und es entsteht eine offene, interaktive und virtuell kollaborative Veranstaltung 4.0. Der Nutzer von Social Media mutiert dabei – umfassend informiert und integriert – vom passiven Empfänger zu einem aktiven Teilnehmer, der seine Einschätzungen oder Meinungen im Vorfeld, während und nach der Veranstaltung mit anderen teilt. Dieses Dictum stellt die Macher von Events aber auch auf eine harte Probe: den „Kontrollverlust“ als Chance zu begreifen. Die Chance der lukrativen Verbindung von emotionalem Live-Event und dem bildschirmgeprägten, aber reichweitenstarken Potenzial der sozialen Netzwerke.

Dieses Paradoxon ist integraler Bestandteil sogenannter „hybrider Events“: Immer mehr Menschen nehmen an Live-Veranstaltungen parallel digital via Netz teil. Digitales Video und Videostreaming im Hinblick auf Bühnenprojektionen, mobile Live-Social-Media-Übertragungen, Multi-View-Techniken und immersive Übertragungs- und Präsentationsverfahren sind dabei aktuell vollzogene Entwicklungen mit breitem Anwendungspotenzial. Welche Technologien für die im Veranstaltungsbereich angewandten Streamingangebote zur Verfügung stehen und wie sie eingesetzt werden, beschreiben **Robert Strzebkowski** und **Jürgen Lohr** in „Digital Video im Entertainment- und Event-Bereich". **Kai Wegner** stellt dem gegenüber die „Augmented Reality und Virtual Reality in Veranstaltungen" dar – ausgehend von den ersten Computerspielanwendungen in den 1990er Jahren bis hin zu ihren heutigen nahezu unbegrenzten Möglichkeiten einer Zukunftstechnologie, die erst aufgrund verbesserter Bildgebungsverfahren, des Einsatzes mobiler Endgeräte und hoher Rechnerleistungen Marktreife erlangte.

Digitale Technologien nicht nur als Veranstaltungstools, sondern als Veranstaltungsformat bieten beispielhaft Hackathons mit ihrer Implementierung von Technik in ein neues Veranstaltungsformat. Hackathons verbinden eine moderne Form intensiver gemeinsamer Arbeit mit weitreichenden Innovationsprozessen auf der Basis digitaler Technologien. Damit sind sie insbesondere für Technologieunternehmen von besonderer Relevanz, um neue Konzepte und Systemlösungen durch einen Wettbewerb von Entwicklerteams zu generieren. Willi Schroll und Nico Knoll stellen Konzept, Struktur und Prozess des Hackathon-Formats dar. „Kollaborative Innovationen technologieorientierter Systemlösungen" von **Willi Schroll** befasst sich mit dem Ursprung, den Zielsetzungen, den Erfolgsfaktoren und dem Designprozess von Hackathons, **Nico Knoll** beschreibt in „HackHPI: How to organize a Hackathon" die praktische Durchführung eines studentischen Hackathons am Hasso-Plattner-Institut im Jahre 2016.

Der Schritt vom hybriden zum durchgängig digitalen Event ist bereits vollzogen. „Digitale Events und Messen: gestern noch Theorie – heute schon Wirklichkeit" von **Martin Schulz** erörtert ihn und gibt einen umfassenden Überblick über den Veranstaltungsort Internet. Hier finden sich auch erfolgreiche reine Bildungsveranstaltungen, die den Seminarraum mit begrenzter Teilnehmerzahl gegen moderne Streamingtechnologien mit Massive Open Online Courses im globalen Hörsaal tauschen. Beispielhaft für diese Entwicklung ist die interaktive Onlinebildungsplattform openHPI des Hasso-Plattner-Instituts Potsdam, die frei zugänglich kostenlose Onlinekurse aus den Bereichen der Informationstechnologien und Informatik anbietet. **Christoph Meinel** und **Stefanie Schweiger** stellen in ihrem Beitrag „open HPI – Das MOOC-Angebot des Hasso-Plattner-Instituts" das Konzept, die Angebote, die Umsetzung sowie die Ergebnisse dieser deutschlandweit führenden MOOC-Plattform vor.

Veranstalter sind gezwungen, ihre unterschiedlichen Zielgruppen und deren Entscheidungsprozesse noch besser zu definieren. Nur so lassen sich neue Angebote für unterschiedliche Interessen realisieren. Dies kann Besucher von Messen und Events ebenso wie Teilnehmer von Kongressen, Tagungen oder Seminaren betreffen, die zusätzliche Angebote oder Mehrwerte erwarten – und zwar sowohl vor Ort als auch online in der Vor- und Nachbereitung einer Veranstaltung. Hinzu kommen unterschiedliche Stakeholder-Gruppen der Auftraggeber, wie Verbände,

Politik und Unternehmen, die als Auftraggeber von neuen Veranstaltungskonzepten überzeugt sein müssen.

Eine zunehmende Interessensvielschichtigkeit in der Veranstaltungsbranche erfordert zudem neue Lösungen, die eine weitgehende Befriedigung der zum Teil divergierenden Interessen ermöglichen. Am Beispiel eines Messeveranstalters wird dies besonders deutlich. Der Veranstalter muss einerseits Aussteller als Kunden halten und neue hinzugewinnen und andererseits für die Aussteller zielgruppenspezifische Fachbesucher in der richtigen Art und Weise mit relevanten Informationen zum Besuch der Messe bewegen. Dabei muss er aber auch auf die Interessen von Unternehmensvereinigungen und Verbänden Rücksicht nehmen, die die jeweilige Veranstaltung maßgeblich unterstützen. Diesen Spagat zwischen unterschiedlichen Zielgruppen einer Messeveranstaltung gab es immer. Neu ist aber unter anderem, diese Gruppen auf zeitgemäßen Kommunikationskanälen anzusprechen, neue Interaktivität und Offenheit zu gewährleisten, Mehrwerte und Nachhaltigkeit über digitale Plattformen zu schaffen. Die Anzahl von Leads als gültige Währung zur Beurteilung des Messeerfolgs ist allein nicht mehr ausreichend, um die gestiegenen Ansprüche und unterschiedlichen Interessen der messerelevanten Gruppen an spezifischen Mehrwerten zu erfüllen.

Konventionelle Veranstaltungsdurchführungen können für modernes Content Marketing nicht liefern, was neue internetgestützte Vertriebs- und Marketingkanäle erfordern. Dementsprechend sind Veranstalter in allen Bereichen des Live-Marketings gezwungen, einen Datenmehrwert im Rahmen ihrer Veranstaltungen über neue digitale Technologien zu generieren. Getrieben wird dieser Wandel von technischen Innovationen, die neue Komplexitäten entstehen lassen. Dem folgen die Erwartungen der Veranstalter sowie der Besucher oder Teilnehmer von Veranstaltungen: Der Kunde 4.0 will nachfrageorientierte Lösungen bei hoher Convenience. Insbesondere für die Veranstalter von Messen und Kongressen ergibt sich daraus eine Herausforderung: Wie kann ich eine physische Teilnahme von Messe(fach)besuchern und Kongressteilnehmern auch in Zukunft sicherstellen? **Sven Prüser** hat sich in seinem Beitrag „Mobilisierung von Messe- und Kongressbesuchern in Zeiten ubiquitärer Kommunikation und Information" mit dieser zentralen Fragestellung befasst. In seiner Untersuchung über das Informationsverhalten von Entscheidungsträgern, das heißt potenziellen Besuchern von Messen oder Teilnehmern von Kongressen, hat er herausgearbeitet, welche konzeptionellen und kommunikativen Ansätze für Veranstalter bestehen, damit sie im Wettbewerb mit digitalen Plattformen um die Informationssuchenden auch in Zukunft antreten können.

Die Organisation von Veranstaltungen, ob Messen, Konferenzen, Konzerte, Seminare oder Kultur- und Sportereignisse, hat sich in den vergangenen Jahren bereits massiv verändert. Veranstalter können durch moderne Ticketing-Technologien ihre Veranstaltungen immer detaillierter analysieren und optimieren. Durch den Verkauf über digitale Plattformen wissen Veranstalter zu jedem Zeitpunkt, wer wann welche Tickets gekauft hat und welche Marketingkanäle besonders effektiv sind. Zudem generieren Social-Media-Plattformen und Mobile Devices durch den Einsatz von Veranstaltungs-Apps eine Vielzahl von nutzer- und nutzungsrelevanten Daten, die den Veranstalter in die Lage versetzen, seine jeweilige Veranstaltung im Nachgang besser auszuwerten, zu optimieren und noch gezielter zu bewerben. Veranstalter können die weitestgehend durch automatisierte Prozesse ermittelten Daten in gängigen E-Commerce-Prozessen vermarkten: nicht nur im Rahmen des viralen Marketings für ihre kommenden Events, sondern auch als Grundlage einer detaillierten Auswertung der Werbeaktivitäten von Sponsoren und Förderern, die den Sponsoring-Wert der Veranstaltung auf eine sichere Evaluationsbasis stellt.

Die vor und während der Veranstaltung gesammelte Datenfülle wird sich hierbei mit dem massiven Einsatz des Internet of Things nochmals erheblich vergrößern und Veranstaltungen noch transparenter machen. Neben der bereits heute gängigen Datenerhebung können zukünftig in Armbändern integrierte RFID Chips oder iBeacon-Technologien ein noch umfassenderes Tracking der Besucher bzw. Teilnehmer ermöglichen. Die Auswertung der Daten erlaubt dann noch bessere Aussagen über den Aufenthaltsort der Besucher bzw. Teilnehmer während des Events, über die Wegenutzung, darüber, wie häufig und wie lang Werbung von Sponsoren betrachtet wurde, welche Seminare, Sessions oder Ausstellungsbereiche besonders oft aufgesucht wurden und wie lang die Veranstaltung insgesamt besucht wurde.

Noch nehmen hiesige Konferenzen, Kongresse und Messen im weltweiten Vergleich eine Spitzenposition ein. Doch mit zunehmender Globalisierung, verbesserter Infrastruktur und in vielen Ländern vergleichsweise niedrigem Kostenniveau verstärkt sich durch neue Marktteilnehmer auch in der Veranstaltungsbranche der Konkurrenzdruck. Dies hat auch das GCB German Convention Bureau e. V. erkannt. Das vom GCB initiierte Projekt „Future Meeting-Space“ zeigt deshalb nicht nur Entwicklungen und Chancen auf, sondern gibt klare Handlungsempfehlungen. Die vom Januar 2015 bis Juni 2016 erhobenen Ergebnisse aus Analysen, Experteninterviews und Fokusgruppen wurden im „Future Meeting Guide“ zusammengefasst, dessen Ergebnisse in gekürzter Form durch **Matthias Schultze** vom GCB zur Verfügung gestellt wurden. In den Ergebnissen des Future Meeting Guide ist deutlich zu erkennen, dass Digitalisierung und Vernetzung nicht die Zukunft, sondern die Gegenwart sind. Veranstaltungen 4.0 unter umfangreicher Nutzung digitaler Technik und moderner Medien dienen damit dem Erhalt und Ausbau des Veranstaltungsortes Deutschland.

Über den Autor

Dr. Thorsten Knoll, Projektleiter TUBS GmbH Berlin arbeitet seit 2001 als Projektleiter im Veranstaltungsmanagement der TUBS GmbH und verantwortet dort die konzeptionelle und organisatorische Durchführung von wissenschaftlichen Ausstellungen, Messebeteiligungen sowie von Kongressen und Tagungen. Als Gastdozent an der TU Berlin und der BEST-Sabel-Hochschule Berlin lehrt er seit Jahren professionelles Veranstaltungsmanagement im MICE-Bereich. Sein besonderes Interesse gilt der Umsetzung neuer partizipativer Veranstaltungsformate.

Kontakt: knoll@tubs.de

2 Vollständig papierlos tagen – Ergebnisse der 12. Internationalen Tagung Wirtschaftsinformatik

David Sossna und Oliver Thomas

Zusammenfassung

Die 12. Internationale Tagung Wirtschaftsinformatik (WI 2015) gilt als erste vollständig papierlos durchgeführte Tagung im deutschsprachigen Raum. Basis der erfolgreichen Umsetzung war das digitale Tagungskonzept „pAP-PyrOS“, das im Rahmen eines Förderprojektes der Deutschen Bundesstiftung Umwelt entwickelt wurde. Dies beinhaltete eine vollständige Substitution von Printprodukten durch digitale Technologien über alle Prozessschritte einer Tagung hinweg.

Der Einsatz digitaler Technologien ermöglichte eine erhöhte Flexibilität bei der Vorbereitung, Organisation und Durchführung der WI 2015. Die erfolgreiche Umsetzung hat gezeigt, dass auch ohne Printprodukte die Teilnehmer ausreichend und umfassend informiert werden und Sponsoren im Rahmen einer papierlosen Tagung ihre Kommunikationsziele erreichen. Der passgenaue Einsatz digitaler Technologie führt schlussendlich zu einer Ersparnis von Zeit, Finanzen und materiellen Ressourcen.

D. Sossna (✉)
Fachbereich Informationsmanagement und Wirtschaftsinformatik, Universität Osnabrück, Osnabrück, Deutschland
E-Mail: david.sossna@uni-osnabrueck.de

O. Thomas
Lehrstuhl für Informationsmanagement und Wirtschaftsinformatik, Universität Osnabrück, Osnabrück, Deutschland
E-Mail: oliver.thomas@uni-osnabrueck.de

T. Knoll (Hrsg.), *Veranstaltungen 4.0*,
DOI 10.1007/978-3-658-16223-8_2

2.1 Überlegungen zu einer vollständig digitalen Tagung

Kaum ein Bereich der heutigen Berufs- und Arbeitswelt, der nicht durch die voranschreitende Digitalisierung geprägt ist. Unterstützten Software-Lösungen in der Vergangenheit lediglich einzelne Prozesse, werden heutzutage ganze Geschäftsbereiche digital dargestellt. Besonders die Markteinführung des iPhones im Jahre 2007 und die darauffolgende Verbreitung von Smartphones führten zu einer vollständigen Vernetzung von Einzelpersonen mit dem Internet. Gleichzeitig bieten Cloud-Technologien Möglichkeiten der zentralen Speicherung von Daten und stellen somit eine permanente und ortsunabhängige Verfügbarkeit von Informationen sicher. Diese Entwicklungen beeinflussen die Möglichkeiten der Informationsvermittlung enorm: Austausch und Verbreitung sind wesentlich schneller und flexibler. Formen der Interaktivität nehmen zu.

Dahingegen ist die Informationsvermittlung durch Printprodukte starr. Einmal erstelle Dokumente können nicht oder nur mühsam verändert oder angepasst werden. Die Produktion verschlingt Ressourcen (Papier, Druckerfarbe etc.). Die Distribution ist nicht nur komplex, sondern auch kostenintensiv. Eine direkte Interaktion in Echtzeit zwischen Sender und Empfänger ist bei der Informationsvermittlung über Printprodukte nicht möglich.

Auch bei der Organisation von Tagungen und Kongressen spielt die Informationsvermittlung eine relevante Rolle. Dies betrifft sowohl die Kommunikation zwischen den Organisationsbeteiligten als auch die Kommunikation mit den Teilnehmern. Mit der WI 2015 wurde erstmals im deutschsprachigen Raum eine Tagung völlig ohne Printprodukte umgesetzt. Zum Einsatz kamen anstelle dessen digitale Technologien. In diesem Beitrag wird das Vorgehen bei der Umsetzung der WI 2015 als digitale Tagung beschrieben und aufgezeigt, welche Auswirkungen der Verzicht auf Papier bei den verschiedenen Akteuren im Kontext einer Tagung hat. Die Ergebnisse und Erfahrungen sollen Eventmanagern dabei helfen, das Konzept auf andere Veranstaltungen zu übertragen.

2.1.1 Die 12. Internationale Tagung Wirtschaftsinformatik

Die Internationale Tagung Wirtschaftsinformatik (WI) ist die größte Tagung der Wirtschaftsinformatik im deutschsprachigen Raum und seit mehr als zwei Jahrzehnten etablierter Treffpunkt der nationalen wie auch internationalen Wirtschaftsinformatik-Community. Sie richtet sich an Wissenschaftler, Praktiker und

Studierende, die an aktuellen Entwicklungen von Informationstechnologien und an den darauf aufbauenden Geschäftsmodellen interessiert sind. Kern der Tagung bilden Vorträge über aktuelle Forschungsarbeiten von Wissenschaftlern und wissenschaftlichen Mitarbeitern.

Die WI wird von der wissenschaftlichen Kommission der Wirtschaftsinformatik des Verbandes der Hochschullehrer für Betriebswirtschaft e. V. alle zwei Jahre neu vergeben. Professoren bzw. deren Fachbereiche oder Lehrstühle bewerben sich in einem internen Verfahren um die jeweilige Ausrichtung. Der Fachbereich, der den Zuschlag erhält, zeichnet verantwortlich für die vollständige Organisation der Tagung. Als Veranstalter fungiert in der Regel die jeweilige Hochschule. Neben der Durchführung des für eine wissenschaftliche Tagung zentralen Review-Prozesses, in dem ca. 800 eingereichte wissenschaftliche Artikel bewertet und angenommen bzw. abgelehnt werden, obliegen dem organisierenden Fachbereich alle weiteren Aufgaben, die in Verbindung mit der Tagungsorganisation stehen.

Somit ändern sich mit jeder neuen WI die Ausrichtung der Tagung, die Zusammenstellung des Organisationsteams und auch das Modell zur Finanzierung. Die für die Organisation verantwortlichen Fachbereiche tauschen sich zwar mit den vorherigen Organisatoren aus und profitieren so von gewonnenen Erfahrungen und bestehenden Kontakten zu Sponsoren oder weiteren Partnern, es gibt jedoch keinerlei Strukturen, die eine kontinuierliche und zentral gesteuerte Weiterentwicklung der WI auf organisatorischer Ebene vorantreiben. Die WI erfindet sich folglich alle zwei Jahre komplett neu.

Vom 4. bis 6. März 2015 fand die WI erstmals in der Friedensstadt Osnabrück statt. Verantwortlich für die Durchführung und Organisation zeichneten der Fachbereich Informationsmanagement und Wirtschaftsinformatik (IMWI) sowie der Fachbereich Unternehmensrechnung und Wirtschaftsinformatik (UWI) der Universität Osnabrück. Prof. Dr. Oliver Thomas (IMWI) und Prof. Dr. Frank Teuteberg (UWI) waren als Conference Chairs für die Organisation und Durchführung sowie für die inhaltliche Ausrichtung verantwortlich. Unterstützt wurden die beiden Professoren für Wirtschaftsinformatik von einem sechsköpfigen Organisationsteam, bestehend aus wissenschaftlichen Mitarbeitern. Die operative Tagungsleitung übernahm David Sossna. Als Veranstalter fungierte die Universität Osnabrück.

Als übergeordnetes Ziel wurde die WI 2015 an dem Motto „Wirtschaft trifft Wissenschaft“ ausgerichtet. Dem angewandten Forschungsansatz des Fachbereich IMWI folgend sollte die wissenschaftliche Tagung als Austauschplattform zwischen Forschung und Praxis dienen. Dies spiegelte sich vor allem in einem erstmalig durchgeführten „Business Track“ und in den Keynotes wider, in denen hochrangige Vertreter aus der Wirtschaft und Experten aus der IT- bzw. den Anwenderbranchen über Visionen, Ziele und Praxisbeispiele im Kontext digitaler Produkte und Prozesse referierten (vgl. Abb. 2.1). Die Vorträge wurden über Sponsorenpakete vergeben.

Insgesamt beinhaltete das Programm der zweieinhalb Tage andauernden Konferenz über 100 wissenschaftliche Vorträge, zwölf Business-Vorträge, sechs Keynotes sowie Workshops, Sitzungen und zwei Abendveranstaltungen. Veranstaltungsort waren die zu diesem Zweitpunkt frisch renovierte OsnabrückHalle sowie das Schloss Osnabrück, in dem Vorlesungs- und Seminarräume der Universität Osnabrück beheimatet sind. Über den gesamten Tagungszeitraum besuchten über 800 Gäste die WI 2015. 47 Partner und Sponsoren (davon 20 Aussteller) nutzten die Tagung als Präsentationsfläche. Das Organisationsteam der beteiligten Fachbereiche wurde von 50 studentischen Volunteers, zehn Mitarbeitern eines Eventdienstleisters und Personal der OsnabrückHalle bei der Durchführung vor Ort unterstützt. Darüber hinaus wurde an allen Tagen ein umfassendes Catering angeboten. Schon im Vorfeld wurde eine Kommunikationsagentur mit der Entwicklung eines CIs, der Erstellung der Webseite und der Produktion von Werbematerialien beauftragt. Auch die Programmierung der Veranstaltungs-App wurde

Abb. 2.1 Keynote im Europasaal der OsnabrückHalle während der WI 2015. (Foto: Bastian Jäger, Hamburg)

extern vergeben. Das Budget der gesamten Tagung belief sich auf einen mittleren sechsstelligen Betrag.

Das Thema für die WI 2015 lautete „Smart Enterprise Engineering – Digitale Produkte und Prozesse für das Unternehmen der Zukunft". Diesem Fokus entsprechend wurde auch die Tagung selbst über alle Prozessschritte hinweg – von der Vorbereitung bis hin zur Durchführung vor Ort – vollständig digital durchgeführt und mithilfe digitaler Produkte organisiert. Im Ergebnis entstand ein vollständig papierloses Tagungskonzept, bei dessen Entwicklung das IMWI im Rahmen des Forschungsprojekts „pAPPyrOS" durch die Deutsche Bundesstiftung Umwelt (DBU) gefördert wurde.

2.1.2 Das Projekt pAPPyrOS

Die Förderung des IMWI durch die DBU im Rahmen des Projektes pAPPyrOS belief sich auf einen 18-monatigen Förderungszeitraum (31.06.2014 bis 31.08.2015) und beinhaltete die Entwicklung eines vollständig papierlosen Tagungskonzeptes, die Umsetzung des Konzeptes im Rahmen der WI 2015, die wissenschaftliche Untersuchung sowie die begleitende Presse- und Öffentlichkeitsarbeit. Am IMWI wurde pAPPyrOS vom wissenschaftlichen Mitarbeiter David Sossna betreut.

Das papierlose Tagungskonzept wurde entlang der Planung und Durchführung der WI 2015 entwickelt und zeitgleich angewendet. Dabei wurden alle Prozessschritte in der Vorbereitung, Durchführung und Nachbearbeitung analysiert und technische Möglichkeiten zur Substitution von Papier eingesetzt.

Durch die Erarbeitung eines auf weitere Veranstaltungen übertragbaren Konzeptes sollte mit der WI 2015 als Pilotveranstaltung eine Breitenwirksamkeit erreicht werden, sodass weitere Einrichtungen und Veranstalter auf dieses Konzept zurückgreifen können. Um dies zu erreichen, erfolgte mit pAPPyrOS erstmals die wissenschaftliche Untersuchung eines papierlosen Tagungskonzeptes auf Akzeptanz, Nutzung und Mehrwert für Besucher, Veranstalter und Sponsoren.

2.2 Digitalisierung des Tagungs- und Kongressmanagements bei der WI 2015

Entsprechend dem Ziel von pAPPyrOS wurden im Vorfeld der WI 2015 Aufgaben und Prozesse im Rahmen der Organisation und Durchführung einer Tagung festgelegt und Überlegungen angestellt, wie diese effizient, kostengünstig und erfolgreich durch digitale Lösungen umgesetzt werden können. Dies betraf sowohl die

Informationsvermittlung im Rahmen des Projektmanagements als auch die Kommunikation mit externen Beteiligten, wie Teilnehmer und Sponsoren.

2.2.1 Interne Planung und Projektmanagement

Mit der Verfügbarkeit digitaler Technologien verändern sich Möglichkeiten und Formen der Zusammenarbeit im Rahmen der Vorbereitung und Durchführung von Projekten und Veranstaltungen. Entscheidend ist in diesem Zusammenhang das Verständnis dafür, dass über Cloud-Technologien alle Planungsbeteiligten stets Zugriff auf die für die Tagung relevanten Informationen haben. Somit reichte es im Falle der WI 2015 bereits aus, dass alle Dokumente auf einem zentralen Server gespeichert wurden. Alle Beteiligten waren immer auf den aktuellsten Stand und hatten ortsunabhängig Zugriff auf die aktuellsten Informationen. Änderungen, zum Beispiel kleinste Anpassungen in den Projektplänen, mussten nicht in dezentral gespeicherten Dokumenten separat umgesetzt werden. Dies verhindert nicht nur Mehrarbeit, sondern vermeidet Fehlerquellen, da von allen die gleichen und stets aktuellsten Dokumente benutzt werden.

Auf komplexere Software-Lösungen, die das Projektmanagement unterstützen, wurde im Rahmen der WI 2015 verzichtet. Anstelle dessen wurden Projektpläne in MS Excel erstellt und die Kommunikation zwischen den Planungsbeteiligten über MS Outlook organisiert. Somit konnten bestehende Strukturen genutzt werden und wegen des geübten Umgangs mit diesen Software-Produkten mussten keine gesonderten Schulungen durchgeführt werden. Darüber hinaus konnte eine gewisse Flexibilität im Hinblick auf die Projektplanung beibehalten werden und es wurde verhindert, dass eine Software-Lösung die Art und Weise der Durchführung vorgibt oder beeinflusst.

Von den Organisationsbeteiligten wurde die digitale Abwicklung des Projektmanagements durchweg positiv beschrieben. Dies betraf vor allem die Vermeidung der „Zettelwirtschaft" und die gewonnene Flexibilität. Viele der identifizierten Vorteile bezogen sich jedoch weniger auf die interne Projektplanung, sondern vielmehr auf die Arbeitserleichterung, die sich aus dem Einsatz der digitalen Technologien im Gesamtkontext der Tagung ergaben. Wegfallende Deadlines wegen anstehender Drucktermine und eine höhere Flexibilität bei Anpassungen der Informationsangebote führten zu Arbeitszeitersparnissen und zu geringeren Kosten. Dies betraf auch Ergänzungen, wenn neue Partner oder Sponsoren in die Kommunikationskanäle integriert werden mussten.

2.2.2 Partner- und Sponsorenakquise

Zur Sicherstellung der finanziellen Basis einer Tagung oder eines Kongresses sind in den meisten Fällen monetäre Zuwendungen von Sponsoren und Partner unerlässlich. Neben Teilnehmergebühren stellen diese Einnahmen häufig eine der wichtigsten Säulen zur Deckung der Ausgaben dar. Mit einem Sponsoring verfolgen Unternehmen klar definierte Ziele. Diese reichen von der Steigerung des Bekanntheitsgrades bis hin zur Vernetzung mit dem auf der Tagung befindlichen Zielpublikum. Entsprechend muss sich eine Tagung als Plattform zur Erreichung von Marketing- oder Unternehmenszielen eines potenziellen Sponsors eignen und darüber hinaus geeignete Kommunikationskanäle zur Präsentation bieten. Mit dem Wegfall von Plakaten, Flyern oder Tagungsbroschüren entfielen im Falle der WI 2015 etablierte und von Sponsoren häufig nachgefragte Darstellungsflächen.

Die angebotenen Sponsorenpakete beinhalteten eine inhaltliche Einbindung (Keynote, Vortrag im Business Track oder Workshop), Logoplatzierung in allen Kommunikationskanälen (Webseite, digitaler Flyer, Veranstaltungs-App), Ausstellungsfläche in der OsnabrückHalle, Teilnahme an der Pressekonferenz sowie Freitickets zur eigenen Verwendung. Der papierlose Charakter und die Tatsache, dass keine Tagungstaschen, in denen Sponsoren Werbematerialien platzieren können, ausgeteilt werden, wurden bereits während der Akquisephase offen kommuniziert. Auch die Ansprache der Sponsoren selbst erfolgte papierlos. Informationsmaterialien zur WI 2015 und zu den Sponsoringpaketen wurden via E-Mail versendet und vor Ort an einem Tablet-PC präsentiert.

Gründe für ein Engagement als Sponsor waren vor allem die Platzierung der Arbeitgebermarke bei potenziellen Fach- und Führungskräften und die Vernetzung mit der wissenschaftlichen Community der Wirtschaftsinformatik. Beachtlich ist, dass die Sponsorenakquise im Vergleich zu vorherigen Veranstaltungen deutlich erfolgreicher verlief. Weder gab es eine Absage aufgrund fehlender Sponsoreninformationen in gedruckter Form, noch wurden diese angefragt. Im Rahmen einer nachgelagerten Befragung von sechs Sponsoren der WI 2015 konnte in den durchgeführten Leitfadeninterviews nachgewiesen werden, dass digitale Informationen zu den Sponsoringmöglichkeiten bei einer Veranstaltung nicht nur ausreichend sind, sondern von den jeweiligen Entscheidern in den Unternehmen bevorzugt werden.

Die Befragung hat ergeben, dass dies vor allem organisatorische Gründe hat. So seien digitale Informationsmaterialien wie PDF-Dateien unkomplizierter an Entscheider in einem Unternehmen zu verbreiten (Ablegen auf einem Server, Weiterleitung per E-Mail) und kompatibler zur Präsentationstechnik in den Unternehmen (Beamer). Durch den Verzicht auf ausgedruckte Sponsoreninformationen schließt sich nicht die Tür zu einem potenziellen Sponsor. Ganz im Gegenteil: Digital aufbereitete Informationen sind gewünscht.

In den Leitfadeninterviews wurden weitere Hypothesen zur Zufriedenheit der Sponsoren mit der WI 2015 als papierlose Tagung sowie zur Bereitschaft, papierlose Tagungen als Sponsor zu unterstützen, untersucht (vgl. Tab. 2.1).

Es konnte festgestellt werden, dass die WI 2015 trotz des papierlosen Charakters eine geeignete Plattform bildete, um die jeweiligen Unternehmensziele der Sponsoren zu unterstützen. Die digitalen Kommunikationskanäle wurden in diesem Zusammenhang sogar als besonders geeignet bezeichnet. Insbesondere die Veranstaltungs-App konnte genutzt werden, um das Unternehmen zu präsentieren und um mit Teilnehmern oder potenziellen Partnern direkt in Austausch zu geraten.

Wird auf Papier verzichtet, sollten Veranstalter schon bei der Planung berücksichtigen, dass innovative, interaktive und passgenaue Platzierungsmöglichkeiten für Sponsoren im Rahmen der Tagung bereitgestellt und genutzt werden können. Im Falle der WI 2015 konnte durch die digitale Umsetzung vor allem ein innovatives Image der Sponsoren transportiert werden. Dies bestätigten vier der sechs befragten Unternehmen. Zwei Unternehmen waren diesbezüglich neutral eingestellt. Ebenso wurde von den Unternehmen bestätigt, dass eine papierlose Tagung ein grünes Image unterstützt. Dies gewinnt vor allem in den Fällen an Bedeutung, wenn Unternehmen eine Nachhaltigkeitsstrategie verfolgen und diese Einfluss auf die Zu- oder Absage eines Sponsorings hat.

Insgesamt sehen die befragten Unternehmen nach der WI 2015 keine Gründe, ein Sponsoring einer Tagung aufgrund einer papierlosen Durchführung abzulehnen. Entscheidend sind vielmehr passgenaue Präsentationsflächen und die

Tab. 2.1 Hypothesen im Rahmen der Sponsorenbefragung

	Hypothese	Beurteilung
1	Digitale Medien reichen im Rahmen von Tagungen und Kongressen den Sponsoren zur Erfüllung ihrer Marketing- und Kommunikationsziele aus	Verifiziert
2	Der Verzicht auf Printprodukte bei Tagungen und Kongressen unterstützt ein innovatives Image der Sponsoren	Verifiziert
3	Der Verzicht auf Printprodukte bei Tagungen und Kongressen unterstützt ein grünes Image der Sponsoren	Verifiziert
4	Der Verzicht auf Printprodukte hat negative Auswirkungen auf die Bereitschaft, Tagungen und Kongresse zu sponsern	Abgelehnt
5	Papierlose Tagungen haben operative Vorteile für Sponsoren	Verifiziert

Möglichkeit, sich inhaltlich einzubinden. Darüber hinaus müssen Veranstaltungsplaner beachten, dass sich ein gut organisierter Ablauf positiv auf die Zufriedenheit von Sponsoren auswirkt.

Vorteile sahen die befragten Sponsoren der WI 2015 auf operativer Seite. Vor allem die logistischen Erleichterungen durch Materialreduktion und die damit verbundene Einsparung von Arbeitszeit wurden positiv bewertet. Ausgedruckte Werbematerialien der Unternehmen müssen nicht entworfen und hergestellt werden. Durch den alternativen Einsatz von digitalen Technologien anstelle von Papier konnten Medienbrüche, zum Beispiel bei der Übermittlung von Bewerbungsunterlagen, vermieden werden. Positiv bewertet wurden außerdem die Aktualität der Informationen und die erhöhte Flexibilität. Dies hatte zur Folge, dass bis kurz vor der Tagung Inhalte zu den Unternehmen ergänzt werden konnten. In einem Fall wurden noch einen Tag vor der Konferenz das Unternehmenprofil für die Veranstaltungs-App nachgereicht und ein Logo ausgetauscht. Von der höheren Flexibilität, von wegfallenden Druckterminen und von den kürzeren Vorlaufzeiten profitieren folglich auch die Sponsoren und deren Mitarbeiter. Einige Sponsoren passten sich sogar der Papierlosigkeit auf der WI 2015 an und legten an den Ausstellungsständen deutlich weniger Printprodukte aus.

2.2.3 Teilnehmerkommunikation

Das Informationsmanagement spielt eine zentrale Rolle bei der Organisation einer Tagung. Im Vordergrund stehen die klassischen Fragen, die für Teilnehmer relevant sind: Was, wann, wo und wer! Teilnehmer müssen zuverlässig und eindeutig darüber informiert werden, wo der Veranstaltungsort ist, wann welcher Vortrag stattfindet und ob weitere Aspekte zu berücksichtigen sind. Kommt es zu Fehlinformationen oder zu einer verzögerten Mitteilung bezüglich der Anreise oder der Teilnahme, kann es zu Frustration oder zu Unzufriedenheit seitens des Tagungsbesuchers kommen. In Extremfällen verhindert eine fehlerhafte Kommunikationspolitik eine Teilnahme.

Über rein organisatorische Aspekte hinaus dient das Informationsmanagement auch der Erreichung von weiterführenden Zielen. Gezielt kann Vorfreude geweckt, ein Image des Tagungsortes transportiert oder neugierig auf bestimmte Vorträge gemacht werden.

Zur Kommunikation mit dem Teilnehmer stehen verschiedene Kanäle zur Verfügung. Um die potenziellen und später tatsächlichen Gäste ideal zu erreichen, ist es für Tagungs- und Kongressmanager wichtig zu wissen, welche Medien die jeweilige Zielgruppe nutzt und welche technischen Geräte präferiert werden. Dies betrifft die Bewerbung der Tagung bei potenziellen Teilnehmern, das Teilnehmermanagement und das Informationsmanagement vor Ort. Um sicherzustellen, dass die richtigen Informationen zur richtigen Zeit die richtigen Personen erreichen, wurden im Rahmen der WI 2015 ausschließlich digitale Produkte und Lösungen genutzt.

Die Befragung der Organisationsbeteiligten im Nachgang der WI 2015 ergab, dass vor allem die hohe Flexibilität der digitalen Kommunikationskanäle und die direkte Vernetzung mit den Teilnehmern Vorteile des papierlosen Informationsmanagements darstellen.

Im Rahme der WI 2015 waren vor allem die App/WebApp sowie die Webseite (www.wi2015.de) für die Teilnehmer die wichtigsten Quellen zur Informationsbeschaffung. E-Mailings an Teilnehmer und Monitore am Tagungsort dürften als ergänzende oder unterstützende Informationsquellen angesehen werden. Dagegen wurden soziale Medien wie Twitter oder Facebook kaum zur Informationsbeschaffung genutzt (vgl. Abb. 2.2).

Generell kann eine hohe Zufriedenheit der Teilnehmer mit dem Informationsangebot bei der WI 2015 festgestellt werden (vgl. Abb. 2.3). Besonders hoch war die Zufriedenheit mit dem Informationsangebot auf der Webseite. Die Zufriedenheit mit der App/Web-App fällt um Nuancen negativer aus. Eine Ursache dafür könnte die fehlende Kompatibilität der App mit älteren Versionen des Betriebssystems Android sein.

In Bezug auf die Frage, ob ausgedruckte Informationsmaterialien den Tagungsbesuch vereinfacht hätten, ergab sich bei den Teilnehmern der WI 2015 ein differenziertes Bild. In der Befragung stimmte ungefähr die Hälfte der Befragten dieser Aussage zu. Generell wurde die Qualität des Informationsange-

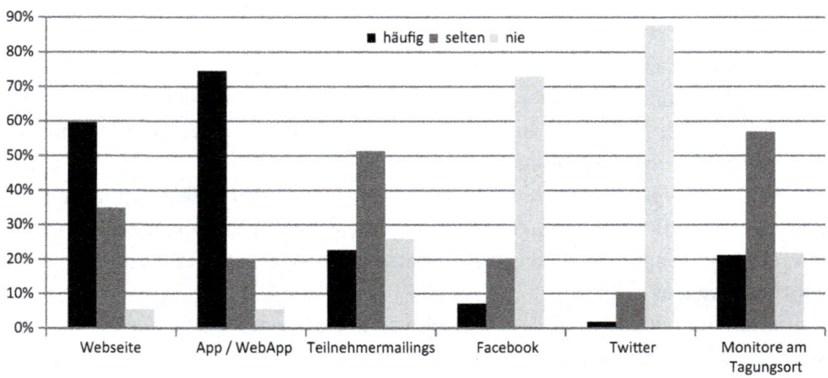

Abb. 2.2 Nutzung der digitalen Kommunikationskanäle im Kontext der WI 2015

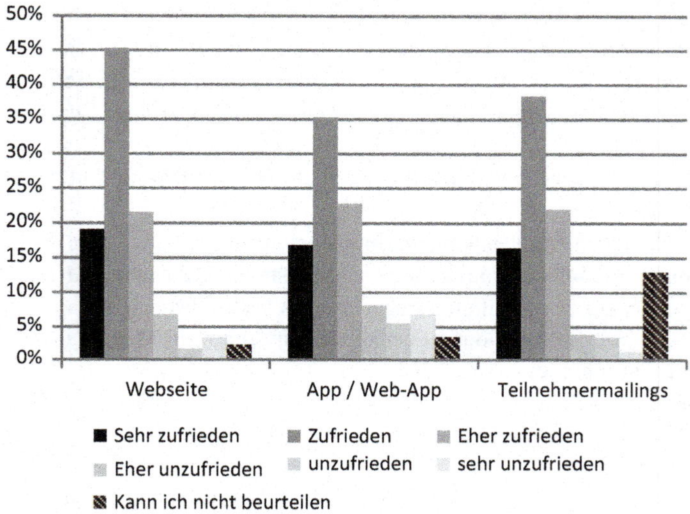

Abb. 2.3 Zufriedenheit mit dem Informationsangebot im Rahmen der WI 2015

bots jedoch hoch eingeschätzt. So waren über 60 % der Befragten der Meinung, dass die Qualität der Informationen bei der WI 2015 größer war als bei Tagungen, bei denen die Informationen ausgedruckt zur Verfügung gestellt werden. Nur 36 % waren nicht dieser Meinung.

Insgesamt kann festgestellt werden, dass Teilnehmer einer Tagung oder eines Kongresses durch digital bereitgestellte Informationen ausreichend informiert werden können. Entscheidend sind in diesem Kontext die Gestaltung der Kommunikationskanäle und deren zielführende Nutzung.

2.2.3.1 Webseite als zentrale Informationsplattform

Unabhängig davon, ob die Informationsvermittlung im Rahmen einer Tagung vollständig digital oder mithilfe von Printprodukten geschieht, muss der Webseite besondere Aufmerksamkeit geschenkt werden. Sie ist nicht nur die wichtigste Informationsplattform im Rahmen einer Veranstaltung (was, wann, wo und wer), sie transportiert das Image der Tagung, macht neugierig und ist nicht selten für potenzielle Interessenten der erste Kontakt mit der Veranstaltung. Dies betrifft nicht nur zukünftige Teilnehmer, sondern auch potenzielle Sponsoren.

Tagungsorganisatoren müssen sich der Tatsache bewusst sein, dass in der heutigen Arbeitswelt und im privaten Umfeld so gut wie jeder Akteur über einen

PC, einen Laptop oder über mobile Endgeräte wie zum Beispiel Smartphones oder Tablet-PCs verfügt. Mit hoher Wahrscheinlichkeit wird ein Interessent das Internet nutzen, um sich über eine Veranstaltung detailliert zu informieren. Der Besuch der Webseite einer Veranstaltung kann verschiedene Auslöser haben:

- Direkte Ansprache per Telefon, persönlich oder via E-Mail durch den Veranstalter selbst.
- Empfehlung einer unbekannten dritten Person.
- Sichtung von Informationen über die Veranstaltung in einem anderen Medium (Fachmagazin, Veranstaltungskalender eines Verbandes).
- Sichtung von Informationen über die Veranstaltung in Medien der veranstaltenden Einrichtung.
- Zufälliges Finden der Veranstaltung über eine Suchmaschine (zum Beispiel im Zuge von Recherchen zu einem bestimmten Thema).

Warum eine Person im Internet nach einer Veranstaltung sucht, kann verschiedenste Gründe haben. Diese Auflistung kann folglich nicht vollständig sein. Unterschieden werden kann jedoch danach, ob jemand gezielt nach einer bestimmten Veranstaltung (direkte Suche nach dem Namen der Veranstaltung oder der URL) oder nach dem Thema der Tagung sucht (indirekte Suche über eine Suchmaschine oder über relevante Webseiten). Dies hat konkrete Auswirkungen auf die Darstellung und Auffindbarkeit der Webseite.

Bereits die Domain, die der Interessent in der Adresszeile des Browsers eingibt, sollte eindeutig und möglichst kurz sein. Im Idealfall wird der Name der Veranstaltung genutzt. Bei der Eingabe der Internetadresse sollte es dem Suchenden möglichst einfach gemacht werden. Dies hat vor allem dann Relevanz, wenn eine dritte Person die URL buchstabiert. Eine komplizierte oder zu lange Internetadresse birgt Fehlerquellen oder sorgt für Irritation. Im schlimmsten Fall sorgt eine fehlerhafte Eingabe für Frustration bei einem Interessenten und führt schlussendlich zu einem Desinteresse. Zum Erwerb und zur späteren Verwaltung der Domain sowie zur Prüfung der Verfügbarkeit können sogenannte Webhosting-Dienste genutzt werden. Geprüft werden sollte, ob es sinnvoll ist, für eine Veranstaltung mehrere Domains zu nutzen (zum Beispiel Abkürzung der Veranstaltung, Langschreibweise, Internetadresse mit und ohne Bindestrich etc.). Falls verfügbar, eignet sich auch das Thema der Tagung als Domain. Zu prüfen ist außerdem, welche Top-Level-Domain sich für die Veranstaltung eignet. Neben klassischen Endungen wie „.de“, „.com“ oder „.org“ steht eine Vielzahl von weiteren Möglichkeiten zur Verfügung.

Die Internetadresse sollte dazu genutzt werden, um die Webseite der Veranstaltung passend zu verlinken. Dies kann direkt in E-Mails geschehen oder auf

Webseiten, die für die Veranstaltung relevant sind. Dazu zählen Webseiten von Verbänden, Veranstaltungskalender oder Blogs. Die Möglichkeiten in diesem Zusammenhang sind zahlreich und sollten ausgiebig genutzt werden. Dies gewinnt vor allem dadurch an Relevanz, da die Verlinkung mit thematisch passenden Webseiten sich positiv auf die Auffindbarkeit bei Suchmaschinen wie Google auswirkt.

Generell sollte bei der Einrichtung einer Webseite darauf geachtet werden, dass Grundsätze der Suchmaschinenoptimierung berücksichtigt werden. Diese Maßnahmen führen dazu, dass eine Webseite von Suchmaschinen für relevanter erachtet wird und folglich bei den Suchergebnissen weiter oben erscheint. Mit der sogenannten SEO (Search Engine Optimization) können spezialisierte Dienstleister beauftragt werden. Grundsätze darüber, wie die Auffindbarkeit über Suchmaschinen verbessert werden kann, sollten den meisten Webentwicklern bekannt sein.

Wird die Webseite einer Veranstaltung aufgerufen, sollte der Besucher keine negative Überraschung erleben. In Bezug auf das Design und auf die Nutzbarkeit (Usability) müssen Grundsätze der Gestaltung von Webseiten beachtet werden. Dabei sind vor allem technische Rahmenbedingungen zu berücksichtigen und die Tatsache, dass von Besuchern sowohl unterschiedliche Browser als auch unterschiedliche Endgeräte genutzt werden. Zu empfehlen ist eine Darstellung im Responsiv Webdesign. Dadurch wird eine Webseite sowohl am PC als auch auf mobilen Endgeräten (Smartphone, Tablet-PC), die einen kleineren Bildschirm vorweisen, optimiert dargestellt. Gegebenenfalls ist über die Einrichtung einer mobilen Webseite, die speziell für die Nutzung auf mobilen Endgeräten gestaltet wird, nachzudenken.

Auch die Nutzung der Webseite sollte dem Besucher so einfach wie möglich gemacht werden. Dies betrifft vor allem eine klare Darstellung der Inhalte und eine unkomplizierte Struktur mit möglichst wenigen Unterseiten. Im Idealfall ist die Webseite intuitiv zu nutzen. Neben der textlichen Darstellung der Inhalte bieten Webseiten zahlreiche Möglichkeiten, Informationen attraktiv darzustellen. Dazu gehören Karten, Videos, Bilder, Grafiken oder auch Soundfiles, die direkt dargestellt oder abgerufen werden können. Ein besonderer Vorteil einer Webseite ist in diesem Zusammenhang die Flexibilität. So können Informationen je nach Zeitpunkt oder Bedarf ergänzt oder ersetzt werden.

Von Fall zu Fall ist zu prüfen, ob die Einrichtung einer eigenen Webseite für eine Veranstaltung notwendig ist. Je nach Komplexität oder Größe eines Kongresses ist die Darstellung auf der Webseite der veranstaltenden Organisation oder auf anderen Plattformen (zum Beispiel Facebook, XING) ausreichend und folglich kostengünstiger. Wird auf eine Webseite verzichtet, kann diese jedoch nicht mehr als

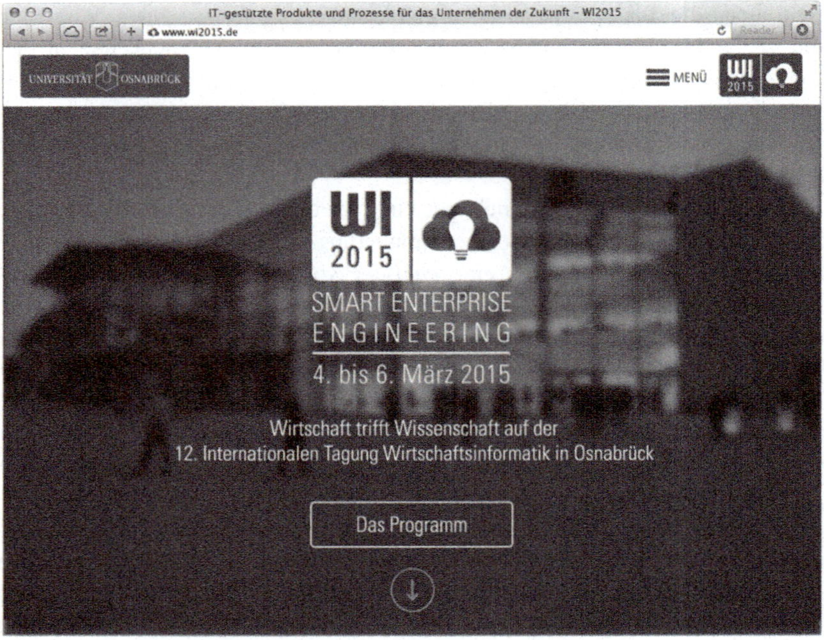

Abb. 2.4 Startseite der WI 2015 mit direkter Verlinkung auf die Anmeldeseite

„Visitenkarte" der Veranstaltung oder als vermarktungsfähiger Kommunikationskanal (zum Beispiel bei Sponsoren) genutzt werden. Auch die Kontrolle darüber, wie Informationen und Inhalte dargestellt werden, geht im Zweifelsfall verloren.

Im Rahmen der WI 2015 war die Webseite die zentrale Informationsplattform, auf der alle relevanten Fakten stets in der aktuellsten Version abrufbar waren. Darüber hinaus war auf der Webseite ein Anmeldeformular eingebunden (vgl. Abb. 2.4). Eine andere Möglichkeit zur Anmeldung wurde nicht gegeben. So wurde auch bei den gewählten Werbemaßnahmen stets auf die Webseite verlinkt.

2.2.3.2 Digitale Tagungsbewerbung

Da potenzielle Besucher nur in den seltensten Fällen gänzlich ohne Kommunikationsmaßnahmen auf eine Veranstaltung aufmerksam werden, müssen verschiedenste Marketingmaßnahmen durchgeführt werden. Im Zusammenhang mit einer papierlos durchgeführten Tagung fallen das Aufhängen von Postern, das Versenden ausgedruckter Informationsmaterialien oder das Auslegen von Flyern weg. Zur Bewerbung der WI 2015 wurden verschiedene digitale Kommunikationskanäle genutzt und so eingesetzt, dass Empfänger stets auf die Tagungsseite weitergeleitet worden sind.

Von Vorteil war im Kontext der WI 2015, dass die Internationale Tagung Wirtschaftsinformatik einer Community bereits bekannt war und ein bestehendes Partnernetzwerk existierte. Zum Teil konnten deren Webseiten, E-Mail-Verteiler oder Veranstaltungskalender zur Bekanntmachung der Veranstaltung genutzt werden. Dazu wurden Teaser entwickelt, die auf die WI 2015 neugierig machten und den Leser veranlassten, für weitere Informationen die Webseite der WI 2015 zu besuchen.

Um Partner und Sponsoren zu animieren, die WI 2015 in deren Online-Kanäle einzubinden, wurden Partner-Badges entwickelt und zur Verfügung gestellt. Diese wurden auf der Webseite des Partners oder des Sponsors platziert oder zum Teil in der E-Mail Signatur der jeweiligen Einrichtung mit einem Zusatz „[…] ist Partner/Sponsor der 12. Internationalen Tagung" integriert. Ähnlich wie beim Auslegen von ausgedruckten Informationen oder dem Aushängen von Postern konnte somit eine breite Öffentlichkeit erreicht werden.

Darüber hinaus wurde zur Bewerbung der WI 2015 ein digitaler Flyer im PDF-Format entwickelt (vgl. Abb. 2.5). Dieser enthielt Informationen zu Ort und Datum, zur inhaltlichen Ausrichtung sowie zu den Rednern und Themen der Vorträge. Weiterhin wurden Partner und Sponsoren dargestellt und Informationen zu den Anmeldemöglichkeiten.

Der digitale Flyer wurde an E-Mails angehängt, den Sponsoren und Partnern zur Verfügung gestellt und konnte über einen direkten Link über den Browser abgerufen werden. Letzteres ermöglicht die Verringerung des Datenvolumens beim Versand von E-Mails. In diesem Fall wird nicht die PDF-Datei versendet, sondern der Link zum Flyer in den E-Mail-Text integriert.

Zur direkten Ansprache von potenziellen Teilnehmern wurde eine umfangreiche E-Mail-Kampagne gestartet. Dazu wurde ein eigener Verteiler mit über 4000 Empfängern erstellt. Die E-Mail-Adressen waren nur zum Teil bekannt und mussten folglich recherchiert und in eine Datenbank übertragen werden. Der Aufwand dafür darf als recht hoch angesehen werden. Das Marketinginstrument ist jedoch sehr effizient, da Interessenten direkt und persönlich angesprochen werden können.

Um die E-Mail-Kampagne umzusetzen, wurde eine Newsletter-Software genutzt, mit der Serien-E-Mails mit personalisierter Ansprache versendet werden konnten. Kommt in der organisierenden Einrichtung bereits ein Customer-Relationship-Management-System (CRMS) zum Einsatz, kann auch dies genutzt werden. Andernfalls ist es notwendig, wie im Falle der WI 2015, für die E-Mailing-Kampagne eine passende Software zu erwerben oder einen der zahlreichen Anbieter für das Versenden von Massen-E-Mails zu nutzen. Bei Letzterem ist jedoch zu beachten, dass dabei pro E-Mailing Kosten anfallen. Zu prüfen ist außerdem,

Abb. 2.5 Flyer im PDF-Format zur Bewerbung der WI 2015

welchen Server der Anbieter für den Versand verwendet. Häufig besteht die Gefahr, dass ein Großteil der versendeten E-Mails im Spam-Ordner der Empfänger landet. Diese Gefahr kann bei der Nutzung einer Newsletter-Software verringert werden, wenn die Möglichkeit besteht, als Postausgangsserver den eigenen zu nutzen und dieser vom Empfänger nicht als Spam identifiziert wird.

Ergänzend wurde für die WI 2015 eine Facebook-Seite eingerichtet. Der Einsatz dieses Social Media Tools hat den Vorteil, dass Interessenten und Teilnehmer die dort dargestellten Inhalte teilen oder „liken" können und somit deren Umfeld auf die WI 2015 aufmerksam wird.

Insgesamt führte die bei der WI 2015 umgesetzte Kommunikationsstrategie zu einer Steigerung der Teilnehmerzahl im Vergleich zu den Vorjahren. Dies zeigt, dass auf preisintensive und auch Ressourcen verschwendende Werbematerialien verzichtet werden kann. Dabei wurde noch nicht die gesamte Bandbreite an potenziell verfügbaren Medien eingesetzt. Insgesamt stehen noch zahlreiche weitere digitale Kommunikationskanäle zur Verfügung. Organisatoren und Planer sollten sich jedoch auf die für die jeweilige Veranstaltung effizientesten und wirksamsten Angebote beschränken und dabei beachten, mit welchen digitalen Medien die Zielgruppe am besten erreicht wird. Jeder Kommunikationskanal muss gepflegt werden und verschlingt somit Ressourcen in Bezug auf Finanzen und Arbeitskraft. Findet diese Fokussierung nicht statt, leidet oftmals die Qualität bei der Erstellung und Pflege der Kommunikationskanäle.

2.2.3.3 Teilnehmermanagement

Die Kommunikationsmaßnahmen sind dann erfolgreich, wenn Interessenten zur Teilnahme an einer Tagung motiviert werden. Für den Besuch der WI 2015 war eine kostenpflichtige Anmeldung notwendig. Insgesamt gab es vier Preiskategorien, die durch den beruflichen Status des Teilnehmers bestimmt wurden (Regulär, Wissenschaftler/innen, Wissenschaftliche Mitarbeiter/innen bzw. Doktoranden/innen, Master- oder Bachelor-Studierende). Darüber hinaus gab es drei zeitlich definierte und durch Deadlines abgegrenzte Anmeldephasen. Insgesamt ergaben sich somit zwölf unterschiedliche Preise für die Teilnahme an der WI 2015. Diese wurden tabellarisch auf einer Anmeldeseite mit den allgemeinen Geschäftsbedingungen und den Datenschutzbestimmungen dargestellt. Die Anmeldung war ausschließlich über die Veranstaltungsseite über ein Anmeldeformular möglich.

Der Link zu dieser Anmeldeseite wurde in allen Kommunikationskanälen platziert. Auf der Tagungswebseite wurde an prominenter Stelle ein „Button" mit der Aufschrift „Jetzt anmelden" eingebaut. So konnte sichergestellt werden, dass jeder Tagungsinteressierte unkompliziert und einfach die Möglichkeit zur Anmeldung finden konnte bzw. zur Anmeldung geleitet wurde. Gelingt dies nicht, besteht die Gefahr, dass eine Anmeldung nicht durchgeführt wird.

Auch das weitere Anmeldeverfahren muss unkompliziert gestaltet sein. Dies betrifft vor allem das Ausfüllen des Anmeldeformulars. Die Angaben zu den auszufüllenden Feldern müssen eindeutig und vor allem vollständig sein. Darüber hinaus muss vorher genau definiert werden, welche Felder Pflichtfelder sind. Nimmt der Anmeldeprozess zu viel Zeit in Anspruch oder produziert Fehlermeldungen, droht im ungünstigsten Fall ein Verzicht auf die Anmeldung.

Da bei einem digitalen Anmeldeverfahren keine Unterschrift geleistet werden kann, sollte der Anmeldeprozess eine Methode beinhalten, die Verbindlichkeit und Korrektheit der Anmeldung zu gewährleisten. Im Falle der WI 2015 wurde nach der Anmeldung eine E-Mail generiert, in der die angemeldete Person aufgefordert wurde, per Mausklick die Anmeldung verbindlich zu bestätigen. Nach erfolgreicher Bestätigung wurde eine weitere E-Mail generiert, in der mitgeteilt wurde, dass die Anmeldung erfolgreich war. Diese E-Mail enthielt außerdem Informationen zu Übernachtungsmöglichkeiten, zur Anreise oder zu Programmpunkten im Rahmen der WI 2015.

Alle im Anmeldeformular abgerufenen Daten wurden (automatisch) in eine Datenbank überführt. Diese Datenbank sollte zentral abrufbar, nicht manipulierbar und mit weiteren Systemen des Teilnehmermanagements verbunden sein. Später generierte Informationen zu den Teilnehmern wurden dort automatisiert ergänzt. Dies betraf vor allem Attribute wie den Zahlungsstatus, eine mögliche Abmeldung oder die erfolgreiche Registrierung vor Ort (vgl. Abb. 2.6). Über diese Datenbank ließen sich im späteren Verlauf Zahlungserinnerungen, Informationen zur Teilnahme oder weitere für die Teilnehmerkommunikation relevante Informationen via E-Mail versenden. Derartige Systeme ähneln in den wesentlichen Funktionen einem CRMS. Je nach Zielgruppe ist zu prüfen, ob anstelle von E-Mails Nachrichten (zum Beispiel per WhatsApp oder SMS) an das Smartphone des Teilnehmers gesendet werden.

Der Prozess der Anmeldung, des Bezahlens und der Registrierung vor Ort muss vorab klar definiert sein. Spätere Korrekturen führen unweigerlich zu Mehrarbeit und im schlimmsten Fall zu Datenverlusten. Sind die Prozesse klar definiert, sollte für das Teilnehmermanagement eine Software genutzt werden, die möglichst alle Arbeitsschritte automatisiert umsetzt. Dies betrifft auch die Rechnungsstellung und die Überprüfung der Zahlungseingänge. Findet sich eine Lösung, die diese Prozesse weitestgehend selbstständig abbildet, können beachtliche Zeitkapazitäten eingespart werden.

Bei der WI 2015 wurde das Tagungsticket nach erfolgreichem Zahlungseingang digital zur Verfügung gestellt. Das eTicket bestand ausschließlich aus einem Barcode, der bei der Akkreditierung vor Ort durch einen Barcodescanner abgelesen wurde (vgl. Abb. 2.7). Das Akkreditierungssystem war mit der Datenbank verbunden. Vor Ort wurde ein Namensschild gedruckt, welches neben dem

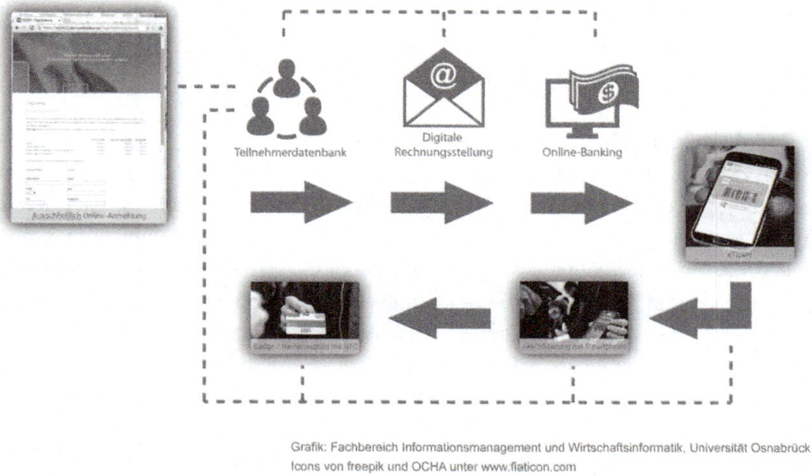

Abb. 2.6 Prozess des Teilnehmermanagements bei der WI 2015

Abb. 2.7 Unkomplizierte Akkreditierung mit dem eTicket bei der WI 2015. (Foto: Philipp Schmidt, Hamburg)

Namen und Informationen zur Einrichtung bzw. dem Unternehmen auch den Barcode beinhaltete. Anpassungen des Namensschildes konnten unkompliziert vor Ort vorgenommen werden.

Auch der Akkreditierungsprozess sollte vorab klar definiert werden, um Verzögerungen, Wartezeiten oder technische Fehler zu verhindern. Die Registrierung vor Ort sollte über Schnittstellen mit derselben Datenbank verbunden sein, die bereits im Vorfeld für das Teilnehmermanagement genutzt wurde. Im Idealfall ergeben sich keinerlei Medienbrüche.

2.2.3.4 Informationsmanagement vor Ort

Nach erfolgreicher Akkreditierung gewinnt die Teilnehmerkommunikation an besonderer Bedeutung, um sicherzustellen, dass der Besucher sich vor Ort zurechtfindet. Je nach Größe des Veranstaltungsortes, Komplexität des Tagungsprogramms und Anzahl der Teilnehmer ist die Kommunikation der relevanten Informationen umfangreich und deren Darstellung komplex. Vor Ort sind die erforderlichen Informationen konkreter und detaillierter. Wesentliche Informationen sind den Teilnehmern häufig schon vorab bekannt (Programm, Adresse des Veranstaltungsortes, Teilnehmerliste), gewinnen am Konferenztag dann aber an Verbindlichkeit. So stellt sich nicht nur die Frage, wann ein Vortrag stattfindet, sondern wo genau der Vortragsraum ist. Für die Kommunikation der relevanten Informationen wurden bei der WI 2015 eine Veranstaltungs-App und Bildschirme am Tagungsort eingesetzt. Für direkte Rückfragen stand eine ausreichende Anzahl an Mitarbeitern Verfügung.

Wichtigste Informationsquelle für die Organisation des Besuchs vor Ort war die Veranstaltungs-App. Diese wurde für alle gängigen Smartphones und Tablet-PCs (iOS, Android, Windows) zur Verfügung gestellt. Vorausgesetzt wurde, dass jeder Teilnehmer der WI 2015 ein mobiles Endgerät besitzt oder für die WI 2015 nutzen kann. Dies war auch ausnahmslos der Fall. Zur Nutzung der App mit „exotischen" oder älteren Betriebssystemen wurde eine Web-App bereitgestellt, die über den Internetbrowser abgerufen werden konnte.

Die App bei der WI 2015 enthielt interaktive Elemente und war folglich individuell nutzbar. Dies bedingte einen Log-in und eine eindeutige Erkennung des jeweiligen Nutzers. Als Benutzername fungierte die E-Mail-Adresse, die bei der Anmeldung verwendet wurde. Die App wurde zwei Wochen vor der Tagung zur Verfügung gestellt und enthielt folgende Anwendungen:

- Karte: Die Karte in der WI-2015-App beinhaltete die genaue geografische Darstellung der Veranstaltungsorte. Über eine Schnittstelle zur Navigationsfunktion im Smartphone konnten sich die Teilnehmer direkt zum Tagungsort navigieren lassen. Darüber hinaus waren alle Raumpläne als PDF abrufbar.
- Programm: Das Programm mit bis zu zehn parallelen Veranstaltungspunkten wurde nach Tag und Uhrzeit sortiert dargestellt. Informationen zu Rednern, Ort und Thema waren dort detailliert nachlesbar. Bei Interesse konnten Teilnehmer einzelne Programmpunkte in die eigene Agenda überführen, um sich somit ein eigenes Programm zusammenzustellen.

- Partner: Innerhalb der App wurden alle Sponsoren und Partner der WI 2015 dargestellt. Das „Partnerprofil" in der App beinhaltete eine Logodarstellung, Informationen zur Einrichtung sowie Kontaktmöglichkeiten.
- Profil: Hier konnten Teilnehmer ein eigenes Profil mit Informationen zur Person erstellen und ein Profilbild hochladen. Weiterhin hatte der Teilnehmer die Möglichkeit, Kontaktinformationen anzugeben.
- Teilnehmerliste: Das Profil eines jeden Teilnehmers war über die Teilnehmerliste abrufbar. Die Teilnehmerliste war alphabetisch sortiert.
- Nachrichten: Über das Profil konnte man in der App Nachrichten an andere Teilnehmer versenden.
- Verabreden: Wollte man sich mit einem Teilnehmer treffen, bestand die Möglichkeit, sich direkt über die App an einem Treffpunkt zu einem bestimmten Zeitpunkt zu verabreden. Der Termin wurde automatisch in die persönliche Agenda übertragen.

Darüber hinaus beinhaltete die Veranstaltungs-App das eTicket. Wer sich vor Ort akkreditieren wollte oder das Tagungsticket für den ÖPNV am Tagungsort benötigte, benötigte folglich die App und es konnte sichergestellt werden, dass sie von allen Teilnehmern genutzt wurde. Gelingt einem Veranstalter dies nicht, besteht die Gefahr, dass eine zur Verfügung gestellte App aus verschiedensten Gründen nicht heruntergeladen wird.

Die App mit den verschiedenen Funktionen (vgl. Abb. 2.8) wurde vor Ort von den Teilnehmern rege genutzt. Besonders häufig wurde sich via App über das Programm informiert. Die interaktiven Elemente wie die Verabredungsfunktion wurden eher selten genutzt.

Zusätzlich wurde das Programm auf Bildschirmen vor Ort dargestellt. Reichten die digital bereitgestellten Informationen den Teilnehmern nicht aus, standen vor Ort Mitarbeiter für Rückfragen zur Verfügung. Nicht selten wurde auch die Webseite der WI 2015 genutzt, um den Tagungsbesuch vor Ort zu organisieren. Im Falle einer kleineren Veranstaltung mit wenig parallel laufenden Vorträgen und einem übersichtlichen Veranstaltungsort dürfte diese für die Informationsbeschaffung völlig ausreichend sein.

Insgesamt bewerteten die Teilnehmer das Informationsangebot vor Ort sehr gut. 84 % der Teilnehmer stimmten der Aussage zu, dass das vor Ort zur Verfügung gestellte Informationsangebot völlig ausreichend war (vgl. Abb. 2.9). Besonders die Darstellung des Programms mit den Angaben zu Ort und Zeit von Veranstaltungspunkten gewinnt für Teilnehmer bei der Informationsbeschaffung vor Ort an Bedeutung.

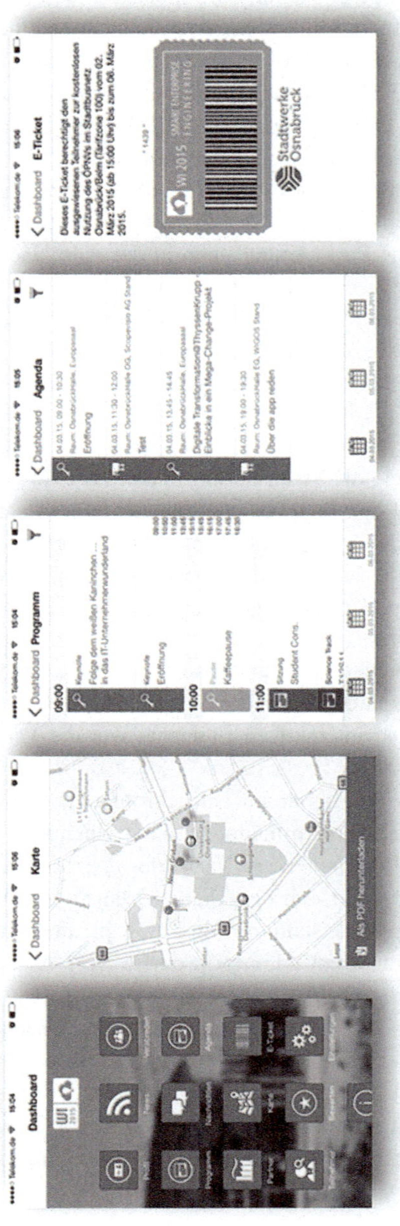

Abb. 2.8 Funktionen der Veranstaltungs-App und deren Darstellung

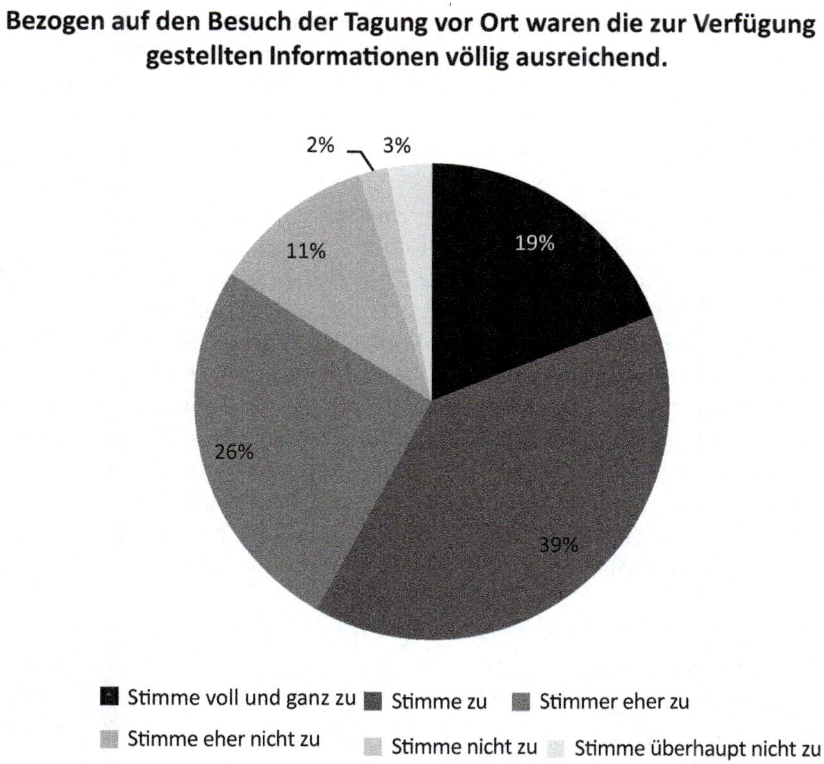

Abb. 2.9 Bewertung des Informationsangebots durch die Tagungsteilnehmer

2.2.4 Technische Voraussetzungen am Veranstaltungsort

Zur Durchführung einer digitalen Tagung ist neben der Verfügbarkeit der notwendigen Endgeräte bei den Teilnehmern vor allem eine entsprechende technische Infrastruktur am Veranstaltungsort unabdingbar. Dies bezieht sich insbesondere auf die Anbindung an das Internet und an eine ausreichende Stromversorgung.

Letzteres wird unabhängig von der digitalen Bereitstellung von Informationen im Rahmen von Tagungen und Kongressen von Teilnehmern nachgefragt. Bereits heutzutage erwarten Besucher Möglichkeiten, den Laptop oder mobile Endgeräte an das Stromnetz anzuschließen. Bei einer digitalen Tagung gewinnt dies umso mehr an Bedeutung, da seitens der Veranstalter Rahmenbedingungen geschaffen werden müssen, um technische Geräte mit Strom zu versorgen, damit diese auch zuverlässig genutzt werden können.

Bei der WI 2015 wurde dazu eine Stillarbeitszone eingerichtet und die Anzahl der verfügbaren Steckdosen in diesem Bereich wesentlich erhöht. So wurden unter den Sitzbänken Mehrfachstecker platziert, die garantierten, dass Gäste während der Arbeit den Laptop mit Strom versorgen konnten. Komplexer wird die Herausforderung, wenn Smartphones oder andere mobile Endgeräte nach längerer Nutzung aufgeladen werden müssen und ihre Besitzer sie währenddessen nicht beaufsichtigen können. Zu diesem Zwecke wurde in der Garderobe, an der Teilnehmer auch Jacken, Taschen oder Koffer abgeben konnten, eine Handyabgabestation eingerichtet. Dazu wurden ca. 20 Mehrfachstecker mit insgesamt 100 Steckplätzen installiert. So ergaben sich 100 nummerierte und überwachte Auflademöglichkeiten. Teilnehmer konnten ihr mobiles Endgerät dort abgeben. Diese Lösung war pragmatisch und mit einfachsten Mitteln umzusetzen.

Die Bereitstellung eines leistungsstarken WLANs dagegen war eine größere Herausforderung, da die OsnabrückHalle als zentraler Veranstaltungsort diesbezüglich über keine ausreichende Ausstattung verfügt. Um sicherzustellen, dass die App zuverlässig funktioniert und ausreichend Datenvolumen zur Verfügung steht, wurde während der WI 2015 ein WLAN-Netzwerk mit 100 Mbit/Sekunde bereitgestellt (vgl. Abb. 2.10). Dazu musste ein Telekommunikationsdienstleister

Abb. 2.10 Verfügbare Internetverbindung und Smartphones sind notwendige Voraussetzungen für eine digitale Tagung. (Foto: Bastian Jäger, Hamburg)

eine entsprechende Leitung zur Verfügung stellen und am Tagungsort ein dichtes Netz an Accespoints (WLAN-Router) aufbauen. Mit der Installation und Betreuung des technischen Netzwerks wurde ein externer Dienstleister beauftragt. Insgesamt entstanden so Kosten im niedrigen fünfstelligen Bereich. Diese Kosten fallen nicht an, wenn am Veranstaltungsort entweder eine entsprechende technische Infrastruktur vorhanden ist oder der Besucher über das eigene Mobilfunknetz Zugriff auf das Internet hat. Letzteres ist jedoch nur zu empfehlen, wenn das zu erwartende verbrauchte Datenvolumen pro Besucher sehr gering ist.

Besteht an einem Veranstaltungsort keine Möglichkeit, ein leistungsstarkes und funktionierendes WLAN bereitzustellen, oder befindet sich der Veranstaltungsort an einem Ort mit schlechter Mobilfunkanbindung, ist eine Informationsvermittlung über digitale Kommunikationskanäle nicht möglich.

2.2.5 Forderungen an ein vollständig digitalisiertes Tagungs- und Kongressmanagement

Die WI 2015 hat gezeigt, dass die Informationsvermittlung im Rahmen von Kongressen und Tagungen vollständig digital dargestellt werden kann. Ist am Veranstaltungsort die notwendige Infrastruktur vorhanden und verfügen alle Teilnehmer über mobile Endgeräte, kann vollständig auf Papier verzichtet werden. Weder die Veranstaltung an sich noch das Projekt- oder Eventmanagement müssen in Bezug auf Qualität oder Durchführbarkeit negative Auswirkungen befürchten. Ganz im Gegenteil: Informationen sind aktueller, Arbeitszeit und Kosten können eingespart werden und die Interaktivität nimmt zu. Für die Zukunft ergeben sich aus diesen Erkenntnissen neue Herausforderungen und Aufgaben für die Veranstaltungsbranche und deren Akteure.

Investitionen in die digitale Infrastruktur an Veranstaltungsorten werden mit einer fortschreitenden Digitalisierung immer relevanter. Inhaber oder Betreiber von Veranstaltungsstätten müssen im Blick haben, dass potenzielle Kunden abwandern, wenn kein funktionierendes und leistungsstarkes WLAN bereitgestellt werden kann. Fach- und Führungskräfte müssen digitale Technologien einsetzen können und deren Wirkung und Funktionsweisen verstehen.

Bei einer konsequenten Umsetzung einer digitalen Strategie, sowohl in Bezug auf die interne Planung als auch auf die Informationsvermittlung, fallen Prozesse weg. Arbeitszeit und Kosten können eingespart werden. Folglich können günstigere Preise am Markt angeboten werden oder die gewonnene Zeit zur Verbesserung der Qualität und Kreativität einer Tagung genutzt werden. Diese Entwicklung wird dann bestärkt, wenn es gelingt, möglichst viele Prozesse zu automatisieren.

Nichtsdestotrotz haben Grundsätze für ein erfolgreiches Eventmanagement weiterhin Gültigkeit. Prozesse werden zwar verkürzt oder sogar abgeschafft, dennoch gilt es weiterhin, die Ziele einer Tagung im Blick zu haben, einen perfekten Ablauf zu gewährleisten und die Kundenwünsche zu befriedigen.

Nicht zuletzt kann eine erfolgreiche Digitalisierung dazu beitragen, Ressourcen zu schonen und auf einmalig hergestellte Produkte wie Tagungsbroschüren, Flyer oder Plakate zu verzichten.

Über die Autoren

David Sossna ist seit dem 1. Januar 2014 wissenschaftlicher Mitarbeiter am Fachbereich Informationsmanagement und Wirtschaftsinformatik der Universität Osnabrück und betreute dort unter anderem das DBU-Förderprojekt „pAPPyrOS – Entwicklung eines IT-gestützten Konzeptes zur papierlosen Durchführung von Tagungen und Veranstaltungen". Das Konzept wurde erstmals auf der 12. Internationalen Tagung Wirtschaftsinformatik vom 4. bis 6. März 2015 flächendeckend umgesetzt.

Vor seinem Wechsel an die Universität Osnabrück leitete der gebürtige Münsteraner seit Mai 2012 die Osnabrücker Geschäftsstelle der Initiative zur Stärkung der IT-Branche in Niedersachsen (ikn2020) und wurde für das Jahr 2013 zum Themenmanager IT in der niedersächsischen Landesinitiative „Zukunft schmieden" berufen. Seinen beruflichen Einstieg fand David Sossna im Bereich der Organisation von Wirtschaftstagungen und danach drei Jahre in leitender Funktion in der Organisation von Sportevents. Von 2002 bis 2008 studierte er Geografie, Kommunikationswissenschaften und Volkswirtschaftslehre an der Westfälischen Wilhelms-Universität Münster und absolvierte 2011 eine IHK-Fortbildung im Bereich Betriebswirtschaftslehre und Projektmanagement.

Kontakt: david.sossna@uni-osnabrueck.de, oliver.thomas@uni-osnabrueck.de

Univ.-Prof. Dr. Oliver Thomas ist Inhaber des Lehrstuhls für Informationsmanagement und Wirtschaftsinformatik an der Universität Osnabrück.

Oliver Thomas studierte Betriebswirtschaftslehre mit Schwerpunkt Wirtschaftsinformatik an der Universität des Saarlandes, Saarbrücken, wo er auch im Bereich Wirtschaftsinformatik zum Thema Referenzmodellierung mit Auszeichnung promovierte. Er habilitierte mit einer Arbeit zum Fuzzy Process Engineering. Vor seiner Tätigkeit in Osnabrück hat Oliver Thomas am DFKI in Saarbrücken die Arbeitsgruppe „Business Process Management" aufgebaut und geleitet. An der Aoyama Gakuin University, Tokyo (Japan), war er von 2004 bis 2009 Visiting Associate Professor.

Die Forschungsschwerpunkte von Prof. Dr. Oliver Thomas sind Geschäftsprozessmanagement, Enterprise Architecture Management, Integration von Produktion und Dienstleistung sowie semantische und mobile Informationssysteme. Er ist Autor und Koautor von über 250 nationalen und internationalen Fachpublikationen, darunter über 30 Beiträge in begutachteten Zeitschriften, Organisator der wissenschaftlichen Tagung „Dienstleistungsmodellierung", Tagungsleiter der 12. Internationalen Tagung Wirtschaftsinformatik (WI 2015), die im März 2015 mit großem Erfolg in Osnabrück stattfand, und Leiter der Weiterbildungsveranstaltung IMUCON. In seiner wissenschaftlichen Laufbahn koordinierte Oliver Thomas über 30 Forschungs- und Drittmittelprojekte.

Bits und Apps im Messe- und Tagungswesen

3

Thorben Grosser

Zusammenfassung

Veranstaltungsapps und andere Eventtechnologien haben Veranstaltungen maßgeblich verändert und werden diese auch in Zukunft verändern. Dieser Beitrag befasst sich mit der Technologisierung von Veranstaltungen wie Kongressen und Messen und deren Auswirkung. Dabei werden verschiedene Nutzungsfälle beleuchtet und mit praxisnahen Beispielen illustriert. Besondere Beachtung finden die Themen Teilnehmerinformation, interaktive Veranstaltungen und Zukunftstechnologien, aber auch Technologiemarketing und Datenschutz. Ein besonderer Schwerpunkt wird außerdem der Schaffung von messbaren Ergebnissen zur besseren Bestimmung des Return on Investment (ROI) eingeräumt. Der Beitrag richtet sich ganz bewusst an die Mitglieder der Veranstaltungsbranche, egal ob diese noch nie Berührungspunkte mit Veranstaltungstechnologien hatten oder schon erste Erfahrungen vorliegen.

3.1 Digitalisierung im Tagungs- und Messebereich

Veranstaltungen dienen seit jeher der Kommunikation, der Bildung und Vernetzung von Menschen. Dabei übernahmen sie stets auch Schlüsselrollen in den großen Umwälzungen unserer gesellschaftlichen Strukturen.

T. Grosser (✉)
EventMobi GmbH, Berlin, Deutschland
E-Mail: thorben@eventmobi.com

T. Knoll (Hrsg.), *Veranstaltungen 4.0,*
DOI 10.1007/978-3-658-16223-8_3

Die ersten Messen sind bereits seit den Jahren 634/635 belegt und haben lange Zeit der regionalen Wirtschaft gedient, Güter auszustellen, zu bewerben und zu verkaufen. Bereits während der ersten Revolution der Maschinen im 19. Jahrhundert nahmen Weltausstellungen hierbei eine exemplarische Rolle ein: Wurden auf der ersten Weltausstellung 1851 in London noch Dinge wie bildende Kunst oder Bodenschätze in den Vordergrund gestellt, lieferten schnell technische Innovationen wie die Rechenmaschine, Gasmotoren, die Nähmaschine oder das Fahrrad ein Aushängeschild für die Weltausstellungen.

Weltausstellungen haben auch die zweite industrielle Revolution eingeleitet, indem sie elektrisch betriebene Innovationen vorgestellt haben. 1876 wurde auf der Weltausstellung in Philadelphia, USA, das Telefon präsentiert, welches die Welt auf eine Art und Weise verändert hat, wie es Alexander Graham Bell wahrscheinlich nicht ahnte – bis über die vierte industrielle Revolution hinaus ist das Prinzip, Informationen über Kupferkabel mithilfe von elektrischen Impulsen zu übertragen, zwar verfeinert worden, hat sich aber in der Grundidee nicht verändert.

Nachdem die ersten zwei industriellen Revolutionen sich schon im Vorfeld auf Weltausstellungen ankündigten, verloren diese danach an Bedeutung. Elektronische Rechenmaschinen, zuerst auf Basis der mechanischen Rechenmaschinen aus dem vergangenen Jahrhundert, später auf Röhrentechnik und schließlich basierend auf Halbleitertechnik, veränderten die Gesellschaft radikal. 1941 wurde die erste vollelektronische Rechenmaschine von Konrad Zuse gebaut, 1946 der erste Röhrenrechner und schließlich 1957 der erste Halbleiterschaltkreis.

In dieser Zeit wurde es zunehmend schwieriger für Veranstaltungen, insbesondere Messen, diesen zukunftsweisenden Aspekt zu halten. 1965 formulierte Gordon Moore, Gründer von *Fairchild Semiconductor,* später Gründer von *Intel,* eine Faustregel, nach der sich alle zwei Jahre die Komplexität von integrierten Schaltkreisen verdoppeln, und damit auch die Rechenleistung enorm ansteigen würde. Bis dato ist dieser Merksatz verbindlich und die Technologie wird rasant leistungsfähiger. Darum gilt der rapide Wandel auch als die dritte industrielle Revolution, mit ihrem Beginn spätestens in den 1970er Jahren.

Die Veränderungen in der Veranstaltungsbranche gingen weiter und durch internationale Flugreisen, schnelle Postwege und den Rundfunk wurde die Welt vernetzter; Kongresse und Messen wurden vielfältiger, so wie auch Berufs- und Wirtschaftszweige vielfältiger. Der dichtere internationale Austausch von Wirtschaft und Wissenschaft befeuerte dieses Wachstum.

In den letzten 20 Jahren begann das Aufkommen der vierten industriellen Revolution, welche in den späten 2000ern nicht mehr zu übersehen war: War es in den 1990ern noch spannend, sich mit dem Internet zu verbinden oder eine

E-Mail zu erhalten, ist das Gegenteil, nämlich keinen Zugang zum Internet zu haben, mittlerweile in gewissen Momenten ein ungewohnter Luxus.

Auf einem breiten Spektrum erlaubte die vierte industrielle Revolution, weniger auf Vorrat zu produzieren, sondern Waren „on demand" zur Verfügung zu stellen, Logistikabläufe knapper zu planen, Kommunikationswege enger zu gestalten und große Datenmengen in Sekundenschnelle zu kommunizieren – meistens sogar noch wesentlich schneller.

Veranstaltungen haben sich heute aber teilweise von Vorreitern neuer Technologiezeitalter zu schlichten Dokumentationsstätten des Wandels verändert. Veranstaltungsteilnehmer müssten sich eigentlich nicht mehr an einem Ort aufhalten, um Neuigkeiten zu erfahren, Innovationen auszutauschen oder zu netzwerken. Die größte Stärke von Veranstaltungen bleibt aber der direkte Kontakt, denn dieser lässt sich immer noch nicht virtuell abbilden. Und genau diese Stärke können Veranstaltungen weiterhin ausspielen, um relevant zu bleiben – unter der Herausforderung, Technologie nicht als Konkurrenten, sondern als Erweiterung zu sehen.

Veranstaltungen, ob Kongresse, Live-Events oder Messen, müssen sich dieser Herausforderung stellen, denn auch die Teilnehmer erwarten die neue Flexibilität, Kurzfristigkeit und Gestaltungsfreiheit, die die Industrie 4.0 mit sich bringt. Dabei haben Veranstaltungen über die letzten 200 Jahren aber leider konsequent an Gegenwartsnähe verloren, und hinken, wie fast alle anderen Zweige der Wirtschaft, der technologischen Entwicklung hinterher.

Gerade die Veranstaltungsbranche kann aber von den neuen Möglichkeiten profitieren, falls diese überlegt und passend eingesetzt werden. „Bits und Apps im Messe- und Tagungswesen" befasst sich mit der Frage, wie die Branche sinnvoll und nachhaltig den Lückenschluss mit der Technologie schaffen kann und Veranstaltungen wie Messen und Kongresse hier sogar eine Vorreiterstellung einnehmen können.

3.2 Anwendungsfälle

3.2.1 Prozesse vereinfachen

Veranstaltungen unterscheiden sich in Größe und Komplexität. Davon unabhängig gilt: Der Erfolg einer Veranstaltung ist direkt abhängig von der Sorgfalt in der Vorbereitung. So wird der Veranstaltungsplaner zur Schnittstelle zwischen allen mit der Veranstaltung verbundenen Parteien, erkennt und koordiniert damit Dienstleister, Teilnehmer, Referenten, Sponsoren, Aussteller usw. (sogenannte

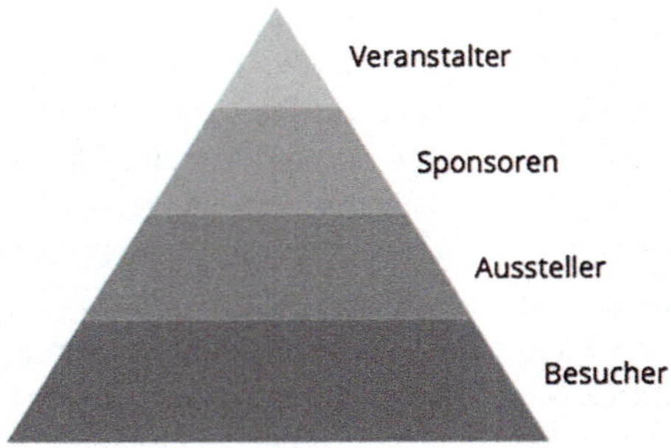

Abb. 3.1 Stakeholder-Pyramide. (Quelle: Stein und Grosser)

Stakeholder, vgl. Abb. 3.1). Besonders bei großen Veranstaltungen mit Tausenden von Teilnehmern bedeutet dies auch, die Kommunikation und Koordination zwischen Tausenden von Personen aufrechtzuerhalten.

Auch hier hat die digitale Revolution nicht angehalten. Einen großen Anteil hat, wie in vielen anderen Geschäftsbereichen, der Einsatz von E-Mails. In der Vorbereitungsphase nutzen Veranstalter die elektronische Post, um Verträge abzuschließen, Referenten zu buchen, Angebote einzuholen, Termine zu vereinbaren oder Teilnehmer einzuladen.

Um diese Informationen zu sammeln, werden sie häufig in weiteren E-Mails zusammengefasst oder in Textdokumenten oder Tabellen aufgelistet, welche Veranstaltungsplaner dann häufig in ausgedruckter Form in einem Ordner unter den Arm klemmen, um vor Ort den perfekten Verlauf der Veranstaltung zu garantieren und, falls nötig, händisch Notizen nachzutragen.

3.2.2 Probleme bei klassischen Prozessabläufen

Die zuvor beschriebene Vorgehensweise imitiert häufig die klassischen Abläufe von Projektplänen, erleichtert es aber, diese mit weniger Aufwand zu kommunizieren. Doch sie birgt auch einige Nachteile und Gefahren.

Verlangsamung der Prozesse
Durch die weiterhin stark manuellen Prozesse, wie das Speichern und Verwalten sowie manuelle Anpassen und Aktualisieren von Daten, geht Zeit verloren. Besonders in Agenturen, die bei der Projektplanung feste Stundenkontingente haben, ist dies Zeit, die – falls sie den geplanten und budgetierten Aufwand überschreitet – den Gewinn schmälert und damit der Kostenkalkulation schadet.

Datenredundanz
Eines der größten Risiken bei manuellen und semi-manuellen Prozessen, also solchen, die zwar computergestützt sind, aber immer noch auf das manuelle Verknüpfen von Informationen abzielen, ist die Datenredundanz oder Datendopplung. Ein klassisches Beispiel in der Veranstaltungsbranche sind Teilnehmerlisten. Wenn ein Veranstaltungsplaner eine Liste in mehrfacher Ausführung für sich und seine Kollegen vorhält, und die entsprechenden Kollegen dann zum Beispiel händisch später angemeldete Teilnehmer nachtragen, entstehen unterschiedliche Listen. Um dies zu vermeiden, muss eine Person die unterschiedlichen Listen regelmäßig abgleichen und konsolidieren. Diese Prozesse sind nicht nur zeitaufwendig, sondern auch fehleranfällig. Schwerwiegender ist das Problem, wenn zum Beispiel mehrere Systeme aufeinander aufbauen und von unterschiedlichen Datenquellen arbeiten. Hat beispielsweise das System mit den Namensschildern keine Anbindung an die Listen des Catering-Dienstleisters, so könnte es geschehen, dass eine Person mit ihren individuellen Wünschen für eine Veranstaltung registriert ist, aber nachher statt des bestellten vegetarischen Menüs ein Standardmenü bekommt, weil im manuellen Übertragen von Daten der Datensatz des Teilnehmers vergessen wurde.

Bildung sogenannter Informationssilos
Die Konsequenz von oben genannter Datenredundanz ist die Bildung sogenannter Informationssilos. Hierbei handelt es sich um Informationen, die im Prinzip einer größeren Empfängergruppe zugänglich sein sollten, praktisch aber nur einer Person oder einem kleinen Personenkreis vorliegen. Da besonders komplexe Veranstaltungen oft darauf vertrauen, dass die einzelnen Parteien aufeinander abgestimmt sind und gemeinsam arbeiten, können solche Informationssilos stark negativen Einfluss auf den Ablauf der Veranstaltung haben.

3.2.3 Digitale Lösungen für ein analoges Problem

Eine der größten Stärken von digitalen Arbeitsprozessen (oder *Digital Workflows*) ist die Vereinfachung von manuellen Prozessen. Hierbei helfen verschiedene Werkzeuge, allen voran zentrale Datenspeicher und Projektmanagementwerkzeuge. Zentrale Datenspeicher ermöglichen es Nutzern, geteilte Dokumente an einem Ort vorzuhalten. Damit kann man vermeiden, dass es verschiedene, lokal gespeicherte Dokumente gibt, und stattdessen darauf vertrauen, dass es eine zentrale Datei – zum Beispiel eine Teilnehmerliste – gibt. Bekannte Anbieter sind beispielsweise Dropbox, Box.com oder Google Drive. Sollte es hier zu

Datenschutzbedenken kommen, gibt es auch die Möglichkeit, im unternehmensinternen Netzwerk Daten zentral auf einem Server zu speichern – idealerweise mit Zugriff von außen.

Einen Schritt weiter gehen Projektmanagementwerkzeuge. Diese Programme erlauben, oft zentral gelagert, ganze Projektpläne, inklusive Meilensteine, GANTT-Grafiken (Diagramme, die Fortschritte in Balkenform darstellen, auch Balkendiagramm genannt), Aufgabenteilung und Abgabetermine zu verwalten. Durch die Einbindung von zentralen Datenspeichern besteht die Möglichkeit, dass alle Mitarbeiter in einem Team, aber sogar externe Helfer wie Sponsoren oder Dienstleister, eingeschränkt oder unbeschränkt Zugang auf alle wichtigen Daten haben.

Die meisten dieser Werkzeuge finden sich in allen Branchen wieder und sind nicht spezifisch für die Veranstaltungsbranche konzipiert. Es gibt jedoch die Möglichkeit, auf branchenspezifische Tools zurückzugreifen, um die einzelnen Bereiche einer Veranstaltung abzubilden. Die Systeme reichen hier von Warenwirtschaftssystemen für Kongresszentren über Tools zur Kommunikation bis zu Veranstaltungsplanungswerkzeugen, Software für Raumdiagramme, Teilnehmerverwaltung, Sitzplanung usw.

Alle diese Systeme beseitigen das Ausgangsproblem: Durch die Möglichkeit, zentrale Dokumente zu teilen, lassen sich Informationssilos und Datenredundanz vermeiden und somit Arbeitsprozesse beschleunigen und weniger fehleranfällig gestalten.

3.2.4 Verbindungen zwischen diversen Kommunikationssystemen

Ein Problem bleibt bei der Prozessoptimierung bestehen. Es gibt möglicherweise kein einziges System, welches alle Bedingungen und Anforderungen eines Veranstaltungsplaners erfüllt. Doch auch für diesen Fall gibt es Möglichkeiten, Daten zwischen Systemen auszutauschen und so im Idealfall mit einer homogenen Datenmenge zu arbeiten.

In der Vergangenheit haben sich die Dateiformate CSV (CSV steht für Comma Separated Values, ein Dateiformat, bei dem eine Datenbank in Textform dargestellt wird und jede Spalte durch ein Komma – oder Semikolon bei deutschsprachigen Systemen – geteilt wird) und XLS bzw. XLSX (ein proprietäres Dateiformat der Firma Microsoft, welches auch in vielen anderen Systemen ausgelesen werden kann) als De-facto-Standard etabliert. Die meisten digitalen Systeme können diese Dateiformate öffnen.

Neuer ist die Möglichkeit, Daten per Schnittstelle auszutauschen. Dies konnten IT-Systeme auch schon in der Vergangenheit, allerdings war es oft schwierig, eine Schnittstellenverbindung aufzubauen. In den letzten Jahren hat sich dies rapide verändert. Unter der Bezeichnung API (Application Programming Interface) bieten viele Anbieter die Möglichkeit, mit sehr begrenztem Programmieraufwand Daten auszulesen oder einzuspeisen. Zwar gibt es auch hier keinen offiziellen, einheitlich bindenden Standard, aber de facto hat sich der XML-basierte (XML ist ein Standard zur Darstellung von Daten) Standard ReST durchgesetzt, den die meisten IT-Spezialisten beherrschen. So können oft schon innerhalb weniger Stunden fremde Systeme miteinander kommunizieren.

In diesem Kontext unterscheidet man zwischen unidirektionalen APIs und bidirektionalen APIs. Unidirektionale APIs erlauben meist nur das Auslesen von Daten aus einem System, so könnte zum Beispiel eine Event-App die Teilnehmerliste aus der Registrierungssoftware auslesen. Mit einer bidirektionalen API könnte eine Event-App Daten aus der Registrierungssoftware auslesen, aber auch, sollte ein Teilnehmer seine Daten in der Event-App ändern, diese Änderungen wieder in die Registrierung zurückschreiben.

Besonders nützlich ist der automatisierte Austausch von Daten, neben der Vermeidung von Datenredundanz und -silos, um auch darüber hinaus die Daten zu nutzen. Wenn ein Messeveranstalter beispielsweise Daten, wofür Teilnehmer sich auf Veranstaltungen interessieren, mithilfe einer Event-App sammelt, macht es durchaus Sinn, diese Daten auch in der generellen Kundendatenbank des Messeveranstalters vorzuhalten. Diese Daten kann der Veranstalter nutzen, um Kunden gezielter anzusprechen, bessere Entscheidungen über die Veranstaltungsgestaltung zu treffen und eine angenehmere Veranstaltung für alle beteiligten Parteien zu gestalten. Durch den automatisierten Austausch von Daten ist es so möglich, Tausende oder gar Hunderttausende von Datenpunkten mit geringem Zeit- und Kostenaufwand auszuwerten und zu nutzen.

3.3 Teilnehmerkommunikation vereinfachen

Das Vereinfachen von Planungsprozessen ist sicherlich ein großer Vorteil von Veranstaltungstechnologien. Dabei hat Technologie in der Vergangenheit hauptsächlich durch ihre Eignung als Massenmedium an Beliebtheit gewonnen – und genau diesen Vorteil können Veranstaltungsplaner auch auf Veranstaltungen einsetzen.

Das Smartphone ist ein Massenmedium: Bei Kongressen tragen oft über 90 % aller Teilnehmer ein solches Telefon mit sich. Daher eignet sich die smartphonegestützte Form der Kommunikation ideal für den Austausch von aktuellen Informationen (vgl. Abb. 3.2).

Dabei sind Veranstaltungsplaner ganz unterschiedlichen Herausforderungen ausgesetzt. Um die Anwesenheit auf einem Kongress ideal auszunutzen, bereiten sich Veranstaltungsteilnehmer oft Tage oder Wochen vor der Veranstaltung vor. Klassischerweise geht die Motivation zum Teilnehmen an Veranstaltungen von drei Grundsäulen aus: der (Fort)Bildung, der Unterhaltung und dem Netzwerken. Fast alle Veranstaltungen decken diese drei Kriterien ab. Meistens haben Veranstaltungen einen Schwerpunkt auf einer dieser drei Säulen, aber bieten die anderen Säulen auch mit an. So zeigen Musikfestivals einen primären Fokus auf Unterhaltung. Trotzdem haben sie zunehmend einen Ausstellungsbereich (häufig in Verbindung mit Sponsoren) und auch vermehrt die Möglichkeit, bei Workshops

Abb. 3.2 Teilnehmerkommunikation visualisiert. (Quelle: EventMobi 2015)

neue Fähigkeiten zu erlernen. Messen, welche einen starken Fokus auf das Vernetzen von Anbietern und Interessenten richten, bieten vermehrt ein Kongressprogramm an, und kommen natürlich auch nicht ohne Abendveranstaltung aus. Tagungen oder Kongresse hingegen haben häufig dedizierte Networking-Bereiche und -Veranstaltungen, bieten genauso aber auch die Möglichkeit einer integrierten Ausstellungsfläche an.

Es gilt daher, diese Elemente einer Veranstaltung zu unterstützen. Eine App kann das auf vielseitige Art und Weise leisten. Informationen zu Programm und Referenten sind bei jeder Veranstaltungs-App ein Kernelement. Die Besonderheit von Smartphones und Apps liegt hierbei in ihrem individuellen Charakter. Da jeder Teilnehmer *sein* Smartphone dabei hat, ist es ohne Weiteres möglich, die Programminformationen auch auf den einzelnen Teilnehmer abzustimmen. Hierbei ergibt sich zum Beispiel die Möglichkeit, Teilnehmern zu erlauben, ihre eigene Agenda zusammenzustellen und sich automatisch über etwaige Änderungen informieren zu lassen. Darüber hinaus ist es auch denkbar, sich Programmpunkte zu gewissen Themen vorschlagen zu lassen: zum Beispiel anhand von individuellen Interessen des Teilnehmers. Umgekehrt können Veranstaltungsplaner diese Funktion zur Steuerung der Teilnehmer nutzen. Sollten Teilnehmer ein Pflichtprogramm haben, kann dies vom Veranstalter vorgegeben werden – individuell und trotzdem mit beschränktem Mehraufwand. Damit unterstützt man die Bequemlichkeit der Teilnehmer, erweist ihnen aber auch eine Dienstleistung, die es ihnen erlaubt, den Veranstaltungsbesuch so unbeschwert und effizient wie möglich wahrzunehmen.

Informationen zu Ausstellern sind oft gleichermaßen wichtig und belastend für Teilnehmer. Besonders auf Messen verlassen sie die Messehalle abends mit großen Mengen an Geschenken, Unterlagen und Notizen. 2009 erhob das amerikanische Unternehmen CrowdCompass in einer Studie, dass der durchschnittliche Veranstaltungsteilnehmer ca. vier Kilogramm Papier von einer Veranstaltung mitnimmt. Für den Teilnehmer ist der Großteil der Unterlagen Ballast. Wenn solche Informationen sinnvoll in einer App angelegt werden, können Teilnehmer diese Daten kompakt in der Hosentasche tragen. Dabei bieten viele Apps die Möglichkeit, Notizen zu Vorträgen und Ausstellern zu machen, um so sicherzustellen, dass, auch wenn Notizblöcke verloren gehen, keine Informationen abhandenkommen. Selbst wenn das Smartphone verloren ginge, sind die Informationen meist sicher zentral gespeichert.

Da Speicherkosten oft trivial sind, ist, im Gegensatz zu gedruckten Erzeugnissen, die Menge der Daten oft irrelevant. So muss nicht mehr entschieden werden, welche Daten man sich sparen kann, sondern Informationen wie Präsentationsunterlagen oder Ausstellerdokumente können komplett abgebildet werden.

Allerdings sollten Veranstaltungsplaner sich hier geschickt beraten lassen – das Abbilden von großen Datenmengen erfordert in der Regel eine klare und logische Aufteilung der Daten. So sollten alle Daten in einer Anwendung durchsuchbar sein und an sinnvollen Stellen verlinkt werden, um eine Auffindbarkeit zu erleichtern.

Der wirkliche Mehrwert für Veranstalter entsteht hier mit der Unabhängigkeit von gedruckten Unterlagen und den mit ihnen verbundenen Kosten, Deadlines und Gestaltungskosten. Sollte beispielsweise ein Referent ausfallen oder ein Programmpunkt verschoben werden, kann diese Information direkt in einer App geändert werden und der Teilnehmer kann so unkompliziert über Neuerungen informiert werden. In der Vergangenheit wurde dies arbeitsintensiv über Aushänge, Durchsagen und individuelle Information bewerkstelligt.

Auch das Netzwerken auf Veranstaltungen kann vereinfacht werden. Ähnlich wie beim Programm können hier beispielsweise Teilnehmer der Veranstaltung aufgelistet und dargestellt werden. So können Teilnehmer nach anderen Teilnehmern mit komplementärem Wissen, Funktionen oder Interessen suchen und mit ihnen in Kontakt treten. Dies ist besonders relevant für Teilnehmer, die nicht geborene Netzwerker sind, sondern denen das Knüpfen von neuen Kontakten schwerfällt. Außerdem lässt sich auf großen Veranstaltungen das Netzwerken effizienter gestalten. Hierin Geübte arbeiten sich pro Stunde durch Dutzende von Teilnehmer und filtern nach hilfreichen Kontakten. Trotzdem lassen sich bei großen Kongressen nicht alle Teilnehmer kennenlernen. Durch gezieltes digitales Vorfiltern kann ein Netzwerker schon im Vorfeld klären, wen er kennenlernen will, und damit die Erfolgsaussicht auf hilfreiche Kontakte steigern.

3.4 Wissenstransfer steigern

Bildung und Wissenstransfer sind, wie bereits erwähnt, ein zentraler Aspekt vieler Veranstaltungen. Dabei helfen Apps nicht nur bei der Information, wann Teilnehmer wo welchen Programmpunkt wahrnehmen können, sondern auch dabei, Wissen nachhaltig und messbar zu transferieren.

Wie Wissen transferiert wird, ist meistens nicht Aufgabe der App. Veranstaltungslehren wie Meeting Design, Kokreation (gemeinsames Erschaffen von Inhalten) und Bildungstheorie sind bestehende Felder, die sich damit befassen, wie man am besten Programmpunkte strukturiert, um Wissen zu vermitteln. Mangels Mut oder Kreativität sind hier immer noch Formate wie Frontalvermittlung oder schriftliche Übertragung die Norm – wenn auch mit mäßigem Erfolg. Doch alternative Veranstaltungsformate wie Barcamps, Brown Bag Sessions, Freudian Walks und ähnliche gewinnen immer mehr an Bedeutung.

Hier übernehmen Apps eine unterstützende Rolle. Sie können beispielsweise genutzt werden, um, in Echtzeit oder verzögert, den Erfolg von Wissenstransfers zu messen. Veranstalter oder Referenten können augenblicklich Teilnehmer befragen, ob und welche Informationen sie sich gemerkt haben, um gegebenenfalls schwierige Inhalte detaillierter zu vermitteln. Das Unternehmen UnderstoodIt, welches mittlerweile von der kanadischen Firma EventMobi übernommen wurde, hat Teilnehmern von Veranstaltungen beispielsweise die Möglichkeit gegeben, durch eine binäre Rückmeldung dem Referenten zu vermitteln, ob sie noch aufmerksam sind. Wenn der Teilnehmer dem Inhalt des Vortrages nicht folgen konnte, konnte er per Fingertipp mitteilen, dass Schwierigkeiten bestehen, dem Inhalt zu folgen (oder dass dieser momentan verständlich ist). So wurde dem Referenten eine fortlaufende Kurve angezeigt, mit welcher er zu jedem Zeitpunkt sehen konnte, ob der Wissenstransfer funktioniert.

Eine Alternative wäre, vermitteltes Wissen in Umfrageform direkt während oder nach einer gewissen Zeit nach dem Vortrag abzufragen, um belastbare Zahlen zu erhalten, ob die Inhalte erfolgreich vermittelt wurden.

Diese inhaltlichen Vermittlungen können in Apps dadurch begünstigt werden, dass Teilnehmer Informationen wie Präsentationen, Arbeitsblätter oder weiteren Lesestoff direkt in der App runterladen können. Auch hier ist die Möglichkeit, sich zu Vorträgen Notizen zu machen, hilfreich. In Abschn. 3.5 wird erklärt, wie Wissenstransfer zusätzlich durch stärkere Partizipation (vgl. Abb. 3.3) begünstigt werden kann.

Neben diesen Möglichkeiten helfen Apps auch Veranstaltern, die logistischen Hürden des Wissenstransfers zu überwinden. Wenn an Teilnehmer zum Beispiel Fortbildungspunkte vergeben werden, wie dies bei medizinischen Kongressen oft der Fall ist, kann der Teilnehmer hier seine Präsenz zum Beispiel durch automatisches Anmelden beim Betreten des Tagungsraums nachweisen. So kann man Präsenzlisten in Papierform vermeiden und digitale Listen schneller auswerten.

Das bedeutet für den Veranstaltungsplaner, dass es Sinn macht, auch andere beteiligte Parteien einzubeziehen. Beispielsweise Meeting-Designer, akademische Vorsitzende und sogar Pädagogen, denn auch hier bietet Technologie keine Lösung an, sondern lediglich Werkzeuge, um die Teilnahme an einer Veranstaltung effektiver zu gestalten.

Abb. 3.3 Live-Abstimmung bei einer Veranstaltung. (Quelle: EventMobi 2015)

3.5 Teilnahme steigern

Das klassische Vortragsformat – ein Referent trägt vor und 50, 500 oder gar 5000 Teilnehmer hören zu – hat in der Veranstaltungswelt seinen festen Platz und wird diesen möglicherweise nie verlieren. Das verhindert nicht, dass sich die Branche verändert. Neue Meeting-Formate werden mithilfe von Meeting-Designern, Pädagogen und innovativen Veranstaltungsplanern regelmäßig neu erfunden, ausprobiert und eingeführt. Dabei leben die meisten dieser Formate von Interaktion und Beteiligung durch Teilnehmer. Dies fängt klassischerweise mit Fragen an den Referenten an oder auch der Möglichkeit von TED-Abstimmungen (auch noch Echtzeitabstimmung oder Live Voting) durch das Publikum.

Fragen an den Referenten werden klassischerweise direkt vom Teilnehmer, evtl. mithilfe eines Mikrofons an den Vortragenden gerichtet. Diese Vorgehensweise birgt drei fundamentale Probleme: Teilnehmer haben oft nicht das Selbstvertrauen, sich selbst vor kleinem Publikum oder im Kollegenkreis zu Wort zu melden und Fragen zu stellen. Psychologische Studien zeigen, dass ca. 50 % der Bevölkerung eher introvertiert sind. Besonders dieser Anteil wird hier quasi ausgeschlossen. Darüber hinaus belegen weitere Experimente, dass Menschen sich anders verhalten, wenn sie wissen, dass sie beobachtet werden. Dies bedeutet, dass die Wortmeldungen oder Fragen der Teilnehmer schon selbstzensiert beim Referenten ankommen. Damit werden potenziell spannende und wichtige Diskussionen von vornherein verhindert. Das dritte Problem ist die oft fehlende Zeit, um

Fragen zu beantworten. Dies wird oft noch verstärkt durch mangelnde Vorbereitung der Fragenden oder Vereinnahmungen des Referenten durch einzelne Teilnehmer.

Durch Nutzung von Veranstaltungs-Apps können diese drei Probleme bewältigt werden: Teilnehmer können Fragen an den Referenten oder Moderator über eine App senden. Durch die Möglichkeit, Fragen anonym zu stellen, werden kontaktscheue Teilnehmer ermutigt, auch an der Veranstaltung teilzuhaben. Schlussendlich können auch offene, kritische Fragen gestellt werden, ohne sich dabei selbst zu zensieren. Verschiedene Software-Tools bieten darüber hinaus die Möglichkeit, von anderen Teilnehmern gestellte Fragen in der App anzuzeigen, und Teilnehmer gemeinsam bestimmen zu lassen, welche Fragen besonders relevant sind. So kann das Publikum gemeinsam eine Vorauswahl treffen, welche Fragen vom Referenten beantwortet werden sollen.

Natürlich können solche Tools auch genutzt werden, um zeitversetzt Fragen zu stellen. So könnten zum Beispiel bei komplexen Sachverhalten oder an hochrangige Politiker Fragen schon Stunden oder Tage im Vorfeld der Veranstaltung eingeschickt werden.

Die Methode der TED-Abstimmung wird schon seit Jahrzehnten auf Veranstaltungen eingesetzt. Wurde dies früher per Handzeichen oder Papierwahl bewerkstelligt, so gab es später kabelgebundene Fernbedienungen und folgend kabellose Fernbedienungen, sogenannte *Voting Keypads*. Auch diese Funktionalität kann digital in Apps abgebildet werden, sodass Teilnehmer kein weiteres Gerät brauchen, sondern bequem mit den eigenen Smartphones an Abstimmungen teilnehmen können. Der große Vorteil gegenüber klassischen Lösungen ist, dass appbasierte Lösungen einen minimalen logistischen Aufwand benötigen. Erforderten Abstimmgeräte in der Vergangenheit noch eine aufwendige Empfangskonstruktion oder sogar einen zusätzlichen Techniker, so lassen sich appbasierte Lösungen heute einfach auf einem Computer mit Internetanschluss einrichten.

Die genannten Tools eignen sich für sogenannte kokreative Prozesse. Kokreation beschreibt das gemeinsame Erarbeiten von Inhalten, beispielsweise Strategien oder Leitsätzen. Viele neue Meeting-Formate wie beispielsweise Open Space oder Barcamps bauen auf genau diesen kokreativen Prozessen auf. Hier helfen Apps besonders bei der Bewältigung größerer Datenmengen. In der Vergangenheit dauerte es oft mehrere Stunden, um das Feedback von 100 Teilnehmern auszuwerten. Heute braucht es oft nur Sekunden, um die gleiche Datenmenge computergestützt zu analysieren.

Ein relativ neues Feld ist der Bereich Gamification. Man kann Gamification, oder auf deutsch Spielifizierung, als das Einbinden von sogenannten

Spielemechaniken in reale Situationen definieren. Auf diesem Prinzip basieren schon seit Langem Kundenkarten und ähnliche Treueprogramme von Unternehmen, bei denen Konsumenten dafür belohnt werden, zum Beispiel regelmäßig in einem Geschäft einzukaufen, bestimmte Produkte zu kaufen und gleichzeitig das eigene Konsumverhalten offenzulegen. Im Gegenzug erhalten die teilnehmenden Konsumenten mehr oder weniger wertige Belohnungen wie Tankgutscheine, Steakmesser oder Wokpfannen.

Dieses Prinzip lässt sich auch auf Veranstaltungen anwenden. Teilnehmer können mit Gamification Punkte sammeln, indem sie bestimmte Handlungen auf Veranstaltungen durchführen, die vom Veranstaltungsplaner gewünscht sind (vgl. Abb. 3.4). Hierzu zählt insbesondere, aber nicht ausschließlich, das Besuchen von bestimmten Vorträgen, das Netzwerken mit anderen Teilnehmern oder das Besuchen von einzelnen Ausstellern. Das besonders Reizvolle an digitaler Gamification ist die augenblickliche Belohnung. Schon in der Vergangenheit gab es auf Kongressen und besonders Messen sogenannte Stempelheftchen, mit

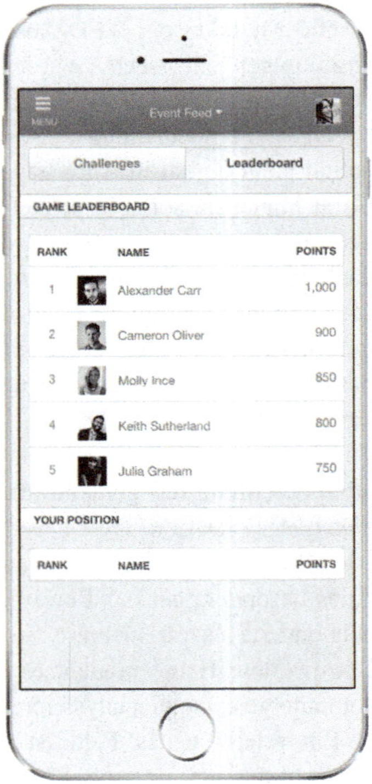

Abb. 3.4 Gamification-Bestenliste. (Quelle: EventMobi 2015)

denen Teilnehmer, die sich bei möglichst vielen Ausstellern Stempel geholt haben, Preise gewinnen konnten. App-basierte Gamification geht einen Schritt weiter und gewährt sofortige Erfolgserlebnisse (auch *Instant Gratification* genannt), indem Punkte direkt gutgeschrieben und angezeigt werden. Darüber hinaus können Teilnehmer sich mit anderen Teilnehmern in Echtzeit messen, sodass Gamification neben einem natürlichen Spieltrieb einen natürlichen Konkurrenztrieb weckt.

Auch hier ist es unerlässlich, dass der Veranstaltungsplaner seine Veranstaltung versteht, sich über Ziele im Klaren ist und diese Elemente passend und durchdacht einbindet. Interaktive Module als Selbstzweck einzusetzen ist selten von Erfolg gekrönt.

3.6 Mehrumsatz

Veranstaltungen, besonders öffentliche, sind auf finanzielle Unterstützung durch Dritte angewiesen. Dies ist besonders bei Verbänden sichtbar. Hier sind Sponsoren und Aussteller integraler Bestandteil der Veranstaltungsstrategie und ohne diese ist eine Umsetzung oft nicht denkbar.

Veranstaltungs-Apps waren in der Anfangszeit extrem teuer. Deshalb war es schon früh wichtig, Modelle zu finden, wie Event-Apps sich refinanzieren können. Dementsprechend umfangreich ist das Angebot an Werbemaßnahmen, die in einer App angeboten werden können.

In erster Instanz werden hier Maßnahmen ausgedruckter Programme digital abgebildet. Beispielsweise können in Apps Anzeigen, wie man sie auch aus Druckformaten kennt, dargestellt werden. Außerdem können Aussteller und Sponsoren mit eigenen Profilen in der App hervorgehoben werden. Bereits hier können die Inhalte mit Fotos, Videos oder herunterladbaren Unterlagen angereichert werden.

Aber auch hier bieten Smartphones wesentlich spannendere Möglichkeiten. Eine davon wurde im Punkt Gamification bereits erwähnt. Teilnehmer können dafür belohnt werden, dass sie bei Sponsoren vorstellig werden. Die Anreize, besonders wichtige Sponsoren zu besuchen, können im Vergleich stärker betont werden, wenn dies gewünscht ist.

Eine besondere Stärke können Apps ausspielen, wenn man sie unter dem personalisierten Aspekt betrachtet. So können Werbebotschaften von Sponsoren oder Ausstellern auch prioritär an bestimmte Teilnehmergruppen gesendet werden. Es gilt das Relevanzprinzip. Je relevanter Nachrichten für bestimmte Zielgruppen sind, desto eher werden diese auch wahrgenommen. Natürlich können auch andere Elemente einer App gebrandet werden. So sind gesponserte Umfragen, Fotogalerien und Gruppendiskussionsräume keine Seltenheit.

In der Regel ist es möglich, die Kosten der App-Anschaffung durch Sponsoring nicht nur zu decken, sondern Einnahmen zu generieren, die die Ausgaben um das Zwei- bis Dreifache übersteigen. Abhängig von der Veranstaltung kann dies sogar bis auf einen Faktor zehn ansteigen. Hierbei ist besonders eine sinnvolle Bündelung und Erstellung von Werbepaketen wichtig. So können einzelne Elemente des App-Sponsorings an bestehende Sponsoringpakete angehängt werden. Oft bieten Veranstalter aber auch ein komplettes App-Sponsoring an, bei dem der Unterstützer alle Werbeflächen in der App für sich beanspruchen kann. Viele App-Anbieter haben zu diesem Thema Vorschläge und vorgefertigte Vorlagen.

3.7 ROI (Return of Investment) messen

In den 2000er Jahren griff ein Umdenken in vielen wirtschaftlichen Zweigen um sich – die Sinnhaftigkeit von menschlichem Handeln, vor allem im ökonomischen Kontext, wurde hinterfragt. Spätestens allerdings nach der Finanzkrise 2008 wurde die Nachricht deutlich. Menschen fragten sich wesentlich häufiger, ob ihr Handeln zielführend sei. Die Zeit von unbegrenzten Budgets und ausschweifenden Abendveranstaltungen ging zu Ende.

Dies betrifft insbesondere Veranstaltungen, deren Nutzen hinterfragt wird oder bei denen aufgrund von Compliance-Richtlinien (branchen- oder unternehmensinterne Richtlinien zum wirtschaftlich und ethisch korrekten Verhalten) unnötige Elemente entfallen. Der bekannte ehemalige MCI-Manager Polo Looser drückt dies immer wieder so aus: „Miss oder du wirst gemessen."

Veranstaltungsplaner tun sich hiermit chronisch schwer. Zum Teil aus guten Gründen: Professionelle Datenerfassung, -sammlung und -auswertung sind zeit- und damit kostenintensiv. Da der reibungslose Ablauf einer Veranstaltung oft Priorität hat, bleibt diese Auswertung nicht selten liegen. Darüber hinaus sind Teilnehmer oft nach Veranstaltungen schwer zu begeistern, lange Fragebögen auszufüllen, obwohl diese elementares Mittel zur Verbesserung von Veranstaltungen sind.

Veranstaltungs-Apps unterstützen Planer vielfältig beim Messen von Erfolg. Erstens können generelle Umfragen in die Apps eingebunden werden. Wenn Teilnehmer am Ende einer Veranstaltung kurz gebeten werden, diese sofort auszufüllen, sind die Rücklaufquoten wesentlich höher. Der internationale Verband ICCA hat hierzu auf eigenen Kongressen während der Abschlusskundgebung jedes Mal fünf Minuten eingeplant – mit überwältigenden Resultaten.

Eine andere Möglichkeit besteht darin, eine große Befragung in mehrere kleinere zu zerlegen. So können Teilnehmer eventuell nach jedem Vortrag Feedback geben, anstatt am letzten Tag gesammelt. Es sorgt für besonders hohe Rücklaufquoten, wenn der Referent am Ende seines Vortrages persönlich um Feedback bittet.

Ein idealer Fragebogen ist kurz und unmissverständlich. Aber selbst bei zehn Fragen und 1000 Teilnehmern werden noch immer 10.000 Einzelinformationen (Datenpunkte) gesammelt. Anstatt diese jetzt manuell vom Papier in eine Excel-Tabelle übertragen zu lassen, ist es einfacher und schneller, Befragungen direkt digital zu erfassen und auszuwerten.

Doch Feedback zur Veranstaltung kann nicht nur über Umfragen gesammelt werden. Event-Apps bieten die Möglichkeit, auch sogenanntes passives Feedback zu sammeln und auszuwerten. Passives Feedback bedeutet, dass der Veranstalter den Teilnehmer nicht aktiv befragt, sondern sein Verhalten beobachtet, um Schlüsse zur Veranstaltung zu ziehen. So kann man durch passives Auswerten beispielsweise erfahren, welche Referenten, Vorträge und Teilnehmer am interessantesten waren und am häufigsten in der App gesucht wurden. Darüber hinaus bietet auch die Suche nach abweichendem Standardverhalten weitere Informationen: In der Regel ist in jeder App der Programmablauf die beliebteste Funktion. Sollte hier unerwarteterweise eine andere Funktion häufiger genutzt werden, kann dies verschiedene Gründe haben. Wenn zum Beispiel ungewöhnlich oft Übersichtspläne der Veranstaltungsflächen und Anfahrtswege genutzt wurden, könnte dies ein Hinweis auf unzureichende Beschilderung der Veranstaltung sein.

All diese Informationen sind extrem nützlich, damit der Veranstaltungsplaner nach der Veranstaltung den Return on Investment (ROI) berechnen kann, auch Return on Event Investment (ROEI) oder Event ROI (EROI) genannt. In dem EROI-Modell nach Hamso (Hamso o. J.) wird dieser anhand der folgenden Parameter gemessen: Zielpublikum, Zufriedenheit und Lernumgebung, Erlerntes, Benehmen und Auswirkungen. Das heißt, um den ROI zu verbessern, wird idealerweise die korrekte Zielgruppe erreicht, diese in ein lernfreundliches Umfeld gebracht und praxiskompatibles Wissen vermittelt. Das anwendbare Wissen sollte wiederum zu Handlungen führen, die einen positiven Einfluss auf die Organisation des Veranstalters haben. All diese Elemente lassen sich durch Event-Apps sowohl beeinflussen als auch messen.

Wichtig ist hierbei, dass die Veranstaltung nicht vorbei ist, wenn die Veranstaltung vorbei ist. Ein gutes Beispiel liefert der Branchenverband MPI und deren Europäische Meetingkonferenz EMEC. Am Ende der Veranstaltung fragt MPI seine Teilnehmer per App, an welchen Workshops sie teilgenommen haben und was sie gelernt haben. Drei, sechs und zwölf Monate später fragt der Verband die

Teilnehmer, ob und wie dieses Wissen in den einzelnen Unternehmen der Teilnehmer angewandt wurde.

Durch die Vereinfachung des Datensammelns mithilfe von Apps und Technologie können Veranstalter Auswertungen schneller erstellen und den Zeitgewinn in die Interpretation der Daten investieren. Die gewonnenen Erkenntnisse fließen in die Verbesserung der nachfolgenden Veranstaltungen ein.

3.8 Externes Publikum einbinden

Immer mehr Veranstaltungen nutzen die Möglichkeit, Teilnehmer einzubinden, welche nicht vor Ort sind. Es gibt dafür zahlreiche Möglichkeiten. Meistens werden dazu Veranstaltungen live übertragen (sogenanntes Streaming). Aber auch andere Werkzeuge, wie sogenannte Telepräsenzroboter, also Maschinen, mit denen der Teilnehmer sich durch den Raum bewegen und sich mit anderen Teilnehmern unterhalten kann, kommen immer häufiger zum Einsatz.

Veranstaltungsplaner trauen sich oft nicht, Veranstaltungen zu übertragen – aus der irrationalen und absurden Befürchtung, dass Teilnehmer ihre Veranstaltungsbesuche reduzieren. Aus genau derselben Irrationalität hat der DFB sich lange auch geweigert, alle Fußballspiele der Bundesliga zu übertragen. Viele Studien belegen das Gegenteil: Veranstaltungen, welche live übertragen werden, verzeichnen zuverlässig einen Teilnehmerzuwachs.

Und auch hier können Veranstaltungs-Apps helfen. Alle Werkzeuge, ob Sponsoreneinbindung, Interaktion wie Live-Abstimmungen oder Fragen an den Referenten können problemlos ortsunabhängig eingesetzt werden. Teilnehmer können mit anderen Teilnehmern netzwerken, selbst wenn diese an einem anderen Unternehmensstandort oder in einem anderen Land sind.

Somit werden sogenannte Virtual Conferences, Remote Conferences oder Multi-Hub-Meetings immer einfacher umsetzbar und immer nützlicher für Teilnehmer, die nicht vor Ort sein können.

3.9 Browser Apps, Native Apps, Multi-Event-Apps und mehr

Apps kommen in vielen Formen daher. Es ist nicht unaufwendig, die einzelnen Unterschiede zu verstehen. Die häufigsten Formen sind Native Apps, browserbasierte Apps, geteilte Apps und Multi-Event-Apps.

3.9.1 Native Apps

Sogenannte Native Apps sind Apps, welche speziell für einzelne Betriebssysteme von Mobiltelefonen entwickelt wurden. Die gängigsten Betriebssysteme sind im Jahr 2016 iOS von Apple, Android, hauptsächlich von Google, Windows von Microsoft und BlackBerry OS vom kanadischen Hersteller Research In Motion (RIM). Diese vier Betriebssysteme bieten ihre eigenen Distributionsmechanismen für Apps in Form von sogenannten Stores (Geschäften), in denen man über das Internet Apps herunterladen kann. Darüber hinaus können große Unternehmen ihre eigenen, internen Stores anbieten. Außerdem gibt es eine Vielzahl von kleineren Anbietern mit eigenen Stores, wie zum Beispiel das amerikanische Unternehmen Amazon.

In der Regel werden Native Apps aus diesen Stores heruntergeladen. Darüber hinaus gibt es Möglichkeiten, Native Apps zentral auf Geräte zu spielen, wenn diese zum Beispiel zu einem Unternehmen gehören.

Klassischerweise bieten Native Apps einige Vorteile: In der Regel sind die Apps speziell auf die Geräte angepasst, auf denen sie genutzt werden. So hat zum Beispiel jedes Betriebssystem eine eigene visuelle Sprache, an die Schriften, Menüs und Grafiken angepasst sind. Viele iOS-Apps haben zum Beispiel einen typischen „iOS-Look". Das gilt auch für andere Systeme. Des Weiteren können Native Apps leicht die Hardware der einzelnen Telefone speziell ansprechen. Dies erlaubt es, rechenintensive Apps, zum Beispiel komplexe Spiele mit zahlreichen Animationen und sogar 3-D-Ansichten umzusetzen. Darüber hinaus ist es relativ einfach, Funktionen wie den GPS-Empfänger, Bluetooth, die Kamera und ähnliche Komponenten eines Mobiltelefons anzusprechen und zu nutzen.

Die meisten Event-Apps nutzen diese Funktionen allerdings nicht. Weiterhin benötigt der Download von nativen Apps oft mehrere Schritte: das Suchen der App, die Eingabe eines Passwortes, das Erteilen von Berechtigungen usw. Dies erschwert oft die Einrichtung, besonders bei älteren Teilnehmern, die vielleicht in der Bedienung ihres Gerätes nicht so geübt sind. Auf Veranstaltungen werden daher Native Apps tendenziell weniger oft genutzt.

3.9.2 Browserbasierte Apps

Browserbasierte Apps werden über eine Internetadresse aufgerufen. Das heißt, um die App herunterzuladen, gibt der Teilnehmer eine Adresse ein, zum Beispiel in Safari auf iOS oder Chrome auf Android. Im Prinzip sieht der Nutzer in diesem

Falle eine spezielle Internetseite. Wichtig hierbei ist, dass browserbasierte Apps in der Regel auf kleinere Bildschirme, wie zum Beispiel jene von Smartphones, ausgelegt sind. In der Vergangenheit standen browserbasierte Apps in der Kritik, da diese oft nicht funktionieren, wenn keine Internetverbindung vorhanden ist. Dies ist besonders auf Veranstaltungen, auf denen der Empfang des kabellosen Internets (Wi-Fi) nicht zuverlässig ist, ein Problem. Moderne browserbasierte Apps nutzen Internetstandards wie HTML5, um auch offline zu funktionieren.

Bei browserbasierten Apps sehen alle Nutzer in der Regel genau die gleiche App, da diese nicht auf die einzelnen Gerätetypen angepasst sind. Dies ist vorteilhaft, da der Teilnehmer immer die gleiche Oberfläche vor sich hat, wenn er sein Android-Smartphone oder sein iPad benutzt. Darüber hinaus können diese Apps auch von ganz normalen Rechnern, zum Beispiel einem Laptop oder dem Bürorechner geöffnet werden.

Ein weiterer Vorteil ist die Unabhängigkeit von App-Stores. Auf Firmengeräten sind App-Stores oft aufgrund von Sicherheitsbestimmungen gesperrt. Teilnehmer kennen eventuell ihr App-Store-Passwort nicht. Man benutzt einen App-Store, in dem die Event-App nicht vorhanden ist. All diese Probleme können vermieden werden, indem man auf browserbasierte Apps setzt. Mittlerweile können Browser-Apps sogar auf das GPS oder die Kamera des Gerätes zugreifen. Andere Hardwarekomponenten wie Bluetooth oder leistungsstarke 3-D-Chips können aber nur mit nativen Apps genutzt werden.

Die meisten Event-Apps benötigen von Natur aus weder Bluetooth noch leistungsstarke Grafiken. Daher stellt es selten ein Problem dar, dass die dafür vorgesehene Hardware nicht genutzt werden kann. Viele Event-Apps existieren in beiden Ausführungen, browserbasiert und nativ. So kann man sicherstellen, dass ein Maximum an Teilnehmern die App nutzen kann.

3.9.3 Geteilte Apps

Sowohl bei nativen als auch bei browserbasierten Apps besteht die Möglichkeit, auf geteilte Apps, sogenannte *Shell Apps* (Schalen-Apps), zurückzugreifen. Hierbei lädt der Teilnehmer die App eines Drittanbieters herunter und kann sich über einen Zugangscode die Inhalte der Veranstaltung in dieser App anzeigen lassen.

Leider geht hierbei meistens das Branding der App verloren – jede App sieht gleich aus und Designregeln können nicht respektiert werden. Außerdem ist der Downloadprozess etwas verwirrender, da der Veranstaltungsplaner dem Teilnehmer erklären muss, warum er erst eine andere App herunterladen soll, um auf die eigentliche App zurückzugreifen.

Vorteilhaft ist, dass diese Apps oft sehr kostengünstig oder sogar kostenlos sind.

3.9.4 Multi-Event-Apps

Für Unternehmen, welche viele Veranstaltungen anbieten, die im Idealfall von den gleichen Teilnehmern besucht werden, lohnen sich sogenannte Multi-Event-Apps. Bei einer Multi-Event-App lädt der Teilnehmer sich die Unternehmens-Event-App herunter. Innerhalb dieser App kann der Teilnehmer dann auf alle möglichen Veranstaltungen zugreifen.

Der große Vorteil liegt darin, dass Teilnehmer nur eine einzige App herunterladen müssen. Sollte ein Unternehmen zum Beispiel ein monatliches Seminar anbieten, können Teilnehmer eine App herunterladen, anstatt für jedes Seminar eine App herunterzuladen und so nachher zwölf verschiedene Apps zu haben. Darüber hinaus werden Multi-Event-Apps nicht unbedingt nach der Veranstaltung gelöscht, sondern können über Monate und Jahre hinweg auch als Instrument genutzt werden, Teilnehmer über neue Veranstaltungen zu informieren.

Welcher Typ von App für Sie infrage kommt, hängt von Ihrer Veranstaltung ab. Eine browserbasierte App sollte aber immer als Minimalgrundlage gelten, da man so sicherstellen kann, dass alle Teilnehmer die App nutzen können, sofern sie über ein internetfähiges Gerät verfügen.

3.9.5 Apps mit Teilnehmern kommunizieren und erfolgreiche App-Nutzung

Ein elementarer Grund für den erfolgreichen Einsatz von Apps bei Teilnehmern und Veranstaltungen ist die Kommunikation mit den Teilnehmern. Auf durchschnittlichen Veranstaltungen ist ohne Anstrengung eine Nutzungsrate von 60 % realistisch. Mit wenig Anstrengung sind durchaus schon Nutzungsraten zwischen 80 und 100 % möglich. Dabei sind zwei Prinzipien wichtig: Mehrwert und Kommunikation.

Erstens sollte eine App einen Mehrwert bieten. Sollten App und gedrucktes Programm zum Beispiel identische Inhalte anbieten, wird eine Mehrzahl der Teilnehmer aus Gewohnheit auf die gedruckten Unterlagen zurückgreifen. Die radikalste Art und Weise, einen digitalen Mehrwert zu schaffen, ist es, auf gedruckte Unterlagen komplett zu verzichten. Da oftmals der Mut fehlt (abhängig vom Veranstaltungsort ist dies auch berechtigt), um dies umzusetzen, gibt es die Möglichkeit zu Kompromissen. Viele Veranstaltungsplaner reduzieren das gedruckte Programm (und die damit verbundenen Kosten) im Umfang und drucken zum Beispiel nur den Programmablauf. Informationen zu Vorträgen, Referentenbiografien oder das Abstract-Buch liegen nur in digitaler Form vor. Alternativ gibt es auch erweiterte Informationsangebote, zum Beispiel Hintergrundinformationen zu einzelnen Themen, Link-Sammlungen und vergleichbar Nützliches.

Darüber hinaus bietet das Einbinden von interaktiven Features wie Live-Abstimmungen, Referentenfragen oder Networking Tools einen ganz klaren Mehrwert. Teilnehmer können optimal an der Veranstaltung teilnehmen, wenn sie diese Tools nutzen. Dieser Mehrwert ist ausschlaggebend, wenn Teilnehmer eine Veranstaltungs-App oder eine andere Veranstaltungstechnologie nutzen sollen.

Zweitens ist es wichtig, die App klar zu kommunizieren und zu bewerben. Idealerweise fängt dieser Prozess vor der Veranstaltung an. Klassisch werden Teilnehmer ein bis zwei Wochen vor der Veranstaltung per E-Mail auf die App hingewiesen. Der Branchenverband ICCA, wie viele andere Organisationen, erstellt für Teilnehmer ihrer Konferenzen ein kurzes Video mit wichtigen Informationen wie Kleiderordnung, Anreise- und Hotelinformationen, Verhaltensregeln usw. In diesem Video wird auch die Event-App beworben. Der Reiseverband TSS verbaut einen Hinweis zur App in allen E-Mail-Signaturen der Mitarbeiter einige Wochen vor der Veranstaltung. Einige Anbieter erstellen auch spezielle Werbevideos für die Event-App, welche per E-Mail oder Social Media geteilt werden können.

Vor Ort ist eine Bewerbung dann meistens nicht mehr so intensiv vonnöten, aber trotzdem hilfreich. Am einfachsten ist es, beim Einchecken der Teilnehmer kurz zu fragen: „Nutzen Sie bereits die Event-App?" Ein speziell instruierter Mitarbeiter, zum Beispiel eine Hostess oder ein Host, kann Teilnehmern daraufhin helfen, die App zu installieren. Alternativ bieten einige Anbieter auch an, Support-Mitarbeiter vor Ort zu entsenden.

Aufsteller oder Roll-ups erinnern immer wieder an die App. Auch ist es sinnvoll, bei der Eröffnungsrede kurz auf sie hinzuweisen und idealerweise diese auch für eine kurze Live-Befragung der Teilnehmer zu nutzen, um sicherzustellen, dass alle Teilnehmer die App installiert haben.

Erweiterte Marketingtechniken können zusätzlich ergriffen werden. So hat zum Beispiel der Verband SHM (Society of Hospital Medicine) auf die Zimmerkarten aller Teilnehmer den Link zur App drucken lassen. Die Adresse zum App-Download findet sich auch oft auf gedruckten Unterlagen oder Teilnehmer-Badges. Auch Pausen-Slides zwischen Vorträgen sind eine ideale Darstellungsfläche, um eine Event-App zu bewerben.

Dabei bedeuten die meisten dieser Marketingaufgaben keinen erheblichen Mehraufwand, sondern sind relativ einfach zu bewältigen. Mit großem Effekt für Teilnehmer und Veranstalter – die Vorzüge der Technologie können flächendeckend genutzt werden.

3.10 Weitere Tools

Event-Apps stellen einen Schwerpunkt der modernen, unterstützenden Veranstaltungstechnologie dar. Trotzdem gibt es andere Tools, die ähnlich relevant und nützlich sind.

3.10.1 Registrierung

Teilnehmermanagement und die Registrierung für Veranstaltungen wird häufig noch über Faxgeräte oder sogar Post gemacht. Mittlerweile bieten die meisten Veranstaltungen auch eine Online-Registrierung an. Der Vorteil ist, dass Teilnehmerlisten in verschiedenen Formaten heruntergeladen werden können und nicht manuell übertragen werden müssen. Darüber hinaus gibt es die Möglichkeit, Zahlungen direkt mit der Registrierung, beispielsweise per Kreditkarte, entgegenzunehmen. Dies erleichtert die Prozesse rund um das Thema Zahlungsausfälle und Rechnungsstellung.

Es gibt mittlerweile viele Self-Service-Lösungen im Bereich Registrierung, bei denen Veranstalter mit wenigen Klicks ihre eigenen Anmelde- und Registrierungsformulare zusammenstellen können.

3.10.2 Indoor-Navigation

Während die Einführung von GPS-Fähigkeit auf Smartphones die Art und Weise verändert hat, wie Menschen sich in Städten bewegen, reicht diese nicht aus, um Personen mitzuteilen, wie man in Gebäuden unterwegs ist.

Hier können verschiedene Technologien unterstützend wirken und auch eine Navigation in geschlossenen Räumen möglich machen. Zwei Verfahren sind besonders beliebt, obwohl sich keines der Verfahren bisher durchgesetzt hat. WiFi-Triangulation misst die Signalstärke von umliegenden WiFi-Zugangspunkten. Kennt man drei oder mehr Punkte (daher *Tri*angulation), kann man durch mehr oder weniger simple mathematische Berechnungen herausfinden, wo sich das Gerät relativ zu den Zugangspunkten befindet. Wenn man die absolute Position im Raum der Zugangspunkte (auch Access Points) kennt, kann man die Position des Mobilgerätes bestimmen und auf Lageplänen anzeigen lassen.

Auf der gleichen Funktionsweise bauen auch iBeacons (auch Beacons oder Bluetooth LE Beacons) auf. Dabei benötigen diese weniger Energie und sind kostengünstiger anzubringen als Wi-Fi-Zugangspunkte. Aufgrund vieler Faktoren ist diese Technologie zurzeit noch immer sehr experimentell und wird selten auf Veranstaltungen eingesetzt.

3.10.3 iBeacon-Technologie

Neben Indoor-Navigation lassen sich Bluetooth und dessen Beacons auch für andere Zwecke nutzen. Dadurch, dass Geräte „spüren" können, wo sie sich im Raum befinden, lassen sich sogenannte ortskontextuelle Funktionen verwerten (Location Contextual, Location Specific). Ein Beispiel wäre die CeBIT in Hannover, bei welcher die Teilnehmer sich im Vorfeld aussuchen konnten, welche Art von Ausstellern sie interessiert. Wenn ein Teilnehmer physisch in der Nähe potenziell interessanter Aussteller ist, bekommt er eine Nachricht auf sein Smartphone einem entsprechenden Hinweis. Ein anderes Beispiel wurde auf der Fachmesse IMEX in Frankfurt genutzt, bei der Bluetooth Beacons rund um den Flughafen und den Hauptbahnhof in Frankfurt verteilt wurden. Sobald ein Nutzer, welcher die App schon vorinstalliert hatte, vor Ort ankam, bekam er eine Begrüßung von der IMEX. Einige Anwendungsfälle gehen darüber hinaus auch in die Richtung Crowdcontrolling. So können Teilnehmerströme gemessen werden und der Veranstalter kann sehen, wie die Verteilung der Teilnehmer vor Ort ist. Es kann dementsprechend entschieden werden, ob bessere Wegeführungen eingesetzt werden müssen, oder frühzeitig erkannt werden, ob an einer bestimmten Stelle zu viele Teilnehmer sind und eventuell ein Sicherheitsrisiko besteht.

Wie bei der Indoor-Navigation wird auch in diesem Kontext Bluetooth selten genutzt. Der Hauptgrund hierfür ist, dass, um Bluetooth Beacons zu benutzen, der Nutzer explizit das Auslesen der Bluetooth-Schnittstelle freigeben muss, was zum einen datenschutzrechtliche Bedenken mit sich führt, zum anderen auch den Stromverbrauch der Geräte erhöht.

3.10.4 Augmented Reality

Veranstalter experimentieren vermehrt mit Augmented Reality (erweiterte Realität). Hierbei werden durch ein Gerät, beispielsweise ein Tablet oder Smartphone, Elemente aus der Realität mit virtuellen Elementen erweitert. Ein Beispiel hierzu wäre ein Messestand für eine tropische Urlaubsdestination. Würde ein Teilnehmer sich selber mit der Kamera seines Handys filmen, könnte er auf dem Display des Smartphones wilde Tiere oder den Urwald um sich sehen. Praktischere Anwendungen werden aber auch bei Produkten eingesetzt: Der deutsche Stromversorger Evonik hat ein Elektroauto vorgestellt. Wenn man mit der entsprechenden App das Auto durch die Kamera des Smartphones betrachtet hat, wurden an interessanten Stellen, beispielsweise der Stromverbindung des Autos, weitere Hinweise angebracht. Im Vergleich zu klassischen Tafelbeschriftungen können hier auch Informationen in Form von Videos problemlos eingeblendet werden.

Augmented Reality ist bei Computerspielen schon seit einigen Jahren verbreitet. Die Nutzung auf Veranstaltungen ist aufgrund des beträchtlichen Aufwandes und den damit verbundenen Kosten zurzeit relativ gering.

3.10.5 Virtual Reality

Bei der virtuellen Realität (Virtual Reality) wird, im Gegensatz zur Augmented Reality, das Umfeld komplett ausgeblendet. Dabei trägt der Nutzer meist eine spezielle Brille oder einen speziellen Helm. Google hat vor einigen Jahren mit Google Cardboard ein Projekt gestartet, bei dem Nutzer aus Karton eine Halterung bauen können, um ihr Smartphone direkt vor das Gesicht zu montieren. Durch das Ausnutzen vom Bildschirm und den Bewegungssensoren im Smartphone kann der Nutzer in eine 3-D-Welt eintauchen, in der er sich durch Bewegen des Kopfes wie in der realen Welt umschauen kann (vgl. Abb. 3.5).

Diese Technologie wird häufig auf Messen eingesetzt. Beispielsweise hat das Kongresszentrum Hamburg (CCH) diese Technologie genutzt, um den Neubau der Kongressräumlichkeiten zu visualisieren. Anstatt sich auf Fotos zu stützen, konnte der Besucher sich frei durch das Kongresszentrum bewegen und sich das Gebäude, welches erst 2019 eröffnet, in seiner zukünftigen Ausstattung ansehen.

Auch hier sind die Erstellungskosten nicht zu unterschätzen. Trotzdem ist diese Möglichkeit extrem effektiv für Modelle und Präsentationen, welche aufgrund von physischen Grenzen nicht im Original stattfinden können.

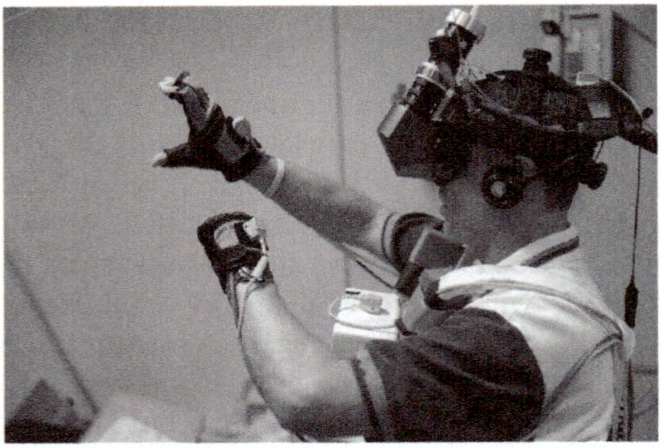

Abb. 3.5 Einsatz von Virtual Reality zu Trainingszwecken im NASA/Marshall Space Flight Center 2007. (Quelle: NASA/Marshall Space Flight Center 2007, Public Domain)

3.10.6 Matchmaking Tools

Wie früher erwähnt ist Networking ein Grundbestandteil vieler Veranstaltungen. In der Vergangenheit hat auf Veranstaltungen ein Conférencier auf geschickte Art und Weise Teilnehmer, welche Gemeinsamkeiten hatten, einander vorgestellt. Diese Aufgabe kann zum Teil von Technologie übernommen werden. Teilnehmer können ihre Social-Media-Profile, zum Beispiel LinkedIn und Xing, freigeben, damit Apps automatisiert die Interessen auslesen und dadurch Teilnehmer, welche gemeinsame Interessen haben, einander vorstellen.

Hier ist es sehr schwierig, wirklich effektiv funktionierende Matching-Algorithmen zu schaffen, welche einen gewünschten Mehrwert bieten. Trotzdem ist diese Möglichkeit interessant, gerade auf Veranstaltungen mit mehreren hundert oder gar tausenden Teilnehmern.

Eine Sonderform hierbei sind „Social Tables". Dies sind Apps oder Tools, welche Veranstaltern dabei helfen, Sitzordnungen und Sitzplätze zu erstellen, bei denen Teilnehmer mit gemeinsamen Interessen an gemeinsamen Tischen sitzen.

3.10.7 Wearable Technologies

Sogenannte tragbare Technologien oder Wearable Technologies bauen Technik in Alltagskleidungsstücke ein, zum Beispiel in Kleider, Schmuck oder Uhren.

Bekannt sind momentan besonders smarte Uhren, wie zum Beispiel die Apple Watch.

Momentan werden hier hauptsächlich die Funktionalitäten der Event-Apps abgebildet – optimiert auf schnelle Kommunikation und gute Sichtbarkeit. Beispielsweise können Fragen wie „Wo ist der nächste Vortrag?“ oder wichtige Mitteilungen durch den Veranstaltungsplaner kommuniziert werden. Darüber hinaus bieten Wearables sich zur bargeldlosen Zahlung an, ein weiterer relevanter Punkt im Kontext von Veranstaltungen.

3.11 Datenschutz und Veranstaltungstechnologie

Brave New World, schöne neue Welt. Der Komfortgewinn durch Technologie ist extrem, im Alltag, aber auch auf Veranstaltungen. Dabei wird der größte Komfort erzielt durch automatisiertes Auswerten von Informationen wie Veranstaltungsverhalten, Interessen, Bewegungsmuster usw. Der automatisierte Austausch von Daten birgt aber auch Gefahren. Denn dort, wo Informationen massenhaft ausgewertet werden können, um das Leben einfacher zu machen, können Informationen auch angewendet werden, um Daten an Werbetreibende oder, im Extremfall, Regierungen oder Kriminelle weiterzugeben.

Geschichtsbedingt haben Deutsche ein stärkeres Bewusstsein für Datenschutz und Geheimhaltung als alle anderen Menschen auf der Welt und auch dementsprechend die strengsten Datenschutzgesetze. Dieses Bewusstsein verbreitet sich seit den Enthüllungen von Edward Snowden durch die ganze Welt. Die Logik, man bräuchte Datenschutz nicht, weil man nichts zu verstecken habe, ist dabei fehlerbehaftet. Denn Privatsphäre ist ein Menschenrecht und auch, wenn man individuell keinen Bedarf hat, ist es wichtig, dieses Recht zu wahren. Ein ähnlicher Fehlschluss wäre es zu sagen, man brauche keine Pressefreiheit, weil man nichts zu sagen hätte.

Veranstaltungsplaner teilen die Verantwortung, die Daten ihrer Teilnehmer zu schützen. Deshalb gilt es hier, Datenschutzgesetze einzuhalten. Das Bundesdatenschutzgesetz und das Bundesamt für Sicherheit in der Informationstechnik (BSI) bieten eine robuste Grundlage. Sollte ein Veranstaltungsplaner einen Anbieter verpflichten, Daten in seinem Auftrag zu verarbeiten (dies ist der Fall, wenn jemand zum Beispiel eine App für eine andere Person erstellt), benötigt der Veranstaltungsplaner außerdem einen Standardvertrag, eine sogenannte Auftragsdatenverarbeitungsvereinbarung (ADV). Diese regelt, dass der Anbieter die Daten konform mit dem deutschen Gesetz verarbeitet.

Doch der Anbieter sollte hier nicht stehen bleiben. Gesetzestexte sind träge und benötigen oft Jahre, bis sie angepasst werden. Deshalb sollte der Veranstaltungsplaner darauf achten, dass Anbieter über die Mindestanforderungen des Gesetzes hinaus operieren. Hierbei ist es Best Practice, dass in Anwendungen keine Passwörter gespeichert werden, dass Daten zu jedem Zeitpunkt verschlüsselt werden und dass die Daten auf möglichst stabilen Serversystemen hinterlegt werden. Alle seriösen Anbieter haben hierzu Unterlagen, auf die Planer ihre Veranstaltungen stützen können.

Darüber hinaus ist besonders zu beachten, dass Teilnehmerinformationen transparent behandelt werden. Das heißt, Veranstaltungsplaner sind verpflichtet, Teilnehmer darüber zu unterrichten, was mit den Daten passiert, die der Veranstalter sammelt. Dabei reicht eine Pauschalisierung wie „Wir nutzen Ihre Daten zur Organisation der Veranstaltung" auf keinen Fall. Vielmehr müssen Planer den Teilnehmern genau sagen, welche Daten erfasst werden und wofür genau diese Daten gesammelt werden. Das gilt insbesondere für Daten, welche verborgen gesammelt werden, wie Verhaltensmuster oder Geräteinformationen. Zusätzlich ist zu beachten, dass Daten auch nach bestimmten Fristen gelöscht werden müssen.

Leider erschwert eine absolute Befolgung von Gesetzen zu digitalen Anwendungen oft die Anwenderfreundlichkeit (User Experience) oder schmälert sie erheblich. Daher lassen hier viele Planer ihren Menschenverstand walten und wägen Vorteile und Nachteile ab. Im Zweifelsfall sollten Veranstaltungsplaner aber Rechtsbeistand suchen. Dabei ist es hilfreich, einen Anwalt zu beauftragen, welcher Datenschutzrecht und Veranstaltungsrecht beherrscht.

3.12 Fazit: Technologie ist ein Werkzeug, kein Selbstzweck

Die Möglichkeiten von Apps und Bits in der Veranstaltungswelt sind enorm. Der Umfang dieses Beitrags erlaubt es nicht ansatzweise, sie komplett zu beschreiben. Trotzdem ist ersichtlich, wie diese Möglichkeiten alle Bereiche der Veranstaltungswelt berühren, von der Planung und Organisation über die Nutzung durch Teilnehmer vor Ort bis hin zur Auswertung nach der Veranstaltung.

Dabei ist Technologie immer nur ein Werkzeug. Leider kommen Veranstalter oftmals auf die Idee, man könne durch den Einsatz von Technologien Veranstaltungen verbessern. Dies ist sicherlich meistens korrekt, allerdings nur, wenn Technologien sinnvoll eingesetzt werden, um Veranstaltungsziele zu erreichen. Deshalb sind Apps als einziges Mittel, Veranstaltungen zu optimieren, nutzlos.

Es ist entscheidend, dass Veranstaltungsplaner wissen, was auf ihren Veranstaltungen wichtig ist. Was soll erreicht werden? Wer profitiert davon? Warum findet diese Veranstaltung überhaupt statt? Wenn klar ist, *was* erreicht werden soll, kann Technologie auf die Frage *Wie?* antworten.

Durch den geschickten und strategischen Einsatz von Technologien können Veranstaltungen besser und wertvoller gemacht werden. Der Veranstaltungsplaner, gut ausgebildet und kreativ, nimmt dabei eine relevante und zukunftsweisende Position ein.

Literatur

Hamso, Elling. o. J. Event ROI methodology. http://eventroi.org/methodology/. Zugegriffen: 18. Jan. 2017.

Über den Autor

Thorben Grosser ist studierter Veranstaltungsplaner mit einem Jahrzehnt Erfahrung in der Branche. Er trat dem Marktführer für Veranstaltungstechnologie, EventMobi, im Jahre 2012 bei und leitet momentan die europäische Geschäftsstelle als Geschäftsführer. In seiner Funktion hat er ein multidisziplinäres Team von Marketern, Vertrieblern und Supportmitarbeitern aufgebaut und EventMobi in seine aktuelle Marktposition geführt.

Thorben Grosser hat einen Bachelor of Honours von der Queen Margaret University in Edinburgh, Schottland. Er hat eine Reihe von Fachartikeln und Büchern über Event-Management und -Marketing mitverfasst. Als Bildungsenthusiast unterstützt Thorben Grosser die Bildungsangebote von EventMobi und doziert an der Hochschule für Wirtschaft, Technik und Kultur in Berlin.

Kontakt:thorben@eventmobi.com

Digital Video im Entertainment- und Event-Bereich

4

Von Bühnenprojektion über Livestreaming zu Augmented Reality

Robert Strzebkowski und Jürgen Lohr

Zusammenfassung

Digital Video spielt in den Bereichen der Entertainment-, Business- und Wissens-Events eine Rolle von zunehmender Bedeutung. Zum einen als deutliche Erweiterung der Bühnengestaltung durch vielfältige Videoprojektionstechniken im Entertainment-Bereich. Zum anderen als Kommunikations-, Dokumentations- und Lernmedium für Vorträge, Diskussionen oder Vorlesungen auf Kongressen, Messen und im Lernbetrieb an den Hochschulen. Zunehmend wird Video in interaktiver Form als Anleitungs-, Assistenzmedium sowie Dokumentations- und „Wissens"-Werkzeug auch im industriellen Bereich zur „Konservierung" von handlungsorientierten, prozeduralen Fertigkeiten der Mitarbeiter eingesetzt. In diesem Beitrag wird der Fokus auf die aktuellen Entwicklungen und Anwendungspotenziale von digitalem Video sowie von Video-Streaming im Entertainment und im wissensvermittelnden Event-Bereich gelegt. Dabei werden innovative Bühnenprojektionstechniken, mobile Live-Social-Media-Übertragung, Multi-View-Techniken sowie immersive Übertragungs- und Präsentationsverfahren diskutiert. Diese neuen Bewegtbildtechnologien können unsere Wahrnehmung der darstellenden Künste, der direkten Umgebung sowie der präsentierten Inhalten deutlich erweitern.

R. Strzebkowski (✉)
Fachbereich Informatik und Medien, Beuth Hochschule Berlin, Berlin, Deutschland
E-Mail: robertst@beuth-hochschule.de

J. Lohr
Fachbereich Informatik und Medien, Fachgebiet Medientechnik, Beuth Hochschule Berlin, Berlin, Deutschland
E-Mail: juergen.lohr@beuth-hochschule.de

T. Knoll (Hrsg.), *Veranstaltungen 4.0*,
DOI 10.1007/978-3-658-16223-8_4

4.1 Einleitung

„Video Killed the Radio Star" (Buggles 1979) war der Beginn des Siegeszugs des Mediums Video, ca. 25 Jahre später kam „YouTube™ Killed the TV Star", heute erleben wir eher „Snapchat™ oder Facebook™ Live-Video is Killing the YouTube Star" und demnächst kommt vielleicht „Hatsune Miku™" oder „Avatar will Kill the Music Star"? Zugegeben, das alles klingt eher wie Titel von diversen morbiden B-Movies, ist jedoch nur ein metaphorischer Blick auf die Entwicklung der videobasierten Medien in den letzten dreißig Jahren. In den letzten paar Jahren dieses Zeitraums erleben wir eine exponentielle Zunahme der Veränderungen im digitalen Videobereich, was durch einige Zahlen eindrucksvoll belegt werden soll.

Im Juli 2015 wurden **pro Minute** 400 h an Videoinhalten auf YouTube hochgeladen (Statista 2016a). Im Juni 2016 wurden durchschnittlich **pro Minute** 6.944.444 Videos angeschaut/konsumiert – nur von den Nutzern der noch relativ neuen mobilen Anwendung/App Snapchat (Statista 2016b). Facebook notiert Mitte 2016 ca. sieben Milliarden Videoabrufe pro Monat (D'Onfro 2016), dabei zeigt sich, dass insbesondere Live-Videos dreimal länger angeschaut werden im Vergleich zu Offline–Videos (vgl. Abb. 4.1).

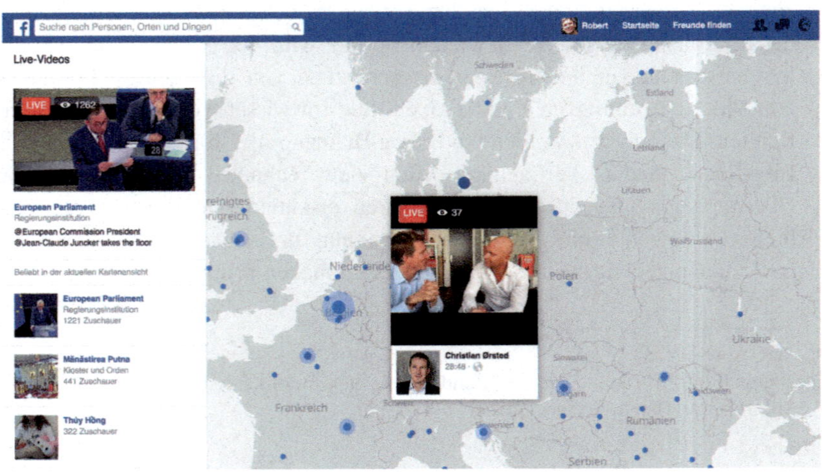

Abb. 4.1 Screenshot von der Facebook Live-Video App, mit der parallel täglich Tausende Livestreams aus der ganzen Welt erlebt werden können. Die Zahlen neben dem Augensymbol geben an, wie viele Zuschauer aktuell zugeschaltet sind

> The big decision we made was to shift a lot of our video efforts to focus on Live, because it is this emerging new format; not the kind of videos that have been online for the past five or ten years (Mark Zuckerberg 2016, zitiert in Honan 2016).

Alleine im Juni 2016 wurden ca. zwei Millionen Video-Livestreams auf Facebook von knapp 530.000 Accounts gesendet (D'Onfro 2016) Jede/r Facebook-Nutzer/-in kann quasi sofort mit der mobilen Facebook-App einen Video-Livestream starten, soweit ausreichend Internetbandbreite für das Senden vorhanden ist.

Cisco als einer der weltgrößten Hersteller von Netzwerkkomponenten für das Internet stellt in seiner ausführlichen Studie „The Zettabyte Era – Trends and Analysis“ fest, dass im Jahr 2020 82 % des globalen Internetverkehrs durch Videodaten dominiert sein wird. Bis dahin wird sich die Menge der Videodaten im Internet mindestens verdreifachen! Alleine im Jahr 2015 fand eine Verdopplung der Videodaten im Internetverkehr statt (Cisco 2016).

Nicht nur diese durchaus imposanten Zahlen, sondern sicherlich auch unsere eigenen Beobachtungen im alltäglichen privaten sowie im Berufsleben führen uns deutlich vor Augen, dass das Bewegtbild in Form von digitalem Video, ob als YouTube-Video, als Urlaubsvideo auf Facebook, als Videofeed in einer News-App, als TV-Programm abgerufen aus einer Mediathek, als Skype-Videokonferenz mit dem Arbeitsteam, aber auch als diverse Videoprojektionen vor allem bei Musikkonzerten und anderen Bühnenaufführungen, in den letzten zwei bis drei Jahren exponentiell an Präsenz und Nutzung zugenommen haben.

4.2 Professionelle Anwendungsbereiche von Digital-Video

Die heutige Bandbreite der Nutzungsformen von digitalem Video – ob als Livestream oder Offline-Video – ist sehr vielfältig. Im professionellen Umfeld ergeben sich unterschiedlichste Anwendungsbereiche, die im Folgenden kurz vorgestellt werden, ohne Anspruch auf Vollständigkeit:

- **Information**. Hierzu zählen Videobeiträge, die vor allem aktuelle Informationen und Nachrichten aus allen Lebensbereichen, der Politik, Wirtschaft und Kultur darstellen. Diese Beiträge sind vor allem in Nachrichtenanwendungen oder in Nachrichtenbereichen diverser Rundfunkanbieter zu finden (vgl. Abb. 4.2).
- **Werbung** (und Information)

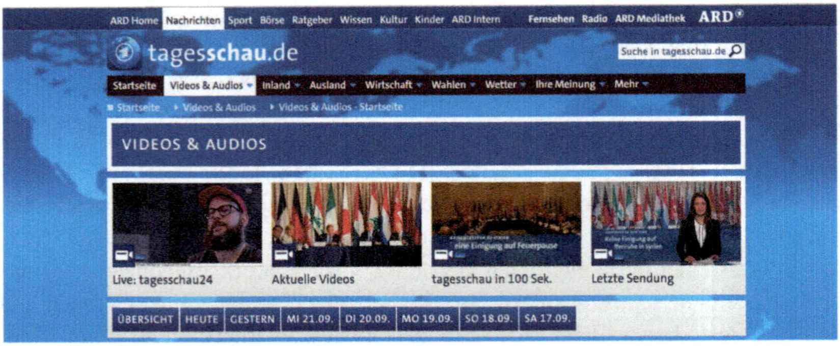

Abb. 4.2 Screenshot der Webseite der ARD-Nachrichtenprogramme Tagesschau und Tagesthemen. (Quelle: Tagesschau 2016)

- Leider oft mit der Information gepaart, werden Werbebotschaften zunehmend auch als Videosequenzen meistens direkt vor der Konsumption eines Informations- oder anderweitigen Videobeitrags als sogenannte „Pre-Rolls“ als zwingende Botschaften angeboten. Bei einigen Plattformen, wie zum Beispiel bei YouTube, können solche Werbebotschaften nach einigen Sekunden übersprungen werden (vgl. Abb. 4.3).
- *Digital Signage* bietet eine gesonderte Form der bewegtbildbasierten Werbung, die über große Videomonitore beispielsweise in Einkaufszentren oder einzelnen Supermarktketten die Werbebotschaften ausspielen. Dabei gilt es, die vorbeigehenden Besucher durch attraktive Bewegtbilder auf die Inhalte aufmerksam zu machen (vgl. Abb. 4.4).

Abb. 4.3 Screenshot von einem Videobeitrag der Magazin-Webseite focus.de. Links wird eine sogenannte „Pre-Roll–Werbung“ ausgespielt, die abgewartet werden muss, um den Nachrichtenbeitrag zu sehen. (Quelle: Focus 2016)

Abb. 4.4 Screenshot vom interaktiven Point of Information Terminal der Beuth Hochschule für Technik Berlin – Projekt von R. Strzebkowski und der Pressestelle der Beuth Hochschule für Technik Berlin. (Umsetzung: Adam Piekarski)

- Eine weitere besondere Form bilden die sogenannten *Wartezimmer-TV-*Videoangebote. Zunehmend werden in den Arztpraxen passend zu der jeweiligen medizinischen Ausrichtung neue Behandlungsmethoden vorgestellt und darüber hinaus auch oft Informationen über prophylaktische oder erkrankungslindernde Aktivitäten unterbreitet.

Kommunikation und Kollaboration

- In vielen Berufszweigen werden mit zunehmender Häufigkeit Videokonferenzsysteme eingesetzt, um zeitraubende und kostspielige Business-Reisen zu sparen (vgl. Abb. 4.5). Die technische Qualität solcher videobasierten Konferenzsysteme differiert in Abhängigkeit von der verfügbaren Internetbandbreite und dem zugrunde liegenden Software- und Hardwaresystem. Teure Systeme bieten heute eine TV-Qualität, die dem Level einer sogenannten „Telepräsenz“ zuzurechnen ist.
  - Eine Kombination aus einem Videokonferenz- und einem Anleitungssystem werden vor allem in der nahen Zukunft sogenannte *Assistenzsysteme* bieten (vgl. Abb. 4.6). Hier kann eine Mitarbeiterin oder ein Mitarbeiter direkt vor Ort, etwa auf einer Baustelle, und/oder an einem Gerät

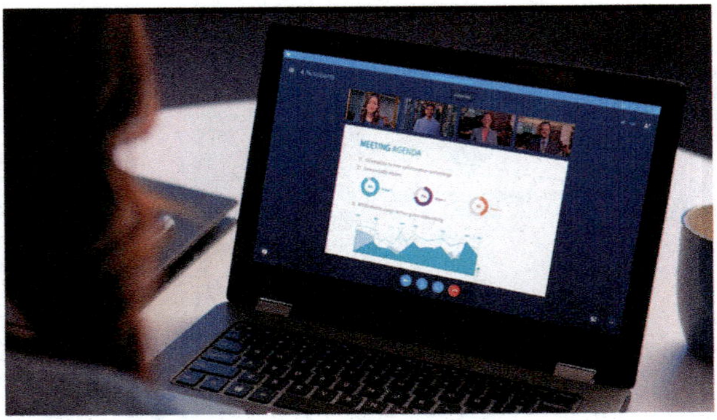

Abb. 4.5 Screenshot aus einem Werbefilm der Firma Cisco über professionelle Video-Conferencing- und Kollaborationssysteme. (Quelle: Cisco 2016)

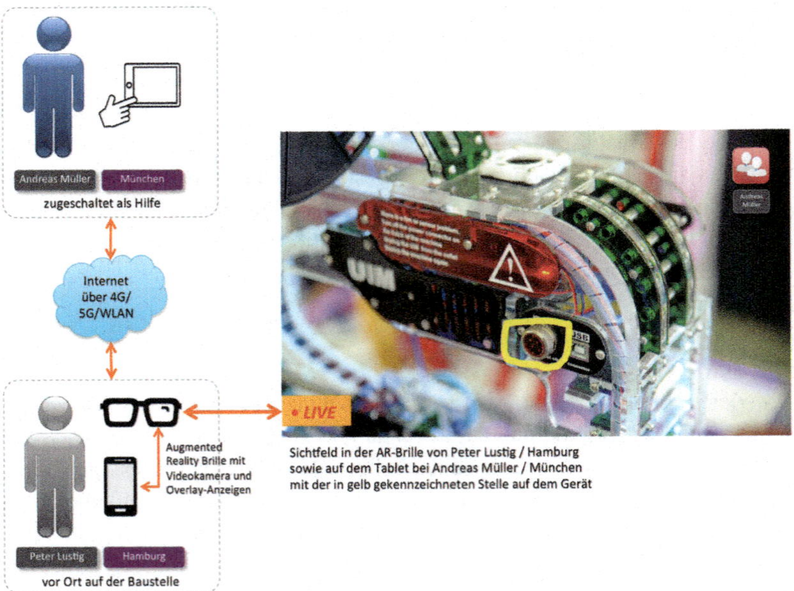

Abb. 4.6 Funktionsweise eines video- und augmented-reality-gestützten Assistenzsystems, mit dem zwei Mitarbeiter per Video und Audio kommunizieren und in dem sie Videobildmarkierungen setzen können

videobasierte Hilfestellung von einem lokal entfernten Helpdesk erhalten. Die helfende Person sieht live die lokal entfernte Maschine und kann direkte Anweisungen geben, welche Arbeitsschritte an welchen Stellen eines Gerätes durchgeführt werden sollen.
- Als besondere Ausprägung der Nutzung videobasierter Assistenzsysteme können *kollaborative Operationen* mit Chirurgen und Radiologen aus mehreren entfernten Lokationen erwähnt werden.
- In größeren Unternehmen wird Livestream-Video als sogenanntes *„Unternehmens-TV“* eingesetzt, um zum Beispiel live wichtige Verkündungen des Vorstandes oder der Geschäftsfeldleiter an die Mitarbeiter/-innen direkt an deren Arbeitsplatz oder in Sammelräume zu übertragen.
- Im kleineren Rahmen setzen einige Unternehmen zunehmend *Live-Chat-Systeme* für die Kommunikation mit den Kunden ein, um deren Fragen zu beantworten oder Probleme zu lösen. Dabei werden auch zunehmend videobasierte Lösungen angeboten.

• **Bildung** (E-Learning)
  - Bereits privat machen wir zunehmend die Erfahrung, dass wir uns zur Lösung von komplexeren manuellen Aufgaben, wie zum Beispiel dem Wechsel einer Mischbatterie am Küchenbecken der *Anleitungsvideos* aus YouTube oder anderen Plattformen bedienen.
  - In den Bereichen der klassischen Bildung und Ausbildung, also an den Schulen, in Ausbildungszentren, an Hochschulen sowie in der Weiterbildung in den Unternehmen werden ebenfalls die Potenziale *videobasierter Erklärungen* der Wirkungsweise komplexerer Systeme oder direkter Anleitungen für Montage- und Servicearbeiten zunehmend in Anspruch genommen.
  - An den Hochschulen werden zunehmend *Vorlesungen in Videoform* und damit als sogenannte *MOOCs – Massive Open Online Course* – aufgezeichnet und den Studierenden zum nochmaligen Nachschlagen oder für Prüfungsvorbereitungen zur Verfügung gestellt, außerdem einige davon auch für externe, an bestimmten Themen Interessierte.
  - Die Lehrenden – vor allem aus dem Hochschulbereich und der Wirtschaft – präsentieren oft die Ergebnisse ihrer Arbeiten, tauschen sich fachlich aus und bilden sich weiter auf *Kongressen, Symposien, Konferenzen und Tagungen*. Zunehmend werden auch diese „Events“ über Internet gestreamt, aufgezeichnet und für zeitversetzte Nutzung konserviert. Damit können Zeit und Kosten gespart werden, und für Fachhochschulangehörige entsteht die Möglichkeit, teure ausländische Veranstaltungen „virtuell“ zu besuchen (vgl. Abb. 4.7).

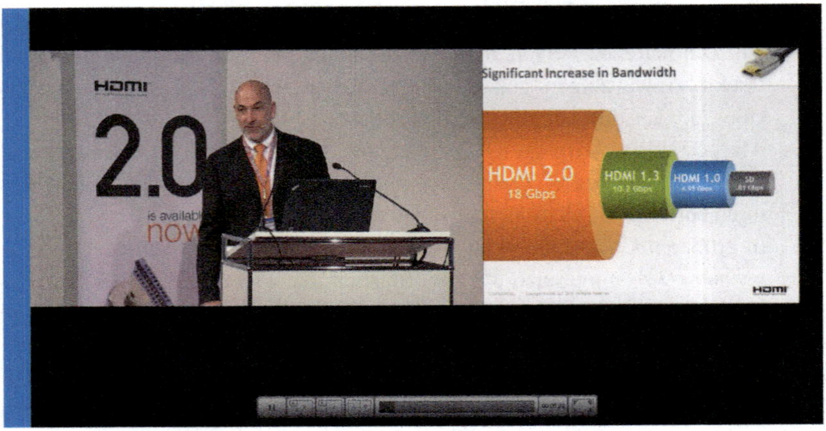

Abb. 4.7 Screenshot aus einer Videoaufzeichnung des TecWatch-Forums der IFA 2013 mit dem DualView-Verfahren des „liveBOX"-Systems der Beuth Hochschule für Technik Berlin (vergleichbares Video: conhIT 2014, siehe Abb. 4.37). (Quelle: Strzebkowski und Spielvogel 2015)

- Jedoch erfreuen sich nicht nur aufgezeichnete Videostreams zunehmender Popularität, ebenso exponentiell wachsen Angebote für sogenannte *Live Webinars* oder *Virtual Classrooms*. Es handelt sich um Live-Seminare, die per Internet übertragen werden und einen Seminarraum virtuell abbilden. Dabei sieht man sowohl die lehrende Person live per Video als auch die Teilnehmer sowie die Lerninhalte als PPT-Folien, Grafiken, Dokumente oder auch Videofilme. Ein prominente Webinar-Software ist zum Beispiel Adobe Connect (vgl. Abb. 4.8). Die Webinare werden meistens aufgezeichnet.
- Die Medizin entdeckt gerade die Potenziale von Video, um beispielsweise Operationen und das gleich mit drei bis fünf parallelen Kameras zu übertragen und aufzuzeichnen, um verschiedene Blickwinkel und oft auch aktuelle Werte der Anzeigeinstrumente parallel festhalten zu können (vgl. Abb. 4.9).

- **Dokumentation**
  - Video eignet sich hervorragend, um Arbeitsvorgänge, Funktionsabläufe oder räumliche Situationen zu dokumentieren und zu präsentieren. Insbesondere Arbeits- und Funktionsabläufe können unterstützend sowohl in der Ausbildung als auch zur fachgerechten Erledigung von Service- und Montagearbeiten genutzt werden (vgl. Abb. 4.10).

Abb. 4.8 Screenshot aus dem Werbefilm über die Virtual Classroom Software „Adobe Connect". (Quelle: Adobe 2016)

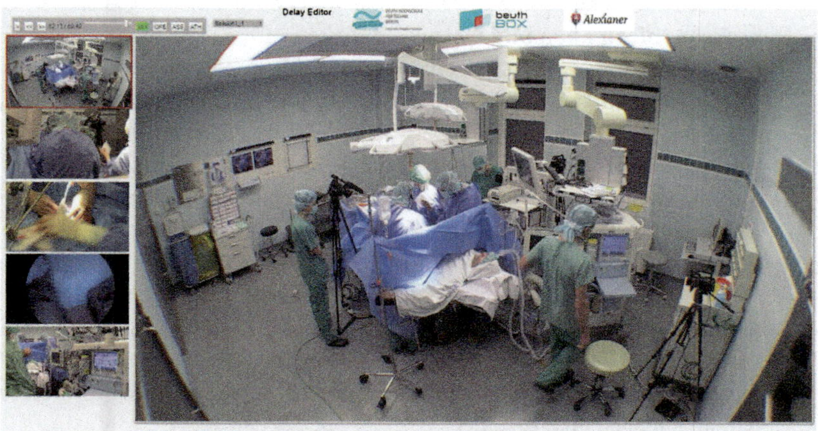

Abb. 4.9 Screenshot aus dem Multi-View-Streaming- und Aufzeichnungssystem des Beuth-Media-Teams (Leitung Prof. Dr. J. Lohr), hier eingesetzt bei einer OP im St. Hedwig-Krankenhaus in Berlin. (Quelle: Lohr und Strzebkowski 2016)

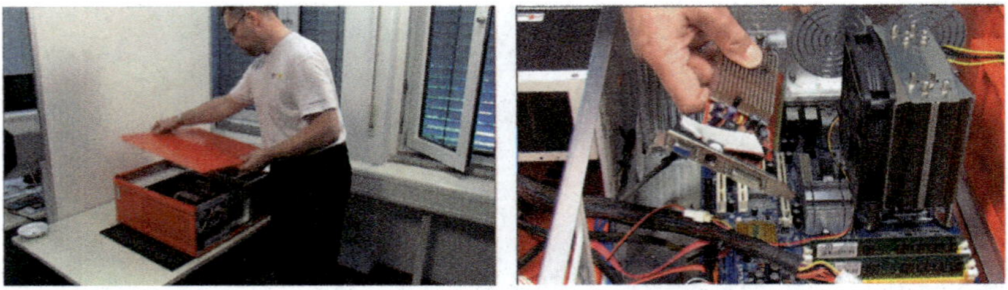

Abb. 4.10 Screenshot aus exemplarischen Anleitungsvideos aus dem FuE-Projekt „VIWITRA" der Beuth-Media Gruppe (Leitung Prof. Dr. R. Strzebkowski). (Quelle: Strzebkowski et al. 2013)

- Im Bereich der Dokumentation ermöglicht das digitale Video die sogenannte Explikation und damit die „Konservierung" des impliziten, prozeduralen Wissens, das sich vor allem in gekonnten und eintrainierten Handlungsabläufen äußert und nur sehr schwer verbal zu beschreiben ist. Damit können zum Beispiel Handlungsabläufe älterer Mitarbeiter festgehalten werden, die oft solch ein implizites Wissen mitnehmen, wenn sie in Rente gehen.

- **Räumliche Information und Überwachung**
  - *Überwachungskameras* sind uns aus vielfältigen Situationen und Lokationen bekannt. Großbritannien nimmt vermutlich einen der ersten Plätze auf der Liste der meist videoüberwachten Länder weltweit ein. Die Überwachungskameras dienen oft nicht nur dem Aufspüren krimineller Handlungen, sondern liefern Informationen über aktuelle Zustände von zum Beispiel Autobahnabschnitten, Verkehrsknoten, Andrangsituationen auf Bahnhöfen usw.
  - Darüber hinaus wird Videoüberwachung zunehmend für *technische Überwachung* der Funktion von Maschinen eingesetzt. Hier oft gekoppelt mit spezieller Audioübertragung und -wahrnehmung, denn korrekt arbeitende maschinelle Systeme haben einen bestimmten Klang, der sich von fehlerhaft arbeitenden unterscheidet.
  - *Webcams und Livecams* werden außerdem oft eingesetzt, um sich ein aktuelles Bild von entfernten Orten, der Landschaft und dem Wetter zu machen. So gibt es in allen bekannten Skigebieten zumindest in der DACH-Region das sogenannte „Alpenpanorama"-TV, ausgestrahlt zum Teil durch TV-Sender, und in vielen Urlaubsorten sowie generell an interessanten Stellen in vielen Orten Live-Kameras, die per Internet jederzeit abgerufen werden können (vgl. Abb. 4.11).

Abb. 4.11 Screenshots – links aus der Videoaufzeichnung einer Live-Webcam des TV-Programms „Alpenpanorama 3sat (HD)“ (Quelle: 3Sat 2012) und rechts von der Live-Webcam (HD) aus der Stadt Sopot/Polen. (Quelle: WebCamera 2016)

- **Natur direkt und live erleben.** Ein neuer Trend ist, Webcams und Livecams direkt an Aufenthaltsorten von Tieren und Vögeln zu platzieren, um diese in ihrem natürlichen Leben und Verhalten zu beobachten und die umgebende Atmosphäre auch durch die Geräuschkulisse zu vermitteln. Die Aufnahmen beispielsweise, von denen ein Screenshot in Abb. 4.12 gezeigt ist, stammen von einer Kamera an den Brooks-Wasserfällen in Alaska, an denen oft Bären nach Fischen fangen.

Abb. 4.12 Screenshot vom Webportal „Explore.org“, auf dem etliche Live-Webcams Videobilder weltweit direkt aus der Natur liefern. (Quelle: Explore 2016)

4.3 Videoprojektion und Video-Streaming im Event- und Entertainment-Bereich

4.3.1 Videonutzung im Musikbereich

Die Anfänge – einfache Video-Loops

Es ist ca. Anfang der 1990er Jahre, als Musikgruppen auf ihren öffentlichen Konzerten beginnen, mit Videoprojektionen zu „experimentieren". Zunächst geht es um einfaches lineares Abspielen von Videos passend zu einem Stück oder auch zum gesamten Konzert. Selbstverständlich handelt es sich dabei um analoges Video und analoge Videoprojektionen. Eine der ersten Musikgruppen ist „Kraftwerk", die auf ihren Konzerten damals verfügbare mittelgroße Videoprojektoren nutzen (vgl. Abb. 4.13), um im Bühnenhintergrund vorproduzierte Videoclips zu projizieren.

Den Start der Konzerttour „ZOO TV" von U2 im Jahr 1992 kann man als Geburtsstunde der modernen Konzertvideoprojektionen nennen, die mit heutigen Videoprojektionskonzepten durchaus noch mithalten könnten, mit dem

Abb. 4.13 Screenshot aus dem Video von einem Konzert der Musikgruppe „Kraftwerk" 1991 in Sheffield, UK. (Quelle: Kraftwerk 2009)

Unterschied, dass Letztere komplett digital realisiert sind. Dennoch handelte es sich bereits damals um gleichzeitige Ansteuerung von mehreren großen und kleineren Videoleinwänden und Monitoren, was sicherlich eine technische Herausforderung war. So lassen sich in deutlich die vielen großen und kleinen Video-Walls erkennen.

Die ersten Live-Videoprojektionen

Bei dem besagten U2-Konzert wurden die ersten – zumindest den Autoren bekannten – Live- Videoeinspielungen der Bandaktivitäten auf der Bühne von den Bühnenkameras auf die großen Videowände realisiert, also erstmalig quasi „Livestreams"/Liveübertragungen innerhalb des Konzerts (vgl. Abb. 4.14).

1993 hat Peter Gabriel in seiner phänomenal inszenierten Konzerttour „Secret World" ebenfalls eine Live-Einspielung seiner Bühnenaktivitäten vorgenommen, diesmal jedoch mit einer auf dem Kopf montierten Kleinkamera, die passend zu dem Lied „Digging in the Dirt" stark verzerrte Bildausschnitte seines Gesichts sowie neuartige Kamerabewegung zeigte, vor allem in der Relation des relativ stabilen Gesichts und Körpers im Vergleich zum beweglichen Hintergrund (vgl. Abb. 4.15).

Abb. 4.14 Screenshot aus der Konzerttour „ZOO TV" der Gruppe U2, im Hintergrund das Live-Bild des Sängers Bono. (Quelle: U2-b 2009)

Abb. 4.15 Screenshots aus der Konzerttour „Secret World" von Peter Gabriel 1994. (Quelle: Gabriel 2008)

Big Screen = Big Show and Important Message

Und nicht nur die Musikszene wurde von der Faszination der Live-Videoeinspielungen erfasst. Ebenfalls in der IT-Branche hat der Meister der Inszenierung der computertechnischen Innovationsverkündungen Steve Jobs (Apple) schnell die Kraftaussage großer Bild- und Videoprojektionen erkannt. So ließ er in einer für Apple entscheidenden Firmenphase auf der Veranstaltung Macworld in Boston im Jahr 1997 auf dem großen Bildschirm Bill Gates (Microsoft) als Unterstützer von Apple live erscheinen. Dieser Livestream wurde allerdings damals per Satellit realisiert und noch nicht per Internet (vgl. Abb. 4.16). Inszenierung der Apple-Events sind seit jeher bekannt für ihre großen Projektionen mit vielen Videoeinspielungen und Live-Vorführungen der Funktionsweise von Geräten und Software (vgl. Abb. 4.17).

Ab den 1990er Jahren wurde die Technik der Videoeinspielungen auf Musikkonzerten stetig technologisch weiterentwickelt und perfektioniert. Sehr erfolgreiche Bands und Sänger, wie Genesis, Michael Jackson, Rolling Stones, Madonna und andere haben häufig sehr große und aufwendige Videoprojektionen eingesetzt, und einige von ihnen tun dies auch noch heute.

Videoprojektion synchronisiert mit der Musik – alles im Takt

Die Sängerin Madonna legt viel Wert darauf, filmisch aufwendige Videoproduktionen und Animationen extra für die Konzerteinspielungen zu produzieren und diese für ihre recht gut tanzbaren rhythmischen Lieder auch synchron zum Takt der Musik einzusetzen (vgl. Abb. 4.18). Diese Einspielungen – fast immer begleitet durch genauso minutiöse synchrone Bewegungen der Tänzer/-innen auf der Bühne – erhöhen stark die Dynamik und die Wahrnehmung der Musik. Der Zuschauer wird im Konzert von dem Gesamteffekt regelrecht mitgenommen und kann sich einer eigenen Tanzbewegung kaum verwehren.

Abb. 4.16 Screenshot aus dem Video von der Macworld in Boston im Jahr 1997 mit einer Einspielung des damaligen Chefs und Gründers von Microsoft, Bill Gates. (Bildmontage durch den Autor – Quelle: Apple-a 2006).

Abb. 4.17 Screenshots aus der Keynote von Steve Jobs auf der WWDC in San Francisco im Jahr 2008. (Quelle: Apple-b 2011)

Eine noch stärkere Synchronisierung der Musik mit projizierten Bildmustern, Bildern und Animationen erreichen einige Künstler durch den Einsatz von LED-basierten Projektions-/Lichtpanelen. Als Pionier dieser Technik kann das Musikduo „Daft Punk“ genannt werden, das im Jahre 2006 auf dem berühmten Festival Coachella in Kalifornien die erste auf LED-Panels basierende Projektion auf der

Abb. 4.18 Screenshot aus dem Konzertvideo von Madonna auf der „Confessions Tour" 2006. (Quelle: Madonna 2015)

Bühne präsentiert hat (vgl. Abb. 4.19). Die Zuschauer sahen diese Art der schnellen Animationen passend zum Rhythmus der Musik zum ersten Mal und waren überwältigt.

Abb. 4.19 Musikduo „Daft Punk" auf dem Festival in Coachella in Kalifornien 2006. (Quelle: Daft Punk 2015)

Abb. 4.20 Screenshot aus dem Konzertvideo des Musikkünstlers „deadmou5" auf dem Konzert in Toronto 2012. (Quelle: deadmou5-a 2012)

Diese Art der schnellen und synchronisierten Projektion von Animationen hat beispielsweise der kanadische Musikkünstler „deadmou5" perfektioniert. In seinem Projektionskonzept verschmelzen sehr oft die auf die Hintergrundwand der Bühne projizierten Bilder mit den Flächen des kubusartigen DJ-Sockels, auf dem der Künstler seine elektronische Musik steuert (vgl. Abb. 4.20).

4.3.2 Videonutzung auf Theater-, Opern- und Tanzbühnen

4.3.2.1 Videoprojektion und -übertragung als dramaturgisches Gestaltungselement

Aufwendige zeitlich synchronisierte Videoprojektionen und Animationen sowie Live-Videoeinspielungen werden heutzutage nicht nur auf Musikkonzerten eingesetzt, sondern auch auf Theater- Opern- und Tanzbühnen. Insbesondere in modernen Theaterinszenierungen werden zunehmend sehr spannende Videointegrationslösungen vorgenommen, um verschiedene zusätzliche, oft verstärkende oder fokussierende Wahrnehmungseffekte bestimmter Personen oder Geschehnisse auf der Bühne auszulösen. Oft wird dabei mittels Live-Kamera(s) das Videosignal direkt von einer Stelle der Bühne auf eine Projektionsfläche auf der Bühne übertragen und in die Inszenierung live integriert.

Frank Castorf, Intendant der Volksbühne und für seine Experimentierfreudigkeit bekannter Theaterregisseur, setzt sich in Deutschland seit Beginn des neuen Millenniums als einer der ersten mit der Integration der Videotechnik auseinander, vor allem mit der Liveübertragung des Schauspiels aus teilgeschlossenen, nicht einsehbaren Bereichen der Bühne für das Publikum (vgl. Abb. 4.21).

Eines der ersten Stücke dieser Art war „Forever Young" (nach Tennessee Williams „Sweet Bird of Youth") im Jahr 2003, in dem Livebilder zum Beispiel aus einem nicht ganz einsehbaren Schlafzimmer auf der Bühne auf die Leinwand übertragen wurden. Castorf begründet den für ihn sehr inspirierenden Einsatz der Live-Videotechnik wie folgt:

Abb. 4.21 Einsatz von Live-Video bei den Theaterstücken von Frank Castorf. Oben: aus dem Stück „Forever Young" 2003 (Quelle: Diederichsen 2004); unten: aus dem Stück „Kaputt" von 2014. (Quelle: Castorf 2014)

> Mit Hilfe der Kamera kann ich die Schauspieler so zeigen, wie sie sich selbst nicht sehen wollen. Das ist unser möglicherweise infames Bedürfnis, die Möglichkeiten von Theater mit Hilfe [...] der Kamera auf eine Weise zu erweitern, dass die Schauspieler nicht nur so gezeigt werden können, wie sie sich sehen wollen, sondern auch, wie sie sich selbst nicht sehen wollen. Dadurch kommt natürlich eine Ehrlichkeit oder ein dokumentarischer Charakter von Menschenschicksalen in die Produktion rein, die das herkömmliche Theater überwindet (Hegemann 2004, S. 8).

Eine aktuellere Produktion von Castorf ist das Stück „Kaputt" aus dem Jahr 2013/2014, in dem Geschehnisse aus einem fast komplett verschlossenen Container auf der Bühne mit der Videokamera gefilmt und auf einer Leinwand den Zuschauern präsentiert werden.

Sehr interessante Videoarbeiten auf Theater- und Tanzbühnen oder auch in anderen Lokationen konzipiert die internationale Künstlergruppe „Gob Squad", die bewusst mit einem Mix aus einer klassischen Bühne oder einer zum Stück passenden Lokation und verschiedenen Medientechnologien arbeitet. Dadurch ergeben sich sehr spannende multimediale Performance-Lösungen (Gob Squad a 2016).

Eine der interessanten Inszenierungen war das Stück „Before Your Very Eyes" aus dem Jahr 2011, in dem mehrere Jugendliche in einem verglasten Raum ihre Rollen spielen und miteinander interagieren, wobei eine der Kameras aus der Menge der Kinder eines „herauspickt", um seinen Monolog, Dialog oder seine Performance durch eine Liveübertragung auf eine Leinwand hervorzuheben. Es gibt auch sehr interessante „Interaktionen" zwischen vorproduziertem Videomaterial und dem Schauspielen der Kinder, wenn zum Beispiel auf dem Video eine Person, abgebildet auf einer Straße, nach rechts aus dem Bild in Richtung des verglasten Raumes läuft (vgl. Abb. 4.22 oben links) und tatsächlich real auf der Bühne aus einer Tür auf der linken Seite rauskommt (vgl. Abb. 4.22 unten links) – ein verblüffender Effekt.

4.3.2.2 „Projection Mapping" als dynamisches Bühnenbild – Augmented/Virtual Stage

Bühnenbild im Bereich Theater, Oper oder auch im Tanzbereich wird meistens als feste „Dekoration" und Kulisse vorbereitet und höchstens in der Pause oder bewusst mitten im Stück mittels einer Drehbühne gewechselt, um einen Ortswechsel zu simulieren. Eine Bühne und damit ein Bühnenbild können jedoch auch ohne den Wechsel der – sagen wir – „Hardware", also der Kulissenbauten geändert werden. Wir kennen bereits diese Möglichkeit, zum Beispiel aus den in Abschn. 4.3.1 erwähnten Projektionen bei Musikkonzerten, wie bei Madonna (vgl. Abb. 4.18), wo die Kulisse meistens aus einer großen Videowand besteht und der Raum sich durch die eingespielten Bilder, Videos und Animationen ändert. Im kleineren Maße oder auch zusätzlich kann eine Änderung des Bühnenbilds durch

Abb. 4.22 Montage von Screenshots aus dem Theatervideo „Before Your Very Eyes“ von „Gob Squad“. (Quelle: Gob Squad b 2015)

Maßnahmen an der Beleuchtung erreicht werden, und damit wird heutzutage meistens das Bühnenbild insbesondere bei den Musikkonzerten stark beeinflusst.

Eines der imposantesten Beispiele der letzten Jahre für solche sogenannten „virtuellen Bühnenbilder“ war die Aufführung der „Zauberflöte“ 2012 in der Komischen Oper in Berlin unter der Bühnenbildregie des englischen Künstlerteams „1927“ (vgl. Abb. 4.23). Zum ersten Mal wurde konsequent das gesamte Opernstück von Mozart hinsichtlich des Bühnenbilds nur teilweise als feste, gebaute Kulisse angefertigt, denn der überwiegende Teil der Kulissenelemente wurde per Beamer als Bilder und Animationen auf die Kulisse als quasi dreidimensionale Leinwand projiziert.

Durch eine sehr genaue Passung der „Kulissenleinwand“, der Projektion sowie der genauen Platzierung der Sänger entstanden enorme Effekte, die sowohl sich dynamisch verändernde „Räume“ als auch Objekte und Wesen jeglicher Art und Funktion wie von „Zauberhand“ entstehen ließen.

Diese Art der komplett dynamischen Bühnenbildgenerierung live während der Aufführung verdient die Bezeichnung eines „virtuellen Bühnenbilds“ oder auch einer „Augmented Stage“.

Viele der Projektionen wurden in Form einer Interaktion zwischen den Sängern und den projizierten Animationen ausgeführt. In Abb. 4.24 sieht man, wie

Abb. 4.23 Screenshot aus der Dokumentation über die Bühnenprojektion der „Zauberflöte"-Inszenierung in der Komischen Oper Berlin mit etlichen animierten Elementen. (Quelle: Komische Oper 2013)

Abb. 4.24 Screenshot aus der Dokumentation über die Bühnenprojektion der „Zauberflöte"-Inszenierung in der Komischen Oper Berlin, hier mit einer Art Interaktion der Protagonisten mit Tieren. (Quelle: Komische Oper 2013)

die Figur Sarastro riesige Hunde auf die Pamina hetzt. Die Hunde bewegen sich bedrohlich in der live projizierten Animation. Bei diesen quasi interagierenden Animationen mit den Sängern handelt es sich um zeitlich und räumlich sehr genau geplante und ausgeführte Handlungen der Sänger passend zu der aktuell projizierten Animation. In diesem Stil gibt es eine Reihe weiterer sehr interessant umgesetzter Projektionen, „Projection Mappings", mit denen zum einen virtuelle und für die Zuschauer sehr plastisch und realistisch wirkende Räume erzeugt werden und zum anderen diese „Räume" sowie manchmal in diese Räume projizierte virtuelle Objekte/Gestalten von den Schauspielern/Tänzern entsprechend „genutzt" werden. Im Beispiel aus Abb. 4.25 entstehen „virtuelle" dreidimensionale Räume, in denen der Tänzer mit der Raumsituation interagiert. In Abb. 4.26

Abb. 4.25 Screenshot aus dem Video über die Performance „Levitation" von Sila Sveta und Anna Abalikhina. (Quelle: Levitation 2016)

Abb. 4.26 Screenshot aus dem Video von dem Event des Autoherstellers Porsche anlässlich der Einführung des Modells „Porsche Macan" in Moskau. (Quelle: Sila Sveta 2014)

interagieren die realen Tänzer mit der Projektion und deren „Räumen", was den Effekt der „virtuellen Realität" oder auch „Augmented Reality" stark erhöht.

Die Abb. 4.27 ist ein weiteres interessantes Beispiel der „Pseudointeraktion" der Tänzer mit den projizierten Raumartefakten, die zusammen eine neue virtuelle Raumsituation ergeben.

Die oberen Beispiele zum Projection Mapping arbeiten mit flachen und leeren Bühnen. Noch plastischer wirkende virtuelle Räume werden mithilfe von tatsächlichen 3-D-Kulissen und -Objekten erzeugt, auf die dann sogenanntes „3-D Projection Mapping" angewendet wird. In Abb. 4.28 ist eine Bühne zu sehen, auf der die als Kulisse aufgebauten Häuser ihr Aussehen im Verlauf des Stücks ändern. Die Zuschauer erleben eine bessere dreidimensionale und Tiefenwirkung: Wenn sie zum Beispiel den Kopf und die Augen leicht bewegen, dann „spüren" sie die dritte Dimension der projizierten Objekte.

Abb. 4.27 Screenshot aus dem Video der Performance „PIXEL" der Künstler Adrien M und Claire B. (Quelle: Adrien und Claire a 2014)

Abb. 4.28 Screenshot aus dem Video über 3-D Projection Mapping im Theater. (Quelle: Theatermapping 2010)

Im Bereich der „virtuellen Räume“ und „virtuellen szenischen Bilder“, hergestellt durch das „Projection Mapping“, gibt es zunehmend Interaktionsszenarien, in denen die Schauspieler oder Tänzer mit der zum Teil tatsächlich in Echtzeit hauptsächlich simulierten, flexibel formbaren Umgebung interagieren. Bereits in den drei oberen Inszenierungen spielen die Protagonisten in und mit den virtuellen Raumgegebenheiten, aber eher als Reaktion auf vorgegebene, nicht durch sie veränderbare Situationen. In den folgenden Beispielen interagieren die Schauspieler mit projizierten Objekten und bewirken deren Bewegungen oder Transformation und formen damit auch die räumliche Umgebung um. Besonders interessant ist in Abb. 4.29 das rechte Beispiel des Künstlerteams „Bot & Dolly“, in dem der Performer eine weiße Fläche auf einem Roboterarm bewegt, die dadurch absolut genau mit der Projektionsvorrichtung sowie der filmenden Kamera als „Position der Zuschauer“ synchronisiert ist. Damit werden eine vollkommen exakte Projektion und enorme räumliche Effekte erzeugt (TCP 2016). Durch die schnellen Bewegungen der Fläche und die sehr genau synchronisierten hoch aufgelösten 3-D-Projektionen auf diese verliert man gänzlich den Eindruck einer Projektion und neigt zu denken, dass die Fläche ein Monitor sei. Allerdings deutet dieses Projekt sehr schön auf zukünftige Möglichkeiten solcher tatsächlichen flachen Monitorflächen, die durch die aufkommende OLED-Technologie und die sehr dünnen Screens verfügbar und einsetzbar werden.

In Abb. 4.30 ist eine nahtlose und sehr realistisch wirkende Verschmelzung und „Interaktion“ zwischen der projizierten Animation mit den einstudierten Bewegungen der Tänzerin zu sehen. Darauf hat sich die japanische Performance-Gruppe ENRA spezialisiert (ENRA 2016). Das Beispiel in Abb. 4.31 demonstriert ebenfalls eine nahtlose Interaktion zwischen der Tanz-Performance und der Projektion, in der die Tänzerin mit der Hand einen Farbstrahl „wickelt“.

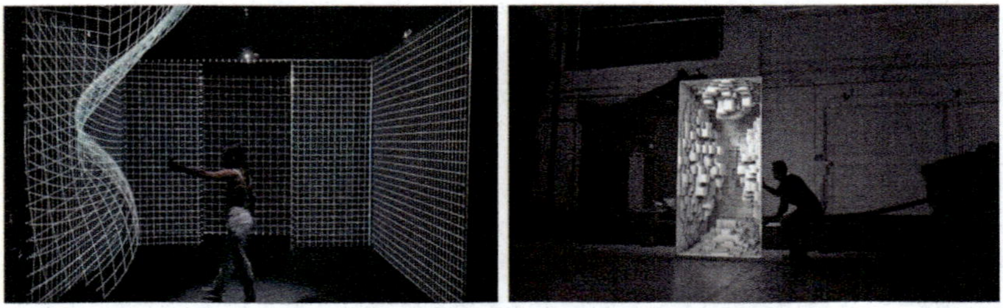

Abb. 4.29 Screenshots, links aus dem Video des Projektes „Hakanai“ der Künstler Adrien M und Claire. (Quelle: Adrien und Claire b, 2015); rechts aus dem Video des Projektes „The BOX“. (Quelle: The BOX 2013)

Abb. 4.30 Screenshot aus dem Video der Performance-Gruppe ENRA aus Japan. (Quelle: ENRA 2015)

Abb. 4.31 Screenshot aus der Performance PIXEL der Künstler Adrien M und Claire. (Quelle: Adrien und Claire 2014)

Die Interaktionen mit den „virtuellen Räumen und Gegenständen“ der Projektionen werden heutzutage noch mehrheitlich durch eine perfekte Abstimmung der Abfolge der Performance der Tänzer/Schauspieler und der Projektion erzielt, sehr oft gekoppelt mit einer Master-Musikspur.

In der bereits jetzt sich langsam etablierenden Entwicklungsstufe echter interaktiver Projection-Mapping-Systeme werden tatsächliche Interaktionen zwischen

Abb. 4.32 Screenshot aus dem Performance-Projekt Kinect – Projector Dance. (Quelle: Kinect 2012)

Mensch und Projektionssystem umgesetzt. Mittels Kamera- und Motion-Tracking-Sensoren werden die Bewegungen der Protagonisten genau registriert und daraufhin mit unterschiedlichen dynamisch programmierbaren Inhalten entsprechend der Bewegungen reagiert. Dabei wird bevorzugt das Sensoriksystem „Kinect“ von Microsoft eingesetzt (vgl. Abb. 4.32).

4.3.3 „Augmented und Virtual Reality“ direkt erlebbar

Die zahlreichen Beispiele aus Abschn. 4.3.1 und 4.3.2 demonstrieren, dass bereits heutzutage Zuschauer bei größeren Kultur-Events mithilfe ausgeklügelter Videoprojektionen, insbesondere durch das sogenannte Projection Mapping (2-D oder 3-D), realistisch wirkende „virtuelle Räume“ wahrnehmen und erleben können.

Die nahtlose Mischung aus Videoprojektionen, Tanzinszenierungen oder/und schauspielerischer Leistung erweitern den szenischen Raum sowie die Inszenierung und bilden damit eine Art „Augmented Stage“ und auch „Augmented Reality“, wenn wir die Inszenierung für die Zuschauer als temporäre Realität definieren.

Der positive Effekt für die Zuschauer bei solchen „Mixed-Reality"-Inszenierungen besteht darin, dass sie durch den abgedunkelten Raum eines Theater-, Opern- oder Konzerthauses die entsprechende Größe der Bühne und damit auch der Projektionen, die virtuellen Erweiterungen der Szene und des Bühnenbilds ohne zusätzliche und störende VR- oder AR-Brillen erleben können. Das ist in einer häuslichen Situation mit der Raumgrundbeleuchtung, den Möbeln sowie durch die vergleichsweise kleine „Bühne", meistens in Form eines TV-Gerätes oder Laptops/PC-Bildschirms, noch nicht möglich.

Eines der aufregendsten Konzertprojektionsbeispiele, das den Effekt einer quasi direkt erlebbaren Augmented-Reality-Präsentation auf die Spitze getrieben hat, ist seit 2011 die weltbekannte Konzertreihe des animierten japanischen Avatars und virtuellen Popstars „Hatsune Miku" (vgl. Abb. 4.33).

Auf eine kaum wahrnehmbare und fast durchsichtige Projektionsfläche, gespannt in der Mitte der Bühne, werden per Hintergrundprojektion ein oder mehrere animierte Avatare als „Sänger" des Abends projiziert. Diese Avatare „performen" als fertige Animationen mit sehr realistischen Bewegungs-/

Abb. 4.33 Screenshots aus den Videos der Performance des japanischen Avatars „Hatsune Miku". (Quelle: Hatsune 2013 [oben]; Saenz 2011 [unten])

Tanzabläufen auf der Bühne synchron zur Musik, die durch Tausende Fans der Avatar-Figur Hatsune Miku mit der Song-Creation-Software „Vocaloid" der Firma Crypton Future Media erstellt wurde. Umrahmt von echten Musikern auf der Bühne ergibt sich ein sehr realistisches Bild des virtuellen Popstars und die Fans feiern diesen, als ob es sich um einen echten Sänger handeln würde. Medienforscher würden in dieser Situation von einem enorm starken parasozialen Effekt sprechen.

Inszenierungen von „Augmented oder Mixed Reality", insbesondere mit der Technik des „Projection Mappings", beschränken sich nicht nur auf Projektionen in Innenräumen sondern werden meistens eindrucksvoll im urbanen Raum eingesetzt. Sie verändern damit das Aussehen und die Funktion von großen Gebäuden mit enormer Wahrnehmungswirkung für die Zuschauenden. In Abb. 4.34 wird gezeigt, wie ein großes Gebäude in London begleitend zur Musik des kanadischen Künstlers deadmau5 mit synchronen Animationen bespielt wird, die zum Beispiel die Fassade des Gebäudes einstürzen oder es als Turm aufgestellt aus ca. zehn großen Klötzen erscheinen lassen – Augmented Reality im „Großformat".

Die Veranstaltungstechnik hat für die „Mixed-Reality"-Inszenierungen ein großes Entwicklungspotenzial, denn die Projektions-, Steuerungs- und Interaktionstechnologien werden perfektioniert und einige etablieren sich erst langsam. Hinzu kommen die Möglichkeiten der mobilen Geräte, vor allem Smartphones, sowie zukünftig der sogenannten smarten Brillen, die zum Teil parallel zum Beispiel für individuelle Steuerung, Informationen und Inhalte eingesetzt werden können.

Die Zuschauer nehmen zunehmend nicht nur die passive Rezeptionsrolle bei der Konsumption von Kultur-Events, insbesondere von Musikaufführungen oder

Abb. 4.34 Screenshot aus dem Video des Werbekonzerts von NOKIA mit der Musik des Künstlers „deadmau5". (Quelle: deadmau5-b 2011)

solchen urbanen Performances wie in dem obigen Beispiel ein, sondern möchten ihre Eindrücke anderen möglichst sofort mitteilen per Stand- und neuerdings auch Bewegtbild. Für die Produzenten eröffnen sich ebenfalls neue Möglichkeiten, die Inszenierungen live ohne teure TV-Broadcast-Technik an ein breites interessiertes Publikum per Internet zu übertragen.

4.4 Events per Videostreaming „live erleben"

Was haben die Firma Apple und die Berliner Philharmoniker gemeinsam? Beide sind Pioniere hinsichtlich der Liveübertragung von Musikkonzerten im offenen Internet. Die Berliner Philharmoniker haben als einer der ersten Musikveranstalter weltweit im Jahr 2008 den mit mehreren Preisen ausgezeichneten und erfolgreichen Live- und On-Demand-Videoservice „Digital Concert Hall" gestartet (vgl. Abb. 4.35).

Apple hat 2010 mit den Liveübertragungen seiner iTunes-Konzerte (heute Apple Musik Festival) aus London begonnen (damals noch über MySpace™). Beide Videoübertragungsangebote konnten per Internet ohne teure Broadcast-Übertragungstechnik distribuiert und empfangen werden.

Abb. 4.35 Screenshot aus dem Präsentationsvideo der „Digital Concert House"-Plattform. (Quelle: DCH 2015)

Abb. 4.36 Links: Screenshot aus dem Video der Nachrichtensendung „Tagesthemen" (Quelle: ARD 2016); rechts Screenshot aus einem privaten Urlaubsvideo

Heute sind wir zunehmend daran gewöhnt, dass wir einem entfernten Ereignis entweder live per Live-TV oder per Live-Internetvideo – beides zum Beispiel über ein mobiles Gerät – oder im sogenannten „Near–Live"-Modus, also einige Sekunden bis Minuten nach dem Live-Zeitpunkt, beiwohnen können. Bei dem Ereignis kann es sich zum Beispiel um aktuelle Nachrichten handeln oder um ein privates kurzes Video von unseren Freunden aus deren Urlaubsort (vgl. Abb. 4.36).

Im Event-Bereich wird von den Veranstaltern zunehmend von der Liveübertragung Gebrauch gemacht, damit zum einen eine größere Gruppe der potenziellen Rezipienten erreicht werden kann, die nicht vor Ort sein kann. Zum anderen erhalten im Falle von größeren Fachveranstaltungen wie Kongressen oder Messen die Teilnehmer damit eine Chance, parallel stattfindende Aktivitäten – Vorträge, Foren, Arbeitsgruppen, Präsentationen – „mitzunehmen", die ansonsten versäumt werden würden.

In Abb. 4.37 und 4.38 finden sich einige Beispiele, die die klassische Form des Event-Livestreamings darstellen. Diese wurden selbst vom Autor (R. Strzebkowski) auf diversen Messen und Kongressen durchgeführt, um die zuvor genannten Aufgaben der größeren Verbreitung und parallelen Nutzung von Vortragsinhalten zu ermöglichen.

Zur Liveübertragung aus professionellen Events gehört selbstverständlich auch eine gleichzeitige Aufzeichnung solcher Übertragungen sowie der Videodaten im „Rohformat", sodass zum einen die Aufzeichnungen beinahe umgehend zum Abruf bereitgestellt werden können und zum anderen das aufgezeichnete Material anderweitig verwertet werden kann.

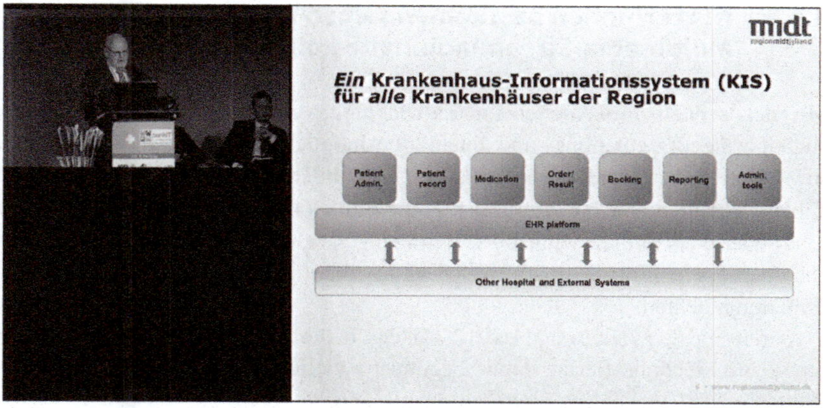

Abb. 4.37 Screenshot aus einem Vortragsvideo von dem Kongress „conhIT 2014" im sogenannten „Dual-View"-Verfahren mit flexibler Auswahl der Präsentationsform mit flexibler Auswahl der übertragenen Inhalte – Referentenvideo & PPT-Slides. (Quelle: conhIT 2014, Autoren)

Abb. 4.38 Screenshot aus einem Video des Events „Salon Sophie Charlotte" 2016 der Berlin-Brandenburgischen Akademie der Wissenschaften. (Quelle: BBAW 2016)

4.4.1 Nutzer/-innen bestimmen selbst, WAS und WIE sie Multimedia-Streaminginhalte konsumieren

Mit der schnell fortschreitenden Entwicklung von Webtechnologien steigen zugleich die Präsentations- und Interaktionsmöglichkeiten für Multimediadaten sowohl im klassischen Browser als auch auf mobilen Geräten – Smartphones und Tablets. Dadurch entsteht zum Beispiel die Situation, dass die Nutzer/-innen von Live- oder auch aufgezeichneten Übertragungen selbst entscheiden können, welche übertragenen Inhalte und in welcher Präsentationskonstellation sie diese konsumieren möchten.

Bereits in den Jahren 2011/2012 hat das beuthBOX-Team der Beuth Hochschule für Technik Berlin damit begonnen, vielfältige Fach-Events im interaktiven „Dual-View“-Verfahren zu übertragen, in dem die Zuschauer selbst auswählen konnten, ob sie das Videobild der Referentenperson zusammen mit der PPT-Präsentation oder jeweils nur das Bild der Person oder nur des Vortrags, oder in bestimmten Größenverhältnissen beide Inhalte gleichzeitig sehen möchten. In der Abb. 4.37 und 4.39 sind einige Beispiele dieser „Dual-View“-Anwendung abgebildet worden.

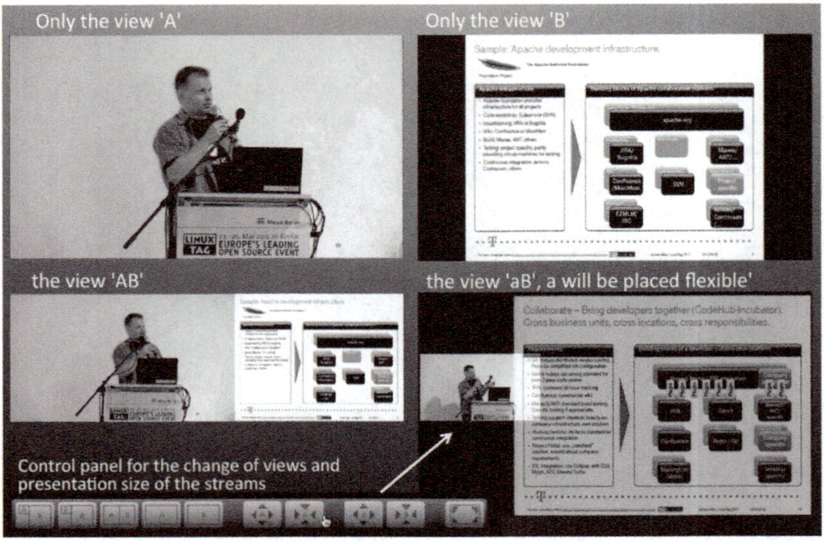

Abb. 4.39 Beispiel der flexiblen Anzeige der live gestreamten und dann auch aufgezeichneten Inhalte von Vorträgen mit der „Dual-View“-Technologie der beuthBOX. Hier ein Beispiel aus dem Event „IT-Profits“ 2012 in Berlin

Die interdisziplinäre Arbeitsgruppe „Beuth-Media“ (www.beuth-media.de) forscht und experimentiert u. a. im Bereich der sogenannten „Multi-View“-Präsentationsformen von AV-Inhalten, bei denen nicht nur zwei, sondern bis zu sechs parallele Videostreams übertragen werden, aus denen die Nutzer/-innen den gerade für sie interessanten Inhalt auswählen können. Diese Flexibilität in der inhaltlichen Darbietung und der Auswahl unterstützt stark die individuelle Flexibilität der Nutzung und damit schließlich auch den individuellen Informations- und Lernprozess bei jeder lernenden Person.

Im Entertainment-Bereich kann das „Multi-View“-Verfahren etliche Vorteile bieten: Es kommt oft vor, dass die Zuschauer während eines Konzerts nicht nur der Regiekamera folgen möchten, die meistens zu 80 % die/den Sänger/in zeigt, sondern auch gerne die weiteren Bandmitglieder, den Background-Chor oder die Tänzergruppe öfters betrachten möchten. Des Weiteren könnten die Zuschauer mit den heutigen technischen Möglichkeiten nicht nur die Kameraperspektive wählen, sondern auch bestimmte Audiospur/en und damit Stimmen oder Instrumente lauter oder leiser stellen, wie zum Beispiel den Bass, das Schlagzeug oder eben den Background-Gesang. Diese flexiblen Präsentationsformen erfordern jedoch eine „flexible“ Produktion und Distributionsart der Inhalte (vgl. Abb. 4.40).

In wissensintensiven Bereichen wie im Falle der Übertragungen und Aufzeichnungen von Seminaren, Workshops, Vorlesungen oder wie in Abb. 4.9 von medizinischen Operationen ist die alleinige Übertragung und Bereitstellung

Abb. 4.40 Screenshot aus der Multi-Kamera- und Multi-View Anwendung der Beuth-Media Gruppe im Einsatz bei der Aufzeichnung eines Musikkonzerts. (Quelle: Lohr und Strzebkowski 2016 – Projektleitung Prof. Dr. Lohr)

von mehreren parallelen Videobildern, auch angereichert mit einem Foliensatz, oft nicht ausreichend. Es beginnt schon damit, dass oft eine Markierung von bestimmten Themenabschnitten in solchen multimedialen Inhalten sehr hilfreich wäre, um gezielt auf bestimmte Inhalte zu lenken. Des Weiteren werden gerade Vorlesungen oft durch weitergehende Inhalte, Beispiele und Hinweise (Links) auf die Macher/Einrichtungen im Internet ergänzt. Solche Informationen sollen nach Möglichkeit auch gleich an der richtigen Stelle des Vortrags beigefügt werden.

Damit entsteht der Ansatz einer „hypermedialen" Präsentation, die zwar einen zugrunde liegenden inhaltlichen „Hauptstream" hat, dieser aber mit Schlagworten und Hinweisen „getaggt" ist und weitergehende Inhalte sowie Verweise ins Internet an bestimmten Stellen enthält (vgl. Abb. 4.41).

Die in der folgenden Abb. 4.41 präsentierte Lösung zur Markierung/Annotation eines aufgezeichneten Videos ist ein „kollaboratives" Verfahren, denn es ermöglicht allen Nutzer/-innen eines multimedialen Inhalts (in diesem Fall primär für ein Videostream), diesen flexibel an bestimmten Stellen zu markieren und zu kommentieren. Wie oft suchen wir in Internetvideos nach „der" inhaltlich bedeutenden Stelle für uns? Insbesondere im intensiven Lehr-/Lernbetrieb wie an einer Hochschule oder im Falle von Fachvorträgen sind solche gezielten Zugriffsmöglichkeiten auf gesuchte Inhalte zeitsparend und damit notwendig für effektivere Informations- und Lernprozesse.

In Abb. 4.42 findet sich eine Konzeptlösung für einen „Hypermedia Video Lectures Player", in dem im „Dual-View"-Verfahren (links das Bild der Referentin,

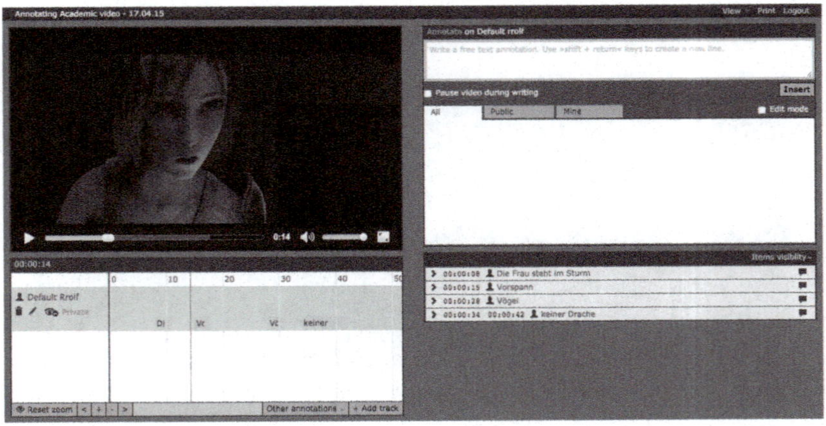

Abb. 4.41 Screenshot aus der Anwendung „Opencast Annotation Tool" zur kollaborativen Erstellung von zeitbasierten Annotationen bei Videos. (Quelle: OAT 2016)

Abb. 4.42 Konzeptbild für die Hypermedia-Anzeige eines Vortrags/Vorlesungsbeitrags mit zeitlich und gesamt verlinkten Zusatzmaterialien zum Beitrag sowie mit Segmentierungsanzeigen. (Quelle: Lehmann 2015)

rechts die aktuelle Folie) unter der Videozeitleiste die inhaltlichen Abschnitte durch „Buchpiktogramme" und Markierungen als dunkle Punkte auf der gesamten Timeline des Videos repräsentiert sind. Zu jeder Markierung und zum thematischen Abschnitt ist denkbar, dass Materialien und Links bereitgestellt werden sowie unten auch vom System selbst weitere inhaltlich relevante Aufzeichnungen vorgeschlagen werden (repräsentiert durch die Bild-Thumbnails der Videos).

4.4.2 Event-Besucher als „kollaborative Medienproduzenten" – Massive Social Media Production

Ein weiterer sich rasant entwickelnder Trend im Zusammenhang mit der Durchführung diverser Events ist die beinahe massenhafte Erstellung von Bildern, Videos und Tweets durch die Besucher, meistens mithilfe von Smartphones, die über mehrere sozial-mediale Plattformen wie Instagram, Twitter, Facebook, YouTube, Flickr oder Pinterest gepostet werden. Damit entsteht oft eine reichhaltige zusätzliche Übertragung der Momente und Inhalte eines Events aus sehr subjektiven Perspektiven der Besucher. Diese facettenreiche und kollaborative „Berichterstattung" der Besucher über die offiziellen Medieninhalte hinaus dient einem Event in positiver Weise.

Die Event-Veranstalter befeuern zunehmend und bewusst selbst die Social-Media-Kanäle und lassen auch die offiziellen Fotografen, Videomacher und Blogger für diese Plattformen entsprechende Inhalte oft schon im Vorfeld, vor allem während und manchmal auch im Nachhinein eines Events erstellen und posten. Diese „neuen" Medienkanäle haben eine enorm verstärkende Publikationskraft neben den klassischen wie Radiospot, Online-News, Anzeigen in der Presse oder Werbebanner im Internet. Oft geht es hier um sogenannte „virale" und damit „selbstständige" Verbreitungsmechanismen von solchen Inhalten.

2016 kann im Zusammenhang mit der Nutzung sozialer Medien und Medienplattformen für Events als ein besonderer Zeitraum markiert werden, denn in diesem Jahr hat das noch kleine Start-up-Unternehmen Mevango GmbH aus Berlin eine Präsentations- und Redaktionsplattform mit dem Arbeitstitel „Flimme Social Media Wall" kreiert. Die Besonderheit dieses Systems ist, dass neben der Einbindung der klassischen Social-Media-Kanäle gleichzeitig mehrere Videolivestreams über die „Wall" ausgespielt, alle Inhalte live während der Veranstaltung redaktionell überwacht werden können und die Wall komplett ferngesteuert werden kann. Die „kachelorientierte" Präsentationsform der Beiträge wurde gemeinsam mit dem „Beuth-Media"-Team der Beuth Hochschule für Technik Berlin erarbeitet.

Zum ersten Einsatz der Flimme Social Media Wall kam es im Juni 2016 anlässlich der Langen Nacht der Wissenschaften in Berlin und Potsdam, während derer zehn mobile Videoteams aus der ganzen Stadt live mit insgesamt knapp 200 Videostreams berichtet/gestreamt haben, permanent ein Videostream der Hauptveranstaltung, der zentralen Wissenschaftsshow von der TU Berlin übertragen wurde sowie Beiträge aus Facebook, Instagram und Twitter zusammengebracht wurden. Die Nutzer/-innen der Wall auf diversen Geräten sowie die Zuschauer vor Ort auf großen Monitoren konnten so erstmalig einen ganzheitlichen Eindruck von der Gesamtveranstaltung und von der Exponatenvielfalt bekommen.

Die „Berliner Live Social Wall" wurde im gleichen Jahr von der Messe GmbH für das weltweit größte Consumer Electronic Messeevent – die IFA 2016 – für den Innovationsbereich TecWatch eingesetzt (vgl. Abb. 4.43).

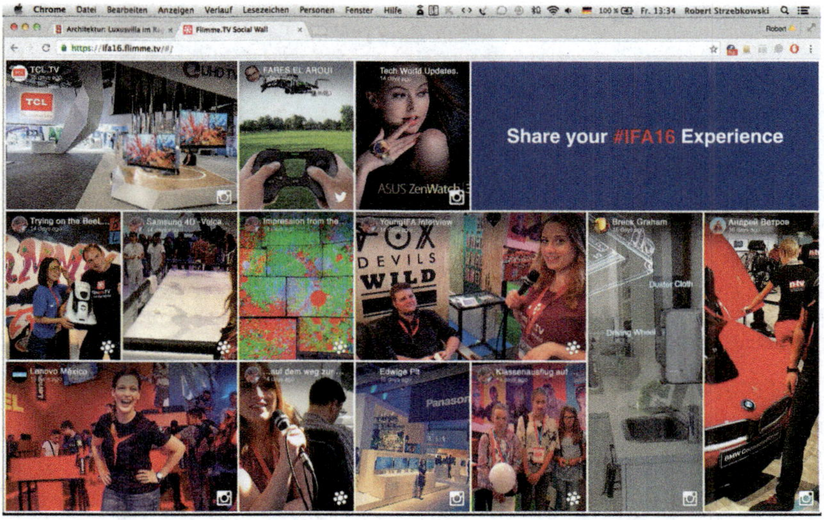

Abb. 4.43 Screenshot aus der „Flimme Live Social Wall" der mevango GmbH von der IFA 2016. (Quelle: Flimme 2016)

4.5 Was kommt als Next Big Thing?

Der neue ***Mobilfunkstandard 5G*** (LIT 5G) wird mit Sicherheit mehr multimediale und schnellere drahtlose Medienservices erlauben. Daher wird der Ansatz von „Massive Social Reporting/Streaming" aus den Events heraus in seiner Bedeutung deutlich steigen. Plattformen wie zum Beispiel „Flimme" aus Berlin sind schon dabei, mit Event-Veranstaltern die Möglichkeiten der Berichterstattung per Bild und Video von mehreren mobilen Reporter/-innen gleichzeitig effektiv und effektvoll für eine Veranstaltung einzusetzen. Ein schönes Beispiel für die mobile Medienproduktion durch die Besucher eines Musikkonzerts war das „Coldplay"-Konzert im Sommer 2016 im Berliner Olympiastadion, aus dem über die Plattform Facebook mehrere parallele Live-Videos übertragen wurden (vgl. Abb. 4.44).

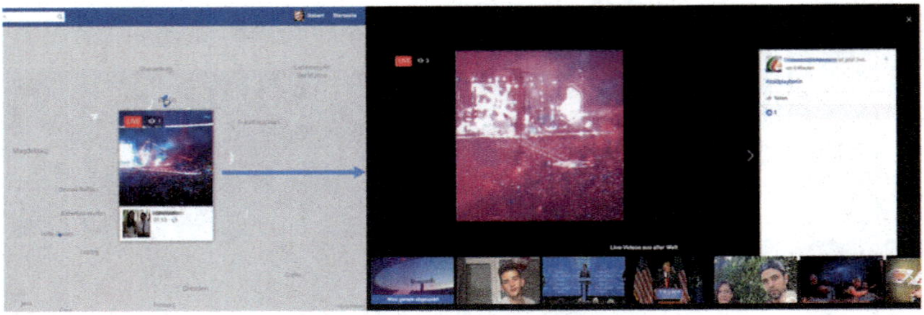

Abb. 4.44 Screenshots aus dem Facebook-Live-Video vom Konzert der Musikgruppe „Coldplay“ am 29.06.2016 im Olympiastadion Berlin

4.5.1 360-Grad-Videostreaming – das Gefühl, „vor Ort zu sein“

Mit 5G wird die Übertragung von immersiven 360-Grad-Videostreams in Full–HD-Qualität (1920 × 1080 Pixel pro komplette 16:9-Bildschirmdarstellung des zur Verfügung stehenden Bildschirms aus dem gesamten 360-Grad-Videobild) auch mit mobilen Geräten möglich. Der Status quo 2016 kennt 360-Grad-Videos, die vor allem als On-Demand-Video offline, zum Beispiel über die Web-TV-Plattform YouTube bereitgestellt werden. Sehr selten findet bisher eine Liveübertragung dieser Videos statt. Die Technik für eine professionelle Full-HD-Live-Produktion von 360-Grad-Videos ist noch kostspielig und die Bandbreiten sowohl für den Empfang als auch für die Produktion über mobile Geräte zu schmal.

Dank der Unterstützung der Firma Ricoh mit dem Gerät THETA S™ konnte unser Team sowohl mit Offline-Aufnahmen als auch mit der Liveübertragung von 360-Grad-Standbildern und -Videos u. a. im Rahmen der Langen Nacht der Wissenschaften 2016 in Berlin experimentieren (vgl. Abb. 4.45).

In der Abb. 4.46 sieht man eine 360-Grad Videoaufnahme von unserem 360-Grad Videoexponat auf der langen Nacht der Wissenschaften 2016 an der Beuth Hochschule für Technik Berlin. Im Vordergrund ist die RICOH THETA S 360-Grad Foto-/Videokamera zu sehen, mit der über den gesamten Abend hindurch Live-Videos gestreamt wurden. Im Hintergrund sind Besucher zu sehen, die den Livestream-Aufbau sowie den Livestream selbst betrachten.

Der immersive 360-Grad-Effekt stellte sich besonders dann ein, wenn die Videos entweder auf einem Smartphone in Verbindung zum Beispiel mit dem YouTube-Player und vor allem mithilfe eines sogenannten Cardboards

Abb. 4.45 Links: Abbildung der 360-Grad-Foto- und Videokamera THETA S™ der Firma Ricoh; rechts: Screenshot von der Webseite mit Fotobeispielen, die durch diverse Nutzer/-innen entstanden sind. (Quelle: THETA 2016)

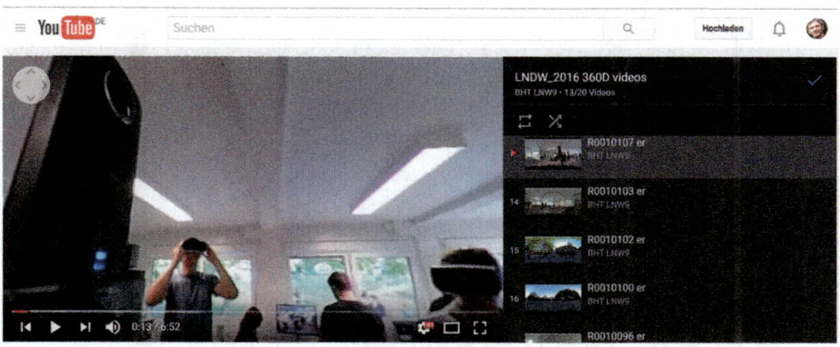

Abb. 4.46 Screenshot aus dem 360-Grad-Video aufgezeichnet während der Langen Nacht der Wissenschaften 2016 an der Beuth Hochschule für Technik Berlin. (Quelle: LNdW 2016)

(vgl. Abb. 4.47), einer Halterung für Smartphones direkt vor den Augen, betrachtet wurden. Bei der Verwendung eines Cardboards muss allerdings der jeweilige Player die Aufteilung des Videoscreens in zwei Ansichten für jedes Auge beherrschen. In beiden Fällen reagiert der Videoplayer auf die Bewegungen und Neigungen des Smartphones, sodass durch diese Bewegungen – entweder der Hand

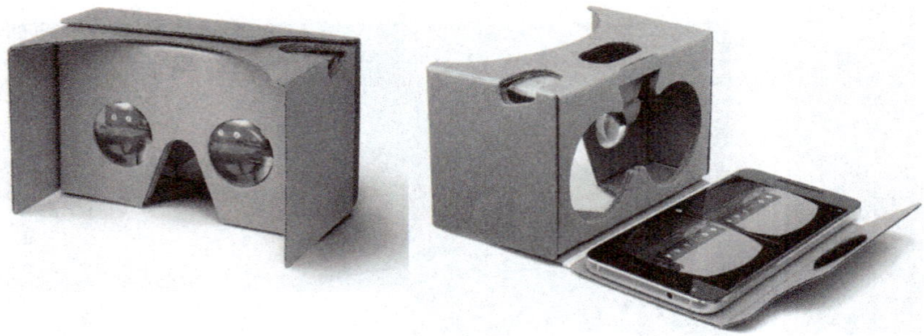

Abb. 4.47 Original-Cardboard von Google für die Betrachtung von 3-D-stereoskopischen oder immersiven 360-Grad-Projektionen/Präsentationen/Anwendungen mit der Möglichkeit der Interaktion mit den Applikationen. (Quelle: Google 2016)

oder des Kopfes – die Nutzer/-innen sehr intuitiv durch ein 360-Grad-Video in alle Richtungen navigieren können.

2016 wurde erstmals in Deutschland ein Musikkonzert durch die Telekom live mit der 360-Grad-Technik übertragen: der Auftritt der Gruppe „Red Hot Chili Peppers" in Berlin (vgl. Abb. 4.48). Die technische Qualität der 360-Grad-Auf-

Abb. 4.48 Screenshot aus der Webseite für den 360-Grad-Livestream von dem Konzert der Musikgruppe „Red Hot Chili Peppers" am 06.09.2016 in Berlin. (Quelle: Telekom 2016)

zeichnung erreicht hier 4K und bildet damit eines der ersten Beispiele immersiver Medienübertragung mit hoher Qualität, frei distribuiert an alle Interessierten über das Internet.

Es ist zu erwarten, dass 360-Grad-Videostreaming sowie Multi-Kamera-/Multi-View-Bewegtbild mit Multi-Audiochannel gerade im Entertainment-Bereich in der nahen Zukunft an Bedeutung gewinnen werden. Wichtige Voraussetzung hierfür bildet jedoch eine verbesserte technische Qualität, denn heutzutage lässt die Videoauflösung oft noch stark zu wünschen übrig, außerdem dauert die Umschaltung zwischen den verschiedenen Kameraperspektiven zu lange. Daher werden diese Ansätze von den Zuschauern noch nicht wirklich breit angenommen. Stellen wir uns jedoch ein stereoskopisches 3-D-360-Grad-Videostreaming in Full HD von einem Konzert vor, dazu noch im Multi-View-Verfahren aus mehreren schnell und nahtlos auswählbaren Perspektiven. Eine solche Form einer Konzertübertragung kann den Zuschauern/-innen/Nutzer/-innen viel eher einen realitätsnahen immersiven Effekt bieten als jede heutige klassische, per Regie zusammengestellte Single-View-Übertragung.

4.5.2 Der „Mix" der medialen Channels und der Präsentationsformen macht den Unterschied

Bereits heute bieten Events einen Mix an videobasierten Präsentationsformen an: zum Beispiel Single oder Dual View Streams von der Hauptbühne – oder auch von mehreren „Bühnen" im Falle größerer Veranstaltungen wie zum Beispiel „r:epublica" –, ergänzt durch eine hohe Anzahl mobiler Aufzeichnungen oder auch Livestreams, die von den Teilnehmern/Besuchern/Zuschauern über soziale Medienplattformen bereitgestellt werden und neuerdings kumuliert bzw. „zusammenkompiliert" werden über sogenannte Social Walls, wie im Falle der Berliner Flimme Live-Social-Wall-Plattform. Diese mediale „Mixtur" wird in der nächsten Zeit sicherlich zunehmen und ergänzt um die in Abschn. 4.5.1 erwähnten 360-Grad- oder Multi-View-Videobeiträge. Höchstwahrscheinlich wird der Mix mit Interaktionsmöglichkeiten ausgestattet, die einen schnellen nahtlosen Wechsel zum Beispiel zwischen mehreren parallelen 360-Grad-Panoramen oder Kameraperspektiven und Sound Channels erlauben – ähnlich der einfachen Navigation heutzutage durch die StreetView™-Aufnahmen von Google Maps.

4.5.3 Interactive Storytelling und eine abgestimmte Mediendramaturgie sind notwendig

Die Veranstalter und Medienmacher müssen ab jetzt lernen, diese vielfältigen medialen Möglichkeiten gezielt einzusetzen, entsprechend der zu übertragenden Inhalte und vor allem hinsichtlich der Wirkung, aber auch der Nutzungsmöglichkeiten der neuen Präsentationsformen bei und durch die Nutzer/-innen.

Durch die aktuell entstehenden und auf uns zukommenden Medienmöglichkeiten, Medientechnologien und Medienplattformen sind neue vernetzte und verzahnte Medien- und Präsentationskonzepte möglich, die jedoch in einer „Gesamtdramaturgie" aufeinander abgestimmt werden müssen.

Man spricht in diesem Zusammenhang von „Cross-Channel- und Cross-Media-Dramaturgie", die aktuell noch durch die „Cross–Presentation-Form" (zum Beispiel linear vs. 360 Grad, Single View vs. Multi View etc.) erweitert wird. Eine solche „erweiterte Mediendramaturgie" erlaubt es den Veranstaltern zunehmend, ein Event viel früher im Vorfeld zu bewerben, das Publikum spannend darauf einzustimmen sowie nach dem Event durch gezielte Wiederverwendung der während des Events produzierten Medien dieses viel länger präsent zu halten und damit das Publikum wiederum auf das kommende Event vorzubereiten (vgl. Abb. 4.49). Wir nennen das „Continuing Event Lifecycle".

Frank Rose (Rose 2012) liefert in seinem lehrreichen Buch „The Art of Immersion" eine Reihe von Beispielen, wie durch moderne Medien und geeignete neuartige Storytelling-Strategien vernetzte und miteinander verzahnte immersive mediale Welten entstehen können und wie diese die an einem Event oder einem medialen Produkt Interessierten über längere Zeit binden können. Dabei spielen vor allem die Aktivitäten der Nutzer/-innen, oft in Verbindung mit sozialen Medien und Kommunikationsplattformen, eine bedeutende Rolle. Rose versteht dabei eine um ein Thema ausgerichtete immersive Welt nicht als eine

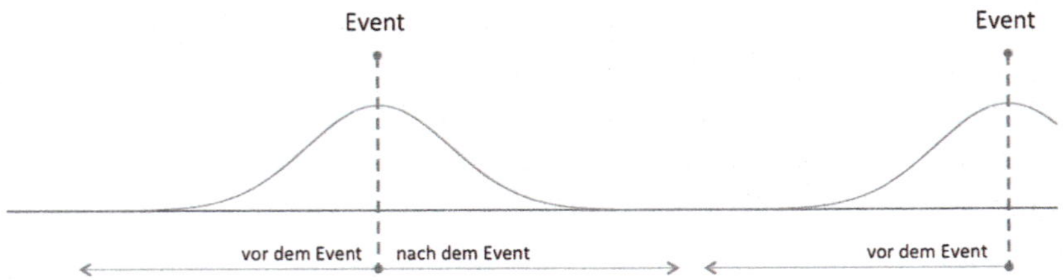

Abb. 4.49 Schematische Darstellung der Vor- und Nachwirkung von Cross-Channel- und Cross-Media-Medieneinsätzen im Umfeld eines Events

digitale virtuelle Welt, sondern vor allem als eine dramaturgisch geeignete „Komposition“ der medialen Aktivitätsartefakte der Nutzer/-innen, die insgesamt in den Köpfen der Nutzer/-innen – und nicht nur in einer VR-Brille! – eine immersive Welt der Sache entstehen lassen. Die Medientechnologien bilden hier jeweils ein „Lego-Steinchen“ in der Gesamtkomposition einer solchen Welt.

4.5.4 Augmented Reality – das letzte „Puzzlestück“ zum immersiven Medienerlebnis

Das Jahr 2016 war geprägt von dem Begriff Augmented Reality (AR), denn das japanische Smartphone-Spiel „Pokemon GO“ löste eine weltweite Begeisterungswelle und machte damit auf einen Schlag die Grundprinzipien von AR in der Welt bekannt. Das Spiel ist vor allem eine sogenannte „Location-based“-Applikation, die die Spielenden dazu bewegt, in urbanen Räumen an bestimmten geografischen Stellen Pokemon-Figuren zu sammeln oder diese in sogenannten Arenen zum „Kampf“ bereitzustellen. Dabei erscheinen die Pokemon-Figuren auf dem Smartphone-Bildschirm, als ob sie auf der aktuellen Straße oder Rasenfläche im Park sitzen oder hüpfen würden (vgl. Abb. 4.50). Die Kombination aus dem Sammel- und Punktespiel gepaart mit der „Mixed-Reality“-Darstellung der Figuren scheint bei knapp 10 Mio. (!) täglich spielenden Fans sehr attraktiv zu sein (Wagner 2016).

Mit der AR-Technologie sind neuartige inhaltlich-mediale oder spielerische Aktivitäten denkbar, um im Ansatz des in Abschn. 4.5.3 diskutierten „Continuing Event Lifecycle“ eine Art Verlängerung und Verlagerung der Event-Aktivität in andere Räume und Kontexte zu realisieren. Mit Augmented Reality ist es möglich, Protagonisten, bedeutende Objekte und ganze Szenen und Räume – jeweils als 3-D- oder 2-D-Objekte – in neuartige räumliche Zusammenhänge zu bringen und vielfältige Interaktionen bereitzustellen. Denkbar sind hier Anknüpfungen an Theaterstücke, die vor allem jüngeres Publikum adressieren und mit entdeckend-spielerischen Elementen rund um das Theaterstück das Publikum vor und nach dem Stück agieren lassen können. Vorstellbar sind „virtuelle Begegnungen“ mit den Charakteren an bestimmten Lokationen der Stadt oder in einem Gebäude, der Abruf von ganzen und begehbaren, lebensgroßen virtuellen Szenen oder Räumen zum Beispiel in Klassenzimmern oder zu Hause. Die zugrunde liegenden Technologien von AR liefern zum einen zunehmend sehr stabile Mixed-Reality-Projektionen und zum anderen durch die stets steigende Performance der mobilen Geräte eine erhöhte Darstellungsqualität von 3-D-Objekten und Animationen. Diese stetigen Entwicklungen tragen zur deutlichen Verbesserung des Erlebnisses von AR-Szenarien bei.

Abb. 4.50 Screenshot aus dem Pokémon-GO-Videotrailer. (Quelle: Pokémon 2016)

Das Beuth-Media-Team hat im Jahr 2016 exemplarisch eine aufwändige interaktive Augmented-Reality-Applikation für die ZDF-Serie „Die Bergretter" erstellt und diese auf der IFA 2016 dem breiten Publikum präsentiert. Es handelte sich um eine Produktion des Autors mit Studententeams der Beuth Hochschule für Technik Berlin und der Technischen Hochschule Brandenburg. Das Hauptziel der AR-Anwendung war die Verlagerung der „Action" aus der ZDF-Serie in eine interaktive 3-D-Umgebung (vgl. Abb. 4.51), jedoch durch Augmented Reality platziert in die eigene Umgebung Zuhause der Nutzer/-innen, zum Beispiel in deren Wohnzimmern. Das Projekt stellte eine Art Machbarkeitsstudie für technische Umsetzungsmöglichkeiten, mögliche Interaktionsmechanismen sowie dramaturgische und inhaltliche Gestaltungsaspekte in Mixed-Reality Applikationen dar. Zum Zeitpunkt der Verfassung dieses Beitrags hat die App einen experimentellen Teststatus.

Die Besucher der IFA und damit die ersten Test-Nutzer/-innen waren von der Idee der Erweiterung des medialen Angebots der TV-Serie in Form der smartphonebasierten und intuitiv zu spielenden AR-App sehr angetan, jedoch vor allem

Abb. 4.51 Screenshot aus der AR-basierten App „BergrettAR"; unten die beiden Abbildungen stellen schematisch den Ansatz der AR-App dar. (Quelle: BergrettAR 2016)

von der „Mixed-Reality"-Darstellung der recht komplexen 3-D-Welt inmitten der aktuellen räumlichen Umgebung. Viele waren „faszinierend irritiert", Berglandschaften mit Wolken und fliegenden Helikoptern wie durch Zauberhand mitten auf dem Messestand und vor allem gemischt mit dem dahinter vorbeilaufenden Messepublikum zu sehen (vgl. Abb. 4.52).

Es scheint tatsächlich, dass die „erweiterte Realität" (Mixed Reality), also die um künstliche Objekte und Szenen erweiterte aktuelle Umgebung der Nutzer/-innen auf diese eine enorme Faszination ausübt. Viele der Besucher schauten immer wieder vergleichend zwischen dem Smartphone oder Tablet und dem Tisch hin und her, um sich zu vergewissern, ob auf dem Tisch nicht doch real eine Bergwelt vorzufinden war. Diese Verblüffung ist darauf zurückzuführen, dass AR-Applikationen zurzeit noch ein Novum sind.

Fragen wir uns aber selbst, ob wir von medialen Darstellungen, die zwar keine wirklichen AR-Anwendungen waren, jedoch eine Art der Realitätserweiterung

Abb. 4.52 Screenshots aus der AR-App „BergrettAR“ mit der deutlichen Darstellung der „Mixed Reality“ – im Vordergrund ist die dreidimensionale und interaktive Berglandschaft der Edutainment App zu sehen, im Hintergrund die Messe. (Quelle: Eigene Darstellung)

darstellten – ob in den in Abschn. 4.3.2.2 erwähnten Projection-Mapping-Installationen, im Kino oder im Fernsehen – nicht ebenfalls fasziniert waren und sind. Die in Abb. 4.53 und 4.54 dargestellten gut bekannten Beispiele aus

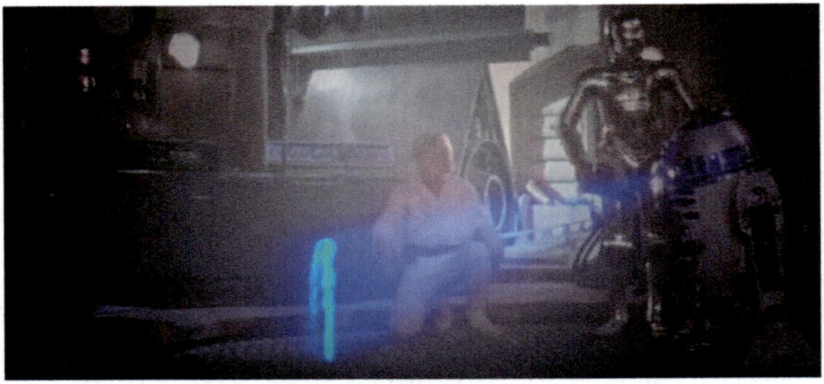

Abb. 4.53 Screenshot aus dem Film „Star Wars Episode IV“ aus dem Jahr 1977, in der der kleine R2D2-Roboter eine „holografische“ Nachricht in den Raum projiziert – ein deutlicher Augmented-/Mixed-Reality-Ansatz. (Quelle: Star Wars 2016)

Abb. 4.54 Screenshot aus dem Film „Jurassic Park“ aus dem Jahr 1993, in der sich die 3-D-animierten Raptoren so bewegen, als ob sie tatsächlich am Drehset dabei gewesen wären. (Quelle: Jurassic Park 2011)

sogenannten Blockbuster-Kinoproduktionen mit enormer Beliebtheit haben uns mit solchen Mixed-Reality-Szenen bereits vor etlichen Jahren verzaubert.

Augmented und Mixed Reality haben ihren Platz jedoch nicht nur in den Blockbustern, sondern werden zum Beispiel auch als Zusatzinformation oder ergänzende Bilddarstellung live bei Sportübertragungen eingesetzt, wie Abb. 4.55 zeigt.

Abb. 4.55 Screenshot aus der Liveübertragung der Olympischen Spiele 2016 aus Brasilien, hier im griechischen Fernsehen. (Foto: R. Strzebkowski)

4.6 Fazit

Mit den neuen Technologien, wie den stetig leistungsfähigeren mobilen Geräten – Smartphones und Tablets –, der nahenden 5G-Mobilfunktechnik, Augmented Reality, 360-Grad-Videoaufzeichnung und -übertragung, mit Multi-View- und Multi-Sound-Videoübertragung sowie den immer raffinierteren Projection-Mapping-Verfahren eröffnen sich immer weitere Türen zu ganz neuen, spannenden videobasierten Präsentationstechniken für diverse Event-Formate, ob im Entertainment-, Business- oder im Ausbildungsbereich.

Die Technologien fangen an, zunehmend ineinander zu greifen, in der Leistung vernetzt miteinander zu verschmelzen und lassen damit neue kombinierte Präsentationsformen entstehen. In eine 360-Grad-Videoübertragung zum Beispiel können demnächst interaktive Hotspots, Zusatzinformationen und höchstwahrscheinlich 3-D-Objekte in Echtzeit integriert werden. In Konzerten können neben den Projektionen auch zusätzliche Augmented-Reality-Angebote stattfinden, die die Nutzer/-innen auf deren Smartphones sehen, denn 80 % der Teilnehmer erstellen mit ihren mobilen Geräten laufend Fotos und Videos aus den Veranstaltungen.

Theater- und Tanzregisseure/-innen entdecken immer mehr die Potenziale der Videotechnik und der Videoprojektionen, um zum einen neue Perspektiven auf der Bühne zu erzeugen, inhaltliche Verstärkungen zu geben, neuartige Interaktionsformen zu implementieren und zum anderen erweiterte, virtuelle Räume zu erschaffen, die nahezu perfekt den Effekt von Augmented Reality erzeugen. Aus dem Musik-Event-Bereich ist die Videoprojektion nicht mehr wegzudenken und gehört zum Standardumfang des Bühnenspektakels bei größeren Konzerten.

Eine bedeutende Rolle in der videobasierten Medienproduktion aus den Events werden zunehmend die Teilnehmer/-innen und Besucher/-innen mit deren mobilen Devices übernehmen. Ob über klassische soziale Plattformen oder neuartige Kompilationen dieser unterschiedlichen Channels bieten sich um ein Event herum Tausende Bildeindrücke, die die Besucher erzeugen. Wie kann man diese effektiver, spannender und zugänglicher sortieren und präsentieren? Dies wird die Frage der Zukunft sein.

Bei der ganzen „technokratischen Euphorie" darf eins nicht vergessen werden: dass erst eine sinnvolle Mediendramaturgie und Medienstrategie dieser vielfältigen medientechnischen Möglichkeiten notwendig ist, um gelungene eventbezogene Medienwelten zu kreieren. Diese sollen die Nutzer/-innen zur Interaktion und vor allem zur Produktion eigener Medien einladen können. Daher sollten diese Medienwelten durchdachte dramaturgische, inhaltliche und wahrnehmungsbezogene Mehrwerte bieten, in der Nutzung intuitiv sein und vor allem Spaß und Neugierde erzeugen!

Literatur

BergrettAR. 2016. ZDF-AR App „Die Bergretter". http://141.64.64.210/BeuthMedia/portfolio/zdf-augmented-reality-app-bergretter/. Zugegriffen: 16. Sept. 2016 (Erscheinungsdatum 02.09.2016).

Cisco. 2016. The Zettabyte Era – Trends and analysis. http://www.cisco.com/c/en/us/solutions/collateral/service-provider/visual-networking-index-vni/vni-hyperconnectivity-wp.html. Zugegriffen: 16. Sept. 2016 (Erscheinungsdatum 02.06.2016).

D'Onfro, J. 2016. Mark Zuckerberg's big video bet faces the same fundamental problem that's hurt Twitter. http://www.businessinsider.de/facebook-live-video-stats-from-tubular-2016-7?r=US&IR=T. Zugegriffen: 16. Sept. 2016 (Erscheinungsdatum 23.07.2016).

Diederichsen, D. 2004. The idiot with the video camera. http://people.brunel.ac.uk/dap/daplit.html. Zugegriffen: 16. Sept. 2016 (Erscheinungsdatum 04.2004).

Gob Squad a. 2016. http://www.gobsquad.com/projects/current. Zugegriffen: 16. Sept. 2016 (Erscheinungsdatum o. A.).

Hegemann, C. 2004. Was bewirkt die Kamera auf der Bühne bei den Schauspielern? DRAMATURG – Zeitschrift der Dramaturgischen Gesellschaft, Heft 1/04.

Honan, M. 2016. Why facebook and Mark Zuckerberg went all in on live video. http://www.buzzfeed.com/mathonan/why-facebook-and-mark-zuckerberg-went-all-in-on-live-video?utm_term=.gjkkkg3aRo#.nqnppk5eA9. Zugegriffen: 16. Sept. 2016 (Erscheinungsdatum 06.04.2016).

Lehmann, F. 2015. Konzeption und Interface-Design eines Authoring-Systems zur Aufzeichnung und Streaming von Lehrveranstaltungen an Hochschulen, unveröffentlichte Masterarbeit an der Beuth Hochschule für Technik Berlin (Erscheinungsdatum 07.12.2015).

Lohr, J., und R. Strzebkowski. 2016. Interactive video applications basing on the MPEG-DASH standard – MultiView and hypermedia for e-learning, Information and entertainment (im Druck, Erscheinungsdatum voraussichtl. 2016).

Statista. 2016a. Statistics and facts about YouTube. http://www.statista.com/topics/2019/youtube/. Zugegriffen: 16. Sept. 2016 (Erscheinungsdatum o. A.).

Statista. 2016b. Media usage in an internet minute as of June 2016. http://www.statista.com/statistics/195140/new-user-generated-content-uploaded-by-users-per-minute/. zugegriffen: 16. Sept. 2016 (Erscheinungsdatum 06/2016).

Strzebkowski, R., und S. Spielvogel 2015. Cross-Channel & Cross-Media Plattform für Hochschulen. In Research Day 2015. Stadt der Zukunft, Tagungsband 21.04.2015, Beuth Hochschule für Technik Berlin, S. 135–139.

Strzebkowski, R. et al. 2013. New potentials of hypermedia video for gathering and providing of procedural "Knowledge" in industrial environments. In The PLE Conference 2013, Hrsg., I. Buchem, G. Attwell, und G. Tur, S. 267–281 (Erscheinungsdatum 2014).

TCP. 2016. The creators project – Projection mapping and robots combine in Bot & Dolly's New Film. http://thecreatorsproject.vice.com/en_uk/show/projection-mapping-and-robots-combine-in-bot–dollys-new-film. Zugegriffen: 19. Okt. 2016 (Erscheinungsdatum o. A.).

The Buggles. 1979. Video Killed The Radio Star, Videoproduktion. http://vimeo.com/63436140. Zugegriffen: 16. Sept. 2016.

Wagner, K. 2016. How many people are actually playing Pokémon Go? Here's our best guess so far. http://www.recode.net/2016/7/13/12181614/pokemon-go-number-active-users. Zugegriffen: 19. Okt. 2016 (Erscheinungsdatum 13.07.2016).

Screenshots aus den Videobeispielen

3Sat. 2012. http://www.youtube.com/watch?v=GaFAXbSgqmk. Zugegriffen: 19.08.2016 (Erscheinungsdatum 12.12.2012).

Adobe. 2016. http://www.adobe.com/de/products/adobeconnect.html#x. Zugegriffen: 16.09.2016.

Adrien und Claire a. 2014. Pixel. http://www.am-cb.net/en/projets/pixel. Zugegriffen: 16.09.2016.

Adrien & Claire b. 2015. Hakanai. http://projection-mapping.org/cb-pushes-boundaries-projection-mapped-performances/. Zugegriffen: 16.09.2016 (Erscheinungsdatum 21.04.2015).

Apple-a. 2006. Macworld Boston 1997 – Full Version, http://www.youtube.com/watch?v=PEHNrqPkefI. Zugegriffen: 19.08.2016 (Erscheinungsdatum 06.03.2006).

Apple-b. 2011. Apple WWDC 2008, https://www.youtube.com/watch?v=AHolDv1plk0. Zugegriffen: 19.08.2016 (Erscheinungsdatum 31.12.2011).

ARD. 2016. Tagesthemen, http://www.tagesschau.de/multimedia/sendung/tt-4739.html. Zugegriffen: 16.09.2016 (Erscheinungsdatum 31.12.2016).

BBAW. 2016. Wer wollen wir sein und wie viele?, http://www.bbaw.de/mediathek/archiv-2016/23-01-2016-salon-sophie-charlotte-01. Zugegriffen: 16.09.2016 (Erscheinungsdatum 23.01.2016).

Castorf. 2014. http://www.youtube.com/watch?v=VsfKau5_YgU, Frank Castorf rehearses with Jeanne Balibar and Britta Hammelstein Kaputt, scene 8. Zugegriffen: 16.09.2016 (Erscheinungsdatum 16.12.2014).

Cisco. 2016. See the Power of Video Meetings, http://www.cisco.com/c/en/us/products/conferencing/meeting-server/index.html#. Zugegriffen: 19.08.2016.

conhIT. 2014. http://141.64.64.210/robst/liveboxtool/presentations/conhit2014/?page_id=57. Zugegriffen: 16.09.2016 (Erscheinungsdatum 05/2014).

Daft Punk. 2015. Daft Punk Unchained, Dokumentation, NETFLIX. Zugegriffen: 19.08.2016 (Erscheinungsdatum 2015).

DCH. 2015. The Digital Concert Hall of the Berliner Philharmoniker, http://www.youtube.com/watch?v=9tRV3SdACAU. Zugegriffen: 16.09.2016 (Erscheinungsdatum 09.01.2015).

deadmou5-a. 2012. deadmau5 „Strobe" Live in Toronto (Official HD), http://www.youtube.com/watch?v=Y4ab2-QhmI0. Zugegriffen: 19.08.2016 (Erscheinungsdatum 27.02.2012).

deadmau5-b. 2011. 3D mapping Presentacion de producto – Nokia Lumia Live ft deadmau5 lights up London, http://www.youtube.com/watch?v=vV3wyhLoGvg. Zugegriffen: 16.09.2016 (Erscheinungsdatum 05.12.2011).

ENRA-b. 2015. ENRA | Cubee, http://www.youtube.com/watch?v=6gX9bCy1aEQ. Zugegriffen: 16.09.2016 (Erscheinungsdatum 17.09.2015).

Explore. 2016. http://explore.org/live-cams/player/brown-bear-salmon-cam-brooks-falls. Zugegriffen: 16.09.2016.

Flimme, Social Wall, der TecWatch/IFA 2016, http://ifa16.flimme.tv/#/?projecting=true. Zugegriffen: 16.09.2016 (Erscheinungsdatum 02.09.2016).

Focus. 2016. „The Eye" in Argentinien, Filmcrew sucht nach Drehort für Horrorfilm und entdeckt mysteriöse rotierende Insel, http://www.focus.de/panorama/videos/the-eye-in-argentinien-mysterioese-rotierende-insel-gibt-raetsel-auf_id_5926449.html. Zugegriffen: 16.09.2016 (Erscheinungsdatum 14.09.2016).

Gabriel. 2008. Peter Gabriel – Digging In The Dirt, http://www.youtube.com/watch?v=X4HpOaASy34. Zugegriffen: 19.08.2016 (Erscheinungsdatum 14.10.2008).

Gob Squad b. 2015. Before Your Very Eyes montage Team 1, http://www.youtube.com/watch?v=-I5obUBhhUU. Zugegriffen: 16.09.2016 (Erscheinungsdatum 04.11.2015).

Google. 2016. Google Cardboard, http://vr.google.com/cardboard/. Zugegriffen: 16.09.2016.

Hatsune. 2013. Hatsune Miku Live Party 2013 in Kansai, http://www.youtube.com/watch?v=rL5YKZ9ecpg. Zugegriffen: 16.09.2016 (Erscheinungsdatum 08.05.2013).

Jurrasic Park. 2011. Jurassic Park (9/10) Movie Clip – Raptors in the Kitchen (1993) HD, https://www.youtube.com/watch?v=dnRxQ3dcaQk. Zugegriffen: 16.09.2016 (Erscheinungsdatum 27.05.2011).

KInect. 2012. Projector Dance, https://www.youtube.com/watch?v=FnulH8TrZVo.Zugegriffen: 16.09.2016 (Erscheinungsdatum 01.04.2012).

Komische Oper. 2013. Die Zauberflöte – Oper von Wolfgang Amadeus Mozart, https://www.youtube.com/watch?v=i-XEFUImCJ8. Zugegriffen: 16.09.2016 (Erscheinungsdatum 16.12.2013).

Kraftwerk. 2009. Music Non Stop, http://www.youtube.com/watch?v=SbhKlm13Oko, Sheffield, 1991. Zugegriffen: 19.08.2016 (Erscheinungsdatum 17.04.2009).

Levitation. 2016. http://vimeo.com/158647901. Zugegriffen: 16.09.2016 (Erscheinungsdatum 11. März 2016).

LNdW. 2016. Lange Nacht der Wissenschaften-9, http://goo.gl/6LGAhL. Zugegriffen: 16.09.2016 (Erscheinungsdatum 18.06.2016).

Madonna. 2015. Confessions Tour 720p, https://www.youtube.com/watch?v=liXbh4lZRmk. Zugegriffen: 19.08.2016 (Erscheinungsdatum 17.05.2015).

OAT. 2016. Tools for Opencast – Annotating Academic Video Tool, http://www.opencast.org/tools. Zugegriffen: 16.09.2016 (Erscheinungsdatum 12.07.2016).

Pokémon. 2016. Pokémon GO Trailer, http://www.pokemongo.com/. Zugegriffen: am 16.09.2016. Rolling Stones, Rome 2014 – Full Show – 1080p HD. Zugegriffen: 16.09.2016 (Erscheinungsdatum 27.12.2015).

Rose, F. 2012. The Art of Immersion: How the Digital Generation is Remaking Hollywood, Madison Avenue, and the Way We Tell Stories. Ww Norton & Co.

Saenz, A. 2011. Japan's Virtual PopStar Hatsune Miku Rocks Los Angeles!, http://singularityhub.com/2011/07/07/japans-virtual-popstar-hatsune-miku-rocks-los-angeles/. Zugegriffen: 16.09.2016 (Erscheinungsdatum 07.07.2011).

Sila Sveta. 2014. Porsche Macan: 3D Mapping & Dance Performance, http://www.youtube.com/watch?v=Xadmwk2qAVE. Zugegriffen: 16.09.2016 (Erscheinungsdatum 13.05.2014).

Star Wars. 2016. Krieg der Sterne, http://www.youtube.com/watch?v=fDV_j3ri1ag. Zugegriffen: 16.09.2016 (Erscheinungsdatum 03.07.2016).

Tagesschau. 2016. http://www.tagesschau.de/multimedia/startseite/index.html. Zugegriffen: 16.09.2016.

Telekom. 2016. Telekom Street Gigs: Red Hot Chili Peppers-Konzert in voller Länge und 360°, http://live.telekom-streetgigs.de/. Zugegriffen: 16.09.2016 (Erscheinungsdatum 06.09.2016).

The Box. 2013. http://www.youtube.com/watch?v=lX6JcybgDFo. Zugegriffen: 16.09.2016 (Erscheinungsdatum 24.09.2013).

Theatermapping Video mapping theatre – BUDjENjE. 2010. https://www.youtube.com/watch?v=xK355QRPQpI. Zugegriffen: 16.09.2016 (Erscheinungsdatum 04.07.2010).

THETA. 2016. 360-Grad Foto von Yasushi Kishimoto, http://theta360.com/spheres/samples/ae5dc636-756c-11e6-9aac-064087ff3472-1. Zugegriffen: 16.09.2016 (Erscheinungsdatum 08.09.2016).

U2-a. 2014. Zooropa '93 – Swedish TV special, http://www.youtube.com/watch?v=8EJeYODw3Co. Zugegriffen: 19.08.2016 (Erscheinungsdatum 26.03.2014).

U2-b. 2009. ZOO TV – Part 3 – Better than the real thing, in: http://www.youtube.com/watch?v=Qf5BWzQ2nHo. Zugegriffen: 19.08.2016 (Erscheinungsdatum 08.10.2009).

WebCamera. 2016. http://sopot.webcamera.pl/. zugegriffen: 16.09.2016.

Über die Autoren

Robert Strzebkowski ist seit 2002 Professor für interaktive Medien an der Beuth Hochschule für Technik Berlin im Studiengang Medieninformatik. Sein wissenschaftlicher Werdegang ist geprägt durch interdisziplinäre Forschungs- und Arbeitsgebiete wie Kommunikationswissenschaften, Informatik, Interaktive Medien, Mediendidaktik, Medienforschung, Interaktionsdesign und Usability. In den letzten Jahren widmete er sich verstärkt den Themengebieten des interaktiven Fernsehens und IPTV, der interaktiven Streaming-Medien, den Prozessen des informellen Lernens mit Medien und aktuell der vielversprechenden Welt von Augmented Reality. In zahlreichen Kooperationsprojekten mit Partnern aus der Wirtschaft versucht Robert Strzebkowski die neuesten Erkenntnisse in anwendbare Mediensysteme zu implementieren. ZDF, ARD, NOKIA, IBM, movingImage, T-Systems, Media Broadcast, Fraunhofer FOKUS sind einige der engen Kooperationspartner.

Kontakt: robertst@beuth-hochschule.de

Jürgen Lohr hat über zehn Jahre bei der Telekom Deutschland in den Bereichen digitaler Medien auf verschiedenen Positionen gearbeitet und damit die Entstehung digitaler Video- und Audioformate sowie der Distributionstechnologien von der ersten Stunde an mitbetreut. Sein tiefes Fachwissen konnte er seit 2004 an die Studierenden zunächst an der FH Hagenberg Österreich, dann zwischen 2005 und 2011 an der FH Aachen im Studiengang Medienproduktion weitergeben. Seit 2011 ist er Professor für Audio- und Videotechnik an der Beuth Hochschule für Technik Berlin. Seine aktuellen Arbeits- und Forschungsthemen sind Multi-Kamera und Multi-View Streaming sowie Echtzeit-Processing von Video- und Audioströmen mithilfe von Web-Technologien. Jürgen Lohr kooperiert verstärkt mit Unternehmen aus dem Video-Processing- und Distributionsbereich sowie mit Einrichtungen im medizinischen Sektor.

Kontakt: juergen.lohr@beuth-hochschule.de

Augmented Reality und Virtual Reality in Veranstaltungen

5

Kai Wegner

Zusammenfassung

Oft werden neue Technologien bei Veranstaltungen als Attraktion eingesetzt. Weil sich die Entwicklung von Augmented- und Virtual-Reality-Systemen in den letzten Jahren stark beschleunigt hat und sich im Zuge dessen völlig neue Anwendungsbereiche ergeben, sollen in diesem Beitrag allgemeine und konkrete Nutzungsszenarien beschrieben werden. Der Beitrag geht zuerst auf die Historie der Technik sowie allgemeine Begriffe aus der Computergrafik ein. Im weiteren Verlauf werden mögliche Anwendungsfälle umrissen und konkrete Hinweise zum Einsatz der Technik bei Veranstaltungen aufgelistet. Mit bestimmten Einschränkungen lässt sich die Technik erfolgreich bei Veranstaltungen einsetzen und kann sogar völlig neue Veranstaltungsformen ermöglichen.

5.1 Einleitung

Als in den frühen 1990ern die ersten Virtual-Reality-Systeme in den Arcaden auftauchten, war dies der letzte Atemzug einer Technologie, die entschieden zu früh für marktreif erklärt worden war (vgl. Abb. 5.1). Dazu kam das Ende einer Ära. Die Spiele-Arcaden hatten sich überlebt und die Heimkonsole gewann an Popularität. So wurde es erst mal etwas stiller um das Thema.

K. Wegner (✉)
Exozet Berlin GmbH, Berlin, Deutschland
E-Mail: kwnetzwelt@gmail.com

T. Knoll (Hrsg.), *Veranstaltungen 4.0*,
DOI 10.1007/978-3-658-16223-8_5

Abb. 5.1 Arcade VR-Systeme in den frühen 1990ern. (bBy Dr. Waldern/Virtuality Group [Dr. Jonathan D. Waldern] [Attribution], via Wikimedia Commons). (Quelle: https://en.wikipedia.org/wiki/Virtuality_(gaming)#/media/File:Virtuality_Marketing_Page.jpg – zuletzt zugegriffen am 05.01.2017)

Um eine Innovation zum erfolgreichen Produkt zu führen, ist der Zeitpunkt ein wichtiger Faktor – Konsumstimmung, technisches Ökosystem und die Marktsituation sind mindestens genauso ausschlaggebend wie die technische Innovation an sich. Zwischen dem ersten Auftreten der Virtual-Reality-Systeme und heute hat sich die gesamte Technikwelt stark entwickelt. Wo in den frühen 90ern ein PC 12 MIPS (Millionen Instruktionen pro Sekunde) ausführen konnte, ist heute jedes Smartphone fähig, 20.000 MIPS auszuführen. Mithilfe dieser Rechenleistung und den Fortschritten in der Sensortechnik glaubt man, die Probleme der frühen Virtual-Reality-Systeme lösen zu können.

In diesem Text wird ein Überblick über die Technik gegeben, mögliche Einsatzzwecke werden skizziert und vor allem soll die Fantasie des Lesers angeregt werden. Von den vielfältigen Einsatzmöglichkeiten für Augmented und Virtual Reality kann hier nur ein Auszug geboten werden. Und gerade deshalb kann dem Leser nur die Empfehlung gegeben werden, sich einmal in die virtuelle Realität zu begeben. Kein Bild, Video und keine Erzählung können beschreiben, was heute technisch möglich ist und welche Immersion daraus entsteht.

5.2 Woher die Technologie kommt und wie sie funktioniert

Als Anfang der 1950er Jahre der erste Computer mit einer Kathodenstrahlröhre ausgestattet wurde (vgl. Abb. 5.2) und kurze Zeit später das erste Videospiel in Form von „Tennis for Two“ entwickelt wurde, war noch nicht abzusehen, wohin uns die Technik in nur 50 Jahren führen würde.

Mit Augmented Reality (AR) und Virtual Reality (VR) bezeichnet man Teilgebiete der Informatik, die sich der Erstellung von virtuellen Räumen widmen. Dabei bezieht AR im Unterschied zu VR den realen Raum mit ein und erweitert (lat. *augere:* vermehren, steigern) diesen. Das kann durch visuelle Zusatzinformationen (beispielsweise Untertitel oder Infotafeln) geschehen oder durch Überlagerung von Audiosignalen (beispielsweise eine Live-Übersetzung).

VR versucht im Gegensatz dazu, eine komplett umschließende Realität zu erschaffen. Typischerweise geht man hier von der Computergrafik aus. Aber auch andere Aspekte unserer Wahrnehmung können virtuell bedient werden. Ziel der virtuellen Realität ist es, ein möglichst immersives Erlebnis zu schaffen. Das heißt, den Nutzer davon zu überzeugen, dass er sich wirklich in diesem virtuellen Raum befindet.

Die Wahrnehmung der Nutzer zu verstehen und mit den Eigenheiten der Verarbeitung von Reizen und Sinneseindrücken umzugehen, ist dabei ein wichtiger

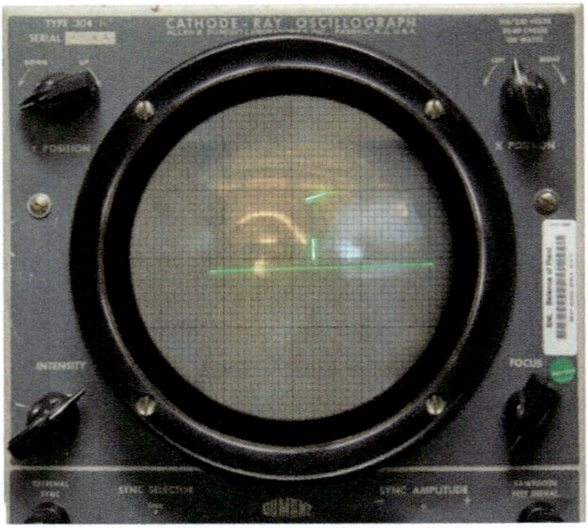

Abb. 5.2 By Brookhaven National Laboratory (Screenshot) (Public domain), via Wikimedia Commons. (Quelle: https://en.wikipedia.org/wiki/Tennis_for_Two#/media/File:Tennis_For_Two_on_a_DuMont_Lab_Oscilloscope_Type_304-A.jpg – zuletzt zugegriffen am 05.01.2017)

Kernaspekt – immersiv ist, was die Sinne des Nutzers überzeugt. Gleichgewichtssinn und visuelle Wahrnehmung müssen stets im Einklang sein, sonst ist Übelkeit die direkte Folge (Simulatorkrankheit). Fortbewegung im virtuellen Raum und die Steuerung der Aufmerksamkeit des Nutzers sind weitere Herausforderungen in der Erstellung von VR-Inhalten.

Was braucht es also für eine überzeugende virtuelle Realität?

1. Eine hochauflösende und überzeugend dreidimensionale Darstellung der Inhalte. Visuelle Fehler, sogenannte Artefakte, wie sie die Computergrafik liefert, sind uns in der Realität fremd (vgl. Abb. 5.3, 5.4 und 5.5).
2. Überzeugender Raumklang. Phänomene wie der Dopplereffekt oder ein realistischer Eindruck von Entfernung und Position sind hier zu nennen.
3. Ein realistischer Bewegungseindruck. Der Mensch gleicht seine Raumvorstellung durch ständige Mikrobewegungen immer wieder ab. Diese müssen genauso wie die Fortbewegung im virtuellen Raum möglichst real wirken.

1994 glaubte die Firma Forte mit ihrem VFX1, diese drei Punkte zu erfüllen. Das erste Head Mounted Display (HMD) kam auf den Markt. Die Idee war ihrer Zeit

Abb. 5.3 Texture Filtering. Links: kein Filter. Rechts: trilinearer Filter. (Quelle: Autor)

Abb. 5.4 Links: Mipmaps an. Rechts: Mipmaps aus

Abb. 5.5 Links: Antialiasing an. Rechts: Antialiasing aus

leider voraus und das Produkt scheiterte an schlechter Auflösung (263 × 230 Pixel pro Auge), schlechter Implementierung auf Softwareseite (die ersten 3-D-Games waren erst wenige Jahre zuvor erschienen und gängige Betriebssysteme waren auf VR-Anforderungen schlecht vorbereitet) und seinem hohen Preis.

Moderne AR- und VR-Systeme setzen ebenfalls auf HMDs. Diese bieten 20 Jahre nach dem VFX1 hochauflösende LCDs (200 ppi und mehr) und ausgefeilte Trackingsysteme für Positionsbestimmung, Bewegungs- und Lageerkennung. Beide Technologien (Displays und Trackingsysteme) sind durch die weite Verbreitung von Smartphones nunmehr günstige High-End-Hardwarekomponenten. So ist es für die Hersteller lohnend, diese HMDs als endkundenfreundliches Produkt verkaufen. Die HTC Vive und Oculus Rift sind die derzeit wichtigsten fest installierten Systeme. Da Smartphones bereits einen Großteil der nötigen Technik an Bord haben, werden auch darauf basierende HMDs angeboten. Als mobile HMDs sind Google Cardboard und Samsung Gear VR zu nennen.

Letztlich hat sich die Hard- und Softwarelandschaft grundlegend geändert. Der Spielemarkt ist stark gewachsen. Große Titel werden bereits mit dreistelligen Millionenbeträgen budgetiert. Die Integration von spezieller Hard- und Software in Spiele ist durch standardisierte Frameworks und Engines einfacher geworden. Die heutige Hardware beim Spielekonsumenten ist der Hardware von vor 20 Jahren um ein Vielfaches überlegen und kann selbst in VR viel realistischere Welten erzeugen als zu Zeiten des VFX1.

Die Herausforderung für die Darstellung in VR liegt vor allem in der Bildqualität. Verbunden mit der stereoskopischen Darstellung der Inhalte wird deshalb der Hardware mehr Leistung abverlangt als bei herkömmlicher Visualisierung. Dabei wird je ein Bild für das linke und eines für das rechte Auge erzeugt (vgl. Abb. 5.6). Beide Bilder sind leicht im Raum versetzt – nämlich um den Augenabstand des Betrachters. So wird der Eindruck von Dreidimensionalität erzeugt. Zusätzlich wird durch Fresnellinsen das Sichtfeld (das sogenannte Field of View, FOV) vergrößert. Dazu müssen die Inhalte verzerrt dargestellt werden. Gerade Linien werden gekrümmt dargestellt.

5.3 Interaktionen im virtuellen Raum

Schottet sich der Nutzer visuell von seiner Umwelt ab, so fehlt ihm nicht nur der Bezug zu ihr, sondern auch der Bezug zum eigenen Körper. Das macht die Steuerung und damit die Interaktion im virtuellen Raum schwierig.

Das einzige Eingabegerät ist im HMD eingebaut. Dort gibt es je nach Ausführung einen oder mehrere Knöpfe und oder ein Touchpad mit Gestenerkennung

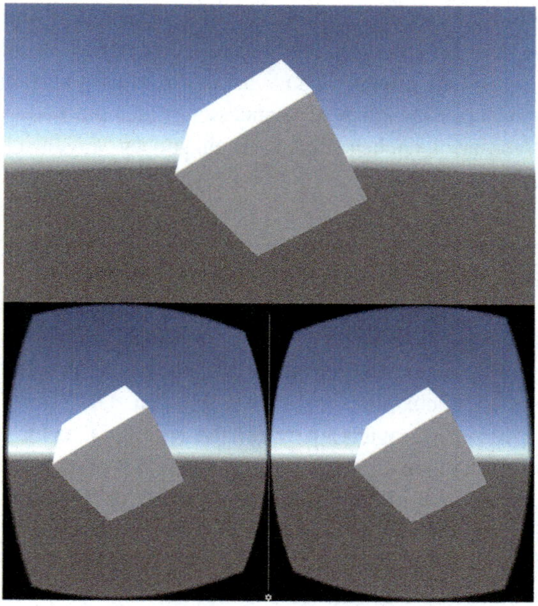

Abb. 5.6 Oben: perspektivisch korrekte Projektion eines 3-D-Objektes auf einem 2-D-Bildschirm. Unten: stereoskopische Darstellung des gleichen Objektes inklusive Korrektur für Fresnellinsen

und Steuerkreuz. In Bezug auf die technologische Weiterentwicklung sind die neuen Steuerungsmöglichkeiten, beispielsweise die sogenannte Gaze-Steuerung, interessant. Dabei interagiert der Nutzer über seine Blickrichtung zu bestimmten Aktionspunkten. Blickt der Nutzer über einen definierten Zeitraum auf einen Punkt, wird die entsprechende Aktion ausgelöst. Die Steuerung lässt sich mit der einer Maus vergleichen.

Fest installierte VR-Systeme hingegen bieten zusätzliche Eingabegeräte. Zusätzlich zum Trackingsystem des HMD werden auch die Controller geortet. Dadurch können virtuelle Repräsentationen der Controller dargestellt werden. Das macht das Greifen nach einem Controller und das Identifizieren von Funktionen möglich und sehr intuitiv. Mit diesen Controllern sind auch komplexe Interaktionen möglich. Das Steuern von Fahrzeugen oder das Greifen von und Interagieren mit virtuellen Objekten wird möglich. Unterstützt wird die Immersion hier noch durch Vibrationsmotoren in den Controllern.

Hürden gibt es dabei aber auch. So ist die Eingabe von Text sehr umständlich – dadurch werden hier Spracherkennung, -übertragung und -ausgabe zu wichtigen Technologien. Es wird auch schnell deutlich, dass das Lesen ausführlicher Texte in AR/VR nicht sehr nutzerfreundlich ist. Stattdessen sollten die Texte vorgelesen werden. Dies wird von erfolgreichen AR/VR-Applikationen vorgemacht und kann als Best Practice bezeichnet werden.

5.4 Soziale Aspekte des virtuellen Raumes

Der virtuelle Raum ist nicht nur ein Raum, um Inhalte zu konsumieren, er bietet gleichzeitig völlig neue Möglichkeiten der Interaktion zwischen Nutzern und damit auch neue Möglichkeiten, Inhalte zu erstellen. Dies ist zugleich Chance wie Risiko. Wo Nutzer interagieren bzw. Inhalte erstellen können, da ist Raum für viel Kreativität. So können sich neue Wege der Kollaboration entwickeln. Gesten werden aus der realen in die virtuelle Welt übertragen. Kommunikation über Sprache und Körpersprache wird ebenfalls im virtuellen Raum möglich.

Im realen Raum unterwerfen wir uns sozialen Normen. Das ist wichtig, um unser Zusammenleben zu organisieren. Wir haben konkrete Vorstellungen davon, wie man sich gegenüber unbekannten Personen verhält, wie man Freunde begrüßt oder wie wir mit Außenstehenden umgehen. Ähnlich wie in Internetforen müssen wir auch in der virtuellen Realität Wege des Zusammenlebens finden. Was ist korrektes Verhalten? Wer definiert Verhalten als korrekt? Welche Konsequenzen hat das Übertreten von Grenzen für den Nutzer?

Die Konsistenz unserer realen Identität und der realen Welt sorgt dafür, dass uns Fehlverhalten und daraus resultierende Konsequenzen direkt betreffen und wir uns damit auseinandersetzen müssen. Der virtuelle Raum kennt diese Konsistenz nicht. Konsequenzen in *einem* virtuellen Raum sind nicht auf einen anderen übertragbar.

Hilfreich kann hier die Etablierung von konsistenten Avataren sein. Das heißt von Avataren, die auf einen bestimmten Nutzer zurückgeführt werden können und in mehreren virtuellen Räumen eingesetzt werden. Der Avatar gewinnt dadurch für den Nutzer an Wert und seine Reputation wird schützenswert. Derartige Systeme existieren bereits. Facebook, Steam (Valve), PSN (Sony), XBox (Microsoft) und Google Play (Android) bieten konsistente Avatarsysteme, die über die Grenzen von virtuellen Räumen hinweg Ruf und Errungenschaften transportieren könnten.

Eine positive Grundstimmung in virtuellen Räumen zu sichern, ist ein weiterer möglicher Lösungsansatz. Dazu könnte man die Grundstimmung von Nutzern erfassen und Nutzer entsprechend in virtuelle Räume gruppieren. Die steigende Verbreitung von VR-Systemen sorgt dafür, dass die Nutzergruppe immer differenzierter wird. Es kommen Mitglieder aller Gesellschaftsschichten mit der Technik in Berührung.

In der Realität haben wir eine Vorstellung davon, wie wir Personen in gesellschaftliche Schichten einsortieren oder wie wir Personen oder ihr Verhalten bewerten. Auch dafür müssen die Nutzer ein Verständnis entwickeln. Mechanismen zur Steuerung solcher Räume, soziale Protokolle und Verhaltensnormen müssen sich also noch entwickeln.

5.5 AR und VR im Einsatz bei Veranstaltungen

Drei mögliche Szenarien, wie AR/VR heute bereits bei Veranstaltungen eingesetzt werden, sollen hier aufgezeigt werden. Da die Technik noch sehr neu ist, sind die Einsatzbereiche noch nicht ausgereizt. Künstler, Veranstalter und Techniker werden zukünftig neue Wege finden. Dabei werden Streaming, Echtzeitrendering und kollaborative Inhalte eine wichtige Rolle spielen. Die hier beschriebenen Szenarien sind teilweise bereits umgesetzte Projekte und teilweise Projekte, die den Prototypenstatus bisher nicht verlassen haben. Alle sind jedoch technisch machbar.

- Szenario 1: Eine virtuelle Party, die an mehreren Orten gleichzeitig stattfindet. Diese Orte sind über das Internet miteinander verbunden. So können sich die Partybesucher an verschiedenen Orten vernetzen und kennenlernen. Der virtuelle Raum ist derselbe.
- Szenario 2: Am Point of Sale oder auf Messen werden VR-Systeme eingesetzt, um komplexe oder noch gar nicht existierende Produkte zu zeigen. Die Produkte können auch in Situationen erlebt werden, die unmöglich oder sehr aufwendig herstellbar sind. Beispielsweise wird jedem Besucher die Mitfahrt mit einem Rennprofi ermöglicht.
- Szenario 3: Als Werbemaßnahme wird eine Augmented-Reality-Schnitzeljagd in der Stadt veranstaltet. Dazu wird eine Applikation für die populären mobilen Betriebssysteme veröffentlicht und mithilfe von GPS-Daten an definierten Points of Interest (POI) Informationen „versteckt“. Die Nutzer können diese Informationen aufdecken, indem sie sich in die Nähe dieser POIs bewegen.

5.6 Was AR/VR so besonders macht

Die beschriebenen Szenarien sind Teile von Events im größeren Rahmen und bieten jeweils Möglichkeiten über das bisher Darstellbare hinaus. Derartige Erfahrungen sind für die Besucher eindrucksvoll und einprägsam, was sie zu einem wichtigen Element in der Werbeindustrie macht. Aber auch Kollaboration und Interaktion sind wichtig. Menschen werden hier zusammengebracht und zur Interaktion miteinander aufgefordert.

Die erfolgreiche Immersion in eine virtuelle Welt wird durch das Ansprechen einer Mehrzahl von Sinnen zur gleichen Zeit geschaffen. Die realistische Darstellung von Position und Bewegung gibt das Gefühl eines virtuellen Raumes. Damit wird aus dem bloßen Konsumieren eine Erfahrung, ein Besuch in einer anderen Welt.

Der Nutzer stellt sich komplett auf diese Erfahrung (auf den Besuch) ein. Er lässt ihn zu und nimmt aktiv teil. All das erzeugt eine tiefe Verankerung im Gehirn. Im Gegensatz zum klassischen Instruktionalismus (Lerntheorie) wird versucht, dem Lernenden die Inhalte spielerisch über eigene Evaluation explorativ beizubringen. Das Produkt wird nicht erklärt, der Nutzer kann es selbst erleben und entdecken.

Die Steuerung der Systeme sowie die Optik sind hier oft noch Hürden. Die Steuerung ist gerade für Nutzer mit wenig technischer Erfahrung ein Problem. Die Eingabemöglichkeiten, die VR-Headsets von Hause aus liefern, orientieren sich stark an Lösungen aus der Games-Branche. Wenn also ein Nutzer wenig Erfahrung im Umgang mit der Steuerung eines Gamepads oder Joysticks hat, stellt das oft in Hindernis für die Immersion des Betrachters dar. Hier schaffen Gesten und Handerkennungssysteme wie das System Leap Motion Abhilfe. Die Hände des Nutzers werden dabei über Tiefenkameras und ähnliche Technologien erkannt und in die virtuelle Welt übertragen. Die Steuerung der eigenen Hand hat der Nutzer ja bereits in der realen Welt gelernt und so ist die Hürde für ihn genommen.

Nutzer mit eingeschränkter Sehstärke haben oft Probleme, die Erfahrungen ähnlich immersiv wahrzunehmen. Und Menschen mit stark unterschiedlicher Sehstärke je Auge können häufig den immersiven Charakter nur teilweise wahrnehmen. Für dieses Problem gibt es aktuell zwar noch keine Lösung, aber es wird bereits an Wegen geforscht, Bilder direkt auf die Netzhaut im Auge zu projizieren oder direkt in den Sehnerv zu speisen. Damit wäre das Problem der Optik auch gelöst, da diese analysiert und entsprechend bespielt oder sogar voll umgangen werden kann.

Ein wichtiger Faktor für Veranstalter ist auch, dass viele Menschen noch keine Berührung mit dieser Technologie hatten. Für diese Nutzergruppe steht damit die einmalige Chance offen, die erste und damit prägendste AR/VR-Erfahrung zu werden. Gerade im Bereich der Werbung am Point of Sale ist das ein wichtiger Aspekt, der von Werbetreibenden entsprechend hoch bewertet wird.

5.7 Besondere Herausforderungen beim Einsatz von AR/VR

Zum erfolgreichen Einsatz von Virtual Reality gibt es fünf Hinweise zu beachten.

- **Hygiene.** HMDs sitzen direkt am Kopf und im Gesicht des Nutzers. Das heißt Schweiß, Haare, Hautschuppen und Dreck werden sich am HMD sammeln. Vor allem Linsen und Schaumstoffe sind dafür anfällig. Es ist daher zu empfehlen, die HMDs nach jeder Nutzung zu reinigen. Oft werden mehrere HMDs abwechselnd eingesetzt, während andere gereinigt werden. So kann die Veranstaltung weiter laufen. Auch auswechselbare Schaumstoffteile sind eine mögliche Lösung. Dazu gibt es sogenannte Cover von verschiedenen Herstellern.
- **Platz.** Eine VR Experience sollte genügend umliegenden Platz haben, etwa einen abgesperrten Bereich, sodass die Nutzer sich in diesem Areal je nach Anwendung frei bewegen können. Hierfür sind Absperrungen und Zugangskontrolle nötig, da meist nur eine Person die VR Experience erleben kann. Der Zu- und Abfluss des Publikums muss reibungslos möglich sein.
- **Sicherheit.** Je nach Zielgruppe ist es oftmals eine Überwindung sich ein HMD aufzusetzen. Deshalb sollte dem Nutzer entsprechend Raum gegeben werden, sich mit dem HMD anzufreunden und sich damit wohlzufühlen. Schlüsselfaktoren sind hierfür der sichere Platz um den Nutzer herum, Zeit, um sich dem HMD anzunehmen, ein sicherer Boden bzw. eine Sitzgelegenheit, sofern sie Teil der Experience sein soll.
- **Betreuung.** Da für die Steuerung von VR Experiences noch keine etablierten Standards gelten und für viele Nutzer die Experience noch die erste dieser Art ist, sollte der Nutzer durch eine Begleitperson betreut werden. Die Person sollte dem Nutzer das HMD geben, es gegebenenfalls justieren und Tipps zur Steuerung geben. Das gibt dem Nutzer zusätzliche Sicherheit, schützt die Technik vor falschem Umgang und sorgt für eine bessere Experience.
- **Dauer.** Je nach Veranstaltung sollten der VR Experience zwischen zwei und zwanzig Minuten Zeit gegeben werden. Ob Besucher in Eile sind oder sich Zeit nehmen können, hängt stark von der Veranstaltung und dem Publikum

ab. Natürlich sind auch die Inhalte der VR Experience dafür ausschlaggebend. Aber auch das Gewicht oder eventuell nicht optimal sitzende HMDs begrenzen die Dauer einer VR Experience. In diesem Zusammenhang sollte auf wechselbare Akkus oder Batterien geachtet werden. Für einen Messestand mit einer VR-Attraktion mit einer Dauer von ca. drei Minuten sind bis zu zehn Geräte im Einsatz.

5.8 Wo die Reise hin geht

Die Trennung zwischen AR und VR, die eingangs getroffen wurde, ist temporär und technisch bedingt. Da aktuell keine Displaytechnologie existiert, die es auf Knopfdruck ermöglicht, einen Bildschirm von einem völlig durchsichtigen zu einem lichtundurchlässigen zu ändern, sind wir auf diese Trennung weiter angewiesen. Der Weg aber ist klar abgezeichnet. Es wird möglich sein, die Realität durch zusätzliche Inhalte zu erweitern. Diese können als Portale in andere Realitäten dienen, die dann voll immersive Erlebnisse ermöglichen. Der Begriff, der hier im Raum steht, lautet „Mixed Reality“ und suggeriert das Verschmelzen von realem und virtuellem Raum auf Knopfdruck.

Vielleicht aber ist die Zukunft des Displays gar kein Display, sondern ein Projektor, der uns Bilder direkt in die Augen projiziert (Retinal Projector – https://www.avegant.com/ – zuletzt zugegriffen am 19.11.2016). Diese Technologie existiert bereits und könnte bald vom Brillengestell aus funktionieren. Die Realität könnte dann über die Brillenlinsen ausgeblendet werden.

Die Verbreitung von VR-Geräten steht momentan noch am Anfang. Es handelt sich um ein klassisches Henne-Ei-Problem. Endkunden kaufen keine VR-Geräte, weil es keine exklusiven Inhalte gibt. Die exklusiven Inhalte fehlen, weil die großen Entwicklerstudios und Produzenten von Inhalten keinen großen Absatzmarkt vorfinden. VR findet daher vornehmlich auf Veranstaltungen und im B2B-Bereich Verwendung, wo die Beschaffung der Geräte problemlos abläuft und Inhalte exklusiv für den jeweiligen Zweck und Kunden erstellt werden.

Über den Autor

Kai Wegner Geboren 1985, setzt sich Kai Wegner schon seit über 15 Jahren mit Informationstechnik, speziell Computergrafik, und Veranstaltungstechnik auseinander. Nach seiner Zeit als Webdeveloper wechselte er in die Computerspieleindustrie und arbeitete für verschiedene Auftraggeber und auf verschiedenen Zielplattformen. Aktuell berät Kai Wegner Unternehmen zum Einsatz von Technologien aus dem Bereich Computerspiele und Echtzeitgrafik sowie Serious Games und Gamification.

Kontakt: kwnetzwelt@gmail.com

Kollaborative Innovationsprozesse – Hackathons in Theorie und Praxis

6

Willi Schroll

Das Eventformat Hackathon ist Kollaborationskultur in Aktion

Zusammenfassung

Das Eventformat Hackathon hat in den letzten Jahren große Aufmerksamkeit jenseits der Hacker-Community auf sich gezogen. Der Fokus auf die effektive Problemlösung und auf konkrete Resultate zeichnet dieses Eventformat vor anderen aus. Das „Erfolgsprinzip Hackathon" hat den Bereich der Software-Entwicklung verlassen und wird für Hardware- und Open-Data-Projekte, aber auch globale soziale Herausforderungen zunehmend fruchtbar gemacht. Mit Start-up-Weekends und Corporate Hackathons ist der Ansatz außerdem auch in der Wirtschaft angekommen. Der Hackathon avancierte zum Brutkasten für Unternehmensideen und er wird eingesetzt um Prozesse der Innovation und des Kulturwandels zu beschleunigen. Der Beitrag erklärt Idee und Struktur dieses innovativen Formats und gibt einen Ausblick, wohin dieses sich durch die Digitalisierung fortentwickeln könnte.

W. Schroll (✉)
strategiclabs, Berlin, Deutschland
E-Mail: schroll@strategiclabs.de

T. Knoll (Hrsg.), *Veranstaltungen 4.0*,
DOI 10.1007/978-3-658-16223-8_6

6.1 Geschichte und Grundidee des Hackathon

6.1.1 Die Zehn von Calgary – Erfolgsgeschichte einer einfachen Idee

Programmierer haben sich von jeher zu einem gemeinsamen „Hack“ verabredet. Vereint in einem Raum schneller zur Lösung kommen, Überlegungen und Lösungsideen mit den anderen sofort teilen, sich unmittelbar abstimmen. Das Gegenstück hierzu sind „lange Schleifen“, das Warten, bis Entscheidungen gefällt werden. Es leuchtet ein, dass ein verdichteter Entwicklungsprozess mit der Reibungslosigkeit zu tun hat, die ein *gemeinsam geteilter Raum* bietet – für die Kommunikation (Ideen), die Grobkoordination (Aufgabenverteilung) und die Feinkoordination, das Arbeiten „Hand in Hand“.

Die Öffentlichkeit kennt den „Hack“ allerdings in negativer Konnotation, denn auch das illegale Eindringen in ein IT-System wird als „Hack“ bezeichnet. In der Welt der Programmierung bedeutet der Ausdruck jedoch eine weiter gefasste Tätigkeit, genau genommen eine *Herangehensweise* in einer Problemsituation. Der Hack ist eine Aktivität, mit der jemand *effektiv* ein Problem löst, auf pragmatische Weise ein gewünschtes Ziel erreicht. Im Vordergrund steht das Resultat, es sind Experimentierfreude und Cleverness gefragt, Eleganz und Regelkonformität sind hingegen sekundär.

Nun sind manche kleineren Probleme beim Programmieren mit ein paar Zeilen Code zu regeln, in wenigen Sekunden – andere jedoch gleichen eher einer Operation am offenen Herzen. Vorweg ist kaum abzuschätzen, wie lange eine derartige Operation exakt dauern wird, sehr sicher aber viele Stunden. Außerdem ist die Mission nicht im Alleingang zu schaffen, sie erfordert ein Team mit etwas Erfahrung und Motivation.

Am 4. Juni 1999 stand für zehn Open-Source-Entwickler in Calgary eine derartige konzertierte Operation auf dem Plan. Die gemeinsame Herausforderung bestand darin, die Verschlüsselungsverfahren voranzubringen – ohne hierbei mit den Exportbestimmungen der USA in Konflikt zu geraten. Diese zehn Hacker sollen die Ersten gewesen sein, die für ihr ambitioniertes Arbeitstreffen den Ausdruck „Hackathon“ nutzten (Wood 2013). Offenkundig setzt sich der Neologismus aus den Komponenten *Hack* und *Marathon* zusammen. Der erste Bestandteil zielt auf die beschriebene Tätigkeit des extrem ergebnisorientierten Programmierens. Die Anspielung auf den Marathonlauf verdeutlicht die Größe der Herausforderung und die Beharrlichkeit, die erforderlich ist, um ins Ziel zu kommen.

6.1.2 Grundkonzept und Definition

Die Anfänge des Eventformats *Hackathon* sind überschaubar, verglichen mit der weitverzweigten Hackathon-Kultur von heute. Es sind bis heute nicht nur neue Gemeinschaften, Themenfelder und Adressatengruppen dazugekommen, durch die schiere Größe vieler Events ist die organisatorische Komplexität enorm angewachsen. Organisationsteam, Sponsoren und Jury sind Standard bei vielen der heutigen Hackathons und Hack Days – dennoch sind sie lediglich Instrumente, sie gehören nicht zum Kern des innovativen Veranstaltungsformats. Dieser Kern ist leicht zu charakterisieren, wenn wir uns die beschriebene erste Phase der Hackathon-Kultur in Erinnerung rufen.

Als drei wesentliche Merkmale stellen sich dar:

A. **Arbeitsmodus:** intensive, verdichtete Kollaboration.
B. **Gemeinsames Ziel:** konkretes Produkt, ein handfestes Ergebnis, das auf ein klar identifiziertes Problem antwortet.
C. **Rahmen:** charakterisiert durch die zeitliche Ausdehnung, aber auch definierte Begrenztheit, das heißt, dass es eine unverhandelbare Deadline gibt.

In der Landschaft der existierenden Eventformate ist diese Struktur ein Alleinstellungsmerkmal und scheint die Anziehungskraft und den Erfolg auszumachen (vgl. Abb. 6.1). Gewiss, es gibt so etwas wie Co-Faktoren, die zum Erfolg beitragen: der sportliche Wettbewerb zwischen den Teams, lohnende Preise, die in Aussicht stehen, und das Rampenlicht für das Team, das nach aufreibenden Stunden endlich seinen Hack präsentieren kann (vgl. Abb. 6.2). Dennoch gilt, dass das Kernkonzept eines erfolgreichen Hackathon letztlich auf das einfache Setting der kleinen Gruppe von Calgary zurückgeht.

Daraus ergibt sich unsere Arbeitsdefinition – sie ist eng genug, um die Spezifika abzudecken, aber auch weit genug, um der historischen Entfaltung in neue Anwendungsbereiche jenseits der IT-Welt gerecht zu werden:

▶ Ein Hackathon ist ein zeitlich ausgedehntes intensiv-kollaboratives Arbeitstreffen mit dem Ziel, in einer festgesetzten Zeit für ein klar definiertes Problem eine konkrete Lösung zu erreichen.

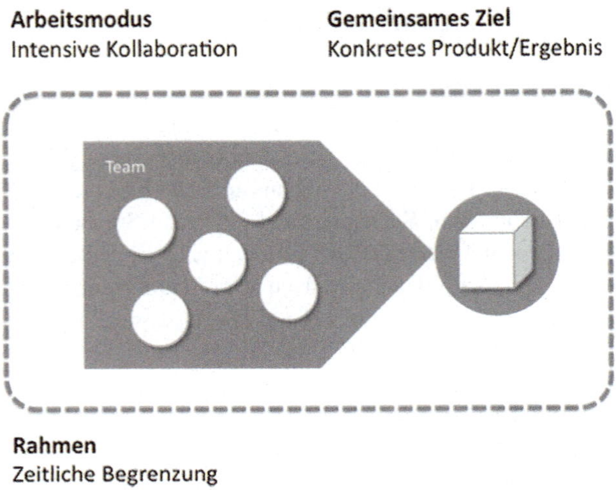

Abb. 6.1 Minimalstruktur eines Hackathon mit den drei Merkmalen

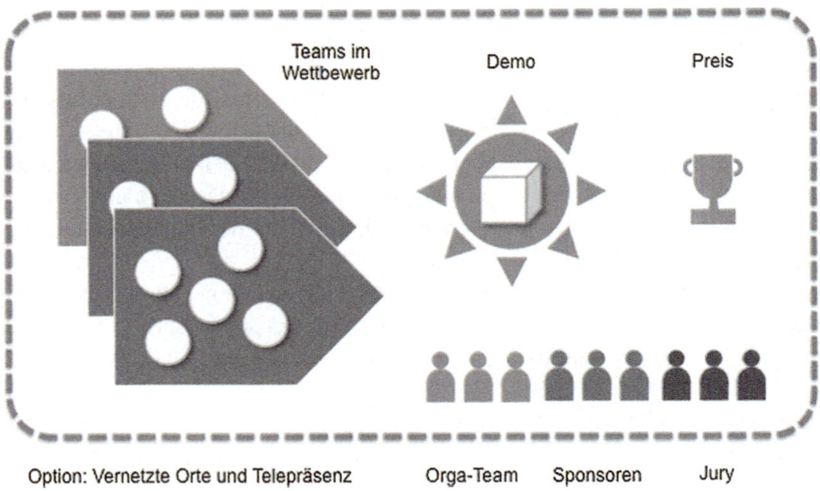

Abb. 6.2 Charakteristische Elemente eines Hackathon mit mehreren Teams im Wettbewerb

6.1.3 Entfaltung und Ausbreitung der Hackathon-Kultur

Wir wenden in diesem Beitrag eine inklusive Definition des Hackathon an, die beispielsweise auch Events umfasst, die als „Hack Day“ oder „Hack Fest“ beworben werden. Die Anwendungsvielfalt von Hackathons beschränkt sich übrigens nicht auf reine IT-Thematiken, wie Tab. 6.1 zeigt. Der Hackathon ist auch nicht

Tab. 6.1 Ausgewählte Beispiele für die thematische und strukturelle Vielfalt von Hackathon-Communitys jenseits der üblichen IT-Felder

Event	Themenfeld/Zielgruppe	Beschreibung	Beginn
BioHackathon	Bioinformatik/Research	Anlass: Standards in diesem Feld voranbringen; http://www.biohackathon.org/	2008
Global Game Jam	Entwicklung von Videospielen	Globaler „Mega-Hackathon“; 2014 entwickelten die Teams an 485 Orten in 72 Ländern zusammen 4289 Spiele; http://www.globalgamejam.org	2009
HackingEDU	Changemaker im Bereich Bildung	Größter Hackathon im Bereich Bildung; bereits im ersten Jahr nahmen 1400 Programmierer teil; http://hackingedu.co/	2015
Music Hack Day	Musiksoftware und -hardware	Dreitägiges Festival, 30 Events; http://new.musichackday.org/	2009
OpenGLAM	Open Data im Kulturbereich	Open-Data-Initiative um GLAM (Galleries, Libraries, Archives, Museums); http://openglam.org	2011
Science Hack Day	Wissenschaft	Bislang über 60 Events weltweit; multidisziplinäre Teams arbeiten an einem Projekt; http://sciencehackday.org/	2010
Startup Weekend	Start-up/Gründung	Globale Community in 150 Ländern, 2900 Events bis dato; 193.000 Alumni; Dauer: 54 h; http://startupweekend.org – zuletzt zugegriffen am 19.11.2016	2007

notwendigerweise ein eigenständiges Event, er ist gelegentlich auch eine Teilveranstaltung im Rahmen einer Konferenz oder eines Barcamps.

Spezialisierte, thematische Hackathons

Das Eventformat fand zunächst weltweite Verbreitung in der Szene der Softwareprogrammierer. Diese nahmen damit auch gerne die Gelegenheit wahr, die Neuheiten in der Branche, neue Plattformen und Standards „hands on" und auf kompakte Weise kennenzulernen. So sind Hackathons für Hardware oder solche mit Fokus auf bestimmte Zukunftstechnologien entstanden (Internet der Dinge, Industrie 4.0, KI). Dann schließlich ist der Funke übergesprungen auf Gemeinschaften, die sich mit gesellschaftlichen Themen befassen oder sehr spezifische Interessen teilen und die Produktivität des Formats nutzen. So gibt es entsprechende Schwerpunktevents zu Software in Wissenschaft, Bildung oder Musik.

Intersektorielle Begegnungsräume

Die Start-up-Szene und Technologiekonzerne nutzen heute das Format Hackathon massiv als Begegnungs- und Kommunikationsraum zwischen Technologie und Business. Neue Ideen, Geschäftsmodelle und Innovationen werden präsentiert und gemeinsam weiterentwickelt. Wenn die Themen Open Data, Open Government, aber auch IT-Sicherheit ins Spiel kommen, dann können auch Institutionen auf kommunaler oder Regierungsebene beteiligt sein. Querschnittsthemen wie Digitalisierung, Open Knowledge und Open Access vereinigen naturgemäß verschiedene Akteure aus den Sektoren Kultur, Administration, Recht und Technologie. Das Akronym *GLAM* etwa fasst Galerien, Bibliotheken, Archive und Museen zusammen. Der Hack Day bringt diese Akteure mit Open-Data-Hackern an einen Tisch. Die eine Seite gewährleistet den *Zugang* zu umfangreichen digitalisierten Kulturgütern, die andere Seite liefert das programmiertechnische *Know-how* (OpenGLAM 2012).

Innovationsbeschleuniger

IT-affine Konzerne waren verständlicherweise die Ersten, die *Company Hackathons* veranstaltet haben. Für Facebook etwa stellten sich Hackathons als sehr hilfreiche Innovationsbeschleuniger dar, so sind der wichtige Like-Button und die Chat-Funktion für das soziale Netzwerk in diesem Rahmen entstanden (Keyani 2012). Auf Hackathons wurden auch wiederholt Projekte gestartet, die sich als Keimzelle veritabler Start-ups erwiesen. Beispielsweise wurde die Messaging-App *GroupMe* bei einem Hackathon im Rahmen einer Entwicklerkonferenz gebaut und später für 85 Mio. US$ verkauft (Leckart 2012). Anekdoten wie diese beförderten den Hype, der heute bisweilen das Thema Hackathon umgibt.

Das Interesse an diesen „Hotspots der Innovation“ ist entsprechend groß – immer mehr Unternehmen agieren nicht nur als Veranstalter und Sponsor, sondern veranstalten selbst *interne Hackathons.* Sie werden auch eingesetzt, um die Innovationskraft und Agilität des Unternehmens zu steigern und um den Wandel der Unternehmenskultur voranzutreiben (Grijpink et al. 2015).

Hackathons der Changemaker

Zur Evolution und Ausdifferenzierung des Eventformats gehören neben den genannten großen Veranstaltungen mit bis zu 6000 Teilnehmern auch die zahllosen kleinen Events. Insgesamt ist eine Art Ökosystem der kollaborativen Kultur entstanden (vgl. Abb. 6.3): Manche Events definieren sich über ein Anliegen, dem mit einem Hack Gleichgesinnter begegnet werden soll. Dabei geht es nicht mehr um Programmierung und Technologie, sondern das Hackathon-Format ist zum Modell geworden, um Probleme kollektiv anzugehen, mit der Konzentration auf konkrete Lösungswege und relevanten „Impact“. So entstehen Lernräume für aktive Bürger und Changemaker, die lokale oder auch globale Herausforderungen angehen (Civic Hackathon).

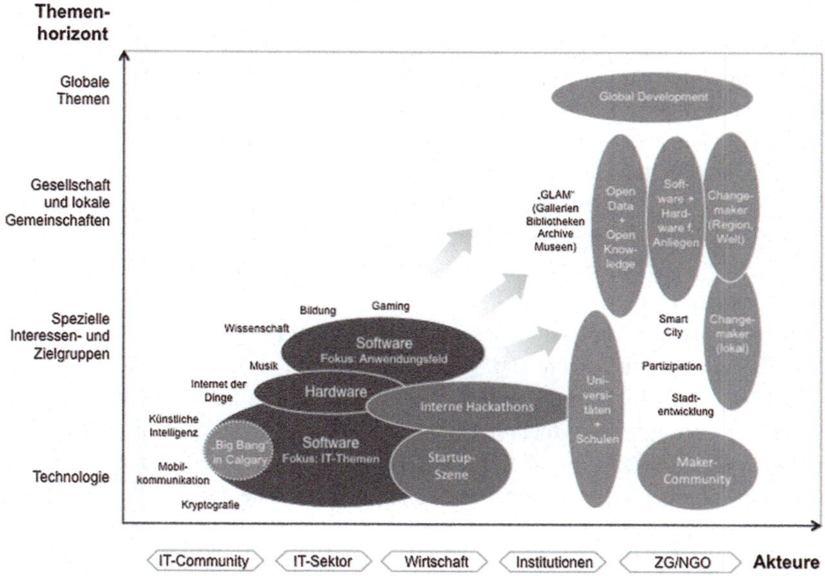

Abb. 6.3 Entfaltung des Eventformats Hackathon seit dem „Big Bang“ 1999 (ZG/NGO: Zivilgesellschaft und Nichtregierungsorganisationen; schematische Darstellung ohne Anspruch auf Vollständigkeit)

6.2 Struktur und Dynamik eines Hackathon

6.2.1 Anthropologisch passend – warum Hackathons gute Laune machen

Der Kerngedanke ist bestechend einfach: Menschen kommen zusammen, um gemeinsam ein Problem zu lösen – leidenschaftlich ergebnisorientiert. Trifft das nicht auch für die Zweckbestimmung von Meetings zu? Warum aber funktionieren diese Zusammenkünfte oft nicht, wie sie sollen? Die Klage über unproduktive Meetings, in welchen Entscheidungen und Umsetzungsschritte hinausgezögert werden, ist weit verbreitet. Auch Konferenzen gehen zu oft an den Bedürfnissen der Teilnehmer vorbei. Statt sich in ein Thema vertiefen zu können, wenn es interessant wird, eilt der Teilnehmer in den nächsten Vortrag. Die Vorträge wiederum bleiben zu oft auf einer abstrakten, theoretischen Ebene und helfen wenig weiter bei der individuellen konkreten Praxis. In einem Forschungsprojekt des Innovationsverbunds „Future Meeting Space" wurden mit Beteiligung des Fraunhofer IAO Szenarien für die Zukunft der Konferenzformate entwickelt. Zu den beschriebenen Erfordernissen gehören unter anderem Interaktion, Flexibilität und der Zeitfaktor (GCB 2016).

Für die Meetingkultur heute gilt generell: Ihre Qualität bemisst sich vor allem daran, wie ergebnisorientiert sie sind. Verbreitete Störfaktoren sind weitschweifige Darstellungen, das Verzetteln in Details und die Rangeleien aus Gründen von Hierarchie und Status. So werden oft neue Baustellen gestartet, neue Barrieren errichtet, statt voranzukommen. Beim Hackathon haben wir in gewisser Weise das Gegenstück zu dieser Situation: Es wird zwar auch hier kommuniziert, erklärt, gestritten – allerdings werden diese Phasen viel konsequenter als „Mittel zum Zweck" verstanden. Alles dreht sich schließlich um den „Hack", die *kollaborative kreative Problemlösung.*

Die Atmosphäre innerhalb eines funktionierenden Hack-Teams ist geprägt von dem Miteinander auf Augenhöhe, von einem kollegialen Geist und dem ernsthaften Wunsch, voneinander zu lernen. Die anderen Teams zu schlagen, das Ansehen in der Community zu mehren oder einen Preis zu gewinnen sind sicher auch Motivationskräfte, aber für die meisten Teilnehmer ist bereits der *Begegnungs- und Lernraum* Hackathon interessant genug, um teilzunehmen. Alltagserfahrung und wissenschaftliche Anthropologie lehren uns, dass wir als Menschen primär *soziale Wesen* sind, wir erfreuen uns daran, gemeinsam „im Team" etwas zu erreichen. Hinzu kommt die „Lust am Machen", das Erzielen *sichtbarer Ergebnisse.* Der Hackathon ist eine Werkstatt – damit haben wir einen weiteren Aspekt, den des *Produktivraums.*

Die generelle Struktur des Hackathon entspricht also offenbar sehr gut unserer sozialen Natur als Menschen, es mischen sich explorative, spielerische Elemente mit dem Bedürfnis, etwas zu riskieren, eine Herausforderung zu bestehen (Anthropological Fit). Hinzu kommt das *Erleben* eigener Kreativität und Selbstwirksamkeit. Am Ende steht in jedem Fall das Erfolgserlebnis, man hat etwas „geschafft", unabhängig davon, ob man mit dem Team auf dem Siegerpodest steht oder nicht. Das Team hat mit einem leeren Blatt begonnen, hat das Auf und Ab der Projektkrisen durchgestanden, gemeinsam Entscheidungen getragen und dann schließlich das Ergebnis seiner Mühen präsentiert. Bei der Präsentation wiederum sind *jedem* Team der Respekt und die Anerkennung der anderen Teilnehmer sicher. Der Hackathon ist also auch ein *Erlebnisraum* – in der Perspektive des Einzelnen, des Teams und der umgebenden Gemeinschaft.

6.2.2 Der physische Raum – Nester, Reize, Ruhezonen

Nach den psychologischen Überlegungen gilt es, diese mit der Ausgestaltung der konkreten physischen Umgebung zu verbinden. Idealerweise unterstützen die Umgebungselemente die verschiedenen Phasen des Teamprozesses, aber auch individuelle Arbeitsstile. Die Ausstattung mit Medien für Brainstorming, mit Ressourcen und Werkzeugen für spielerisches Austesten und das Prototyping hat eine hohe Priorität. Eine Ecke mit Couch oder Sitzsäcken lädt zum Innehalten und Verschnaufen ein – zwölf Stunden in permanenter Anspannung zuzubringen ist physisch und psychisch einfach unmöglich. Bei 24-Stunden-Hackathons sind Orte für Ruhephasen umso wichtiger. Natürlich müssen Umgebung und die bereitliegenden Tools auch an die thematische Ausrichtung und die demografische Struktur des Hackathon angepasst werden. Programmierer, Designer, Wissenschaftler, Aktivisten, Junge und Alte – alle diese Gruppierungen ticken unterschiedlich und sollen sich doch jeweils heimisch fühlen. Modulare Sitz- und Stellelemente erleichtern es dem Team, sich flexibel einzurichten und sich in seinem „Nest" heimisch zu fühlen. Der Leitgedanke bei der Gestaltung ist, dass die Umgebung kreative Freiheiten nicht nur zulässt, sondern dass sie aktiv ermutigt, Neues auszuprobieren.

6.2.3 Die „sieben Räume" als Enabler für starke Teams

Wir haben das Eventformat Hackathon bis hierher unter dem Aspekt ermöglichender Räume betrachtet: *physischer Raum, Begegnungs-, Lern-, Produktiv- und*

Erlebnisraum. Im doppelten Sinne des Wortes ist die Veranstaltung als solches auch ein *Spielraum:*

1. im Sinne von *Spielplatz* („playground"), eine Zone, in der wir mit Ideen spielen, Themen ausprobieren, Fantasien durchspielen, auf Entdeckungsreise gehen können;
2. im Sinne des *Spielraums* („wiggle room", „elbow room"), der Freiraum, der überhaupt Bewegung ermöglicht.

Für das Gelingen eines Hackathon sollte sich alles darum drehen, die organisatorischen Voraussetzungen zu schaffen, in welchen diese sechs funktionalen Dimensionen bereitgestellt und gestaltet werden, sodass sich das Team darin gewissermaßen einnisten und entfalten kann. Damit identifizieren wir nach dem Spielraum ein letztes Leitbild: den „beschützten Raum" in einem teampsychologischen Sinne. Die Forschung sagt, dass die kollektive Kreativität einen solchen *Schutzraum* erfordert, damit sie überhaupt freigesetzt werden kann. Die sieben Räume (vgl. Abb. 6.4) können als eine Art nutzerzentrierte Checklist verstanden werden, die die Organisatoren bei der Planung und Ausgestaltung des Hackathon unterstützt.

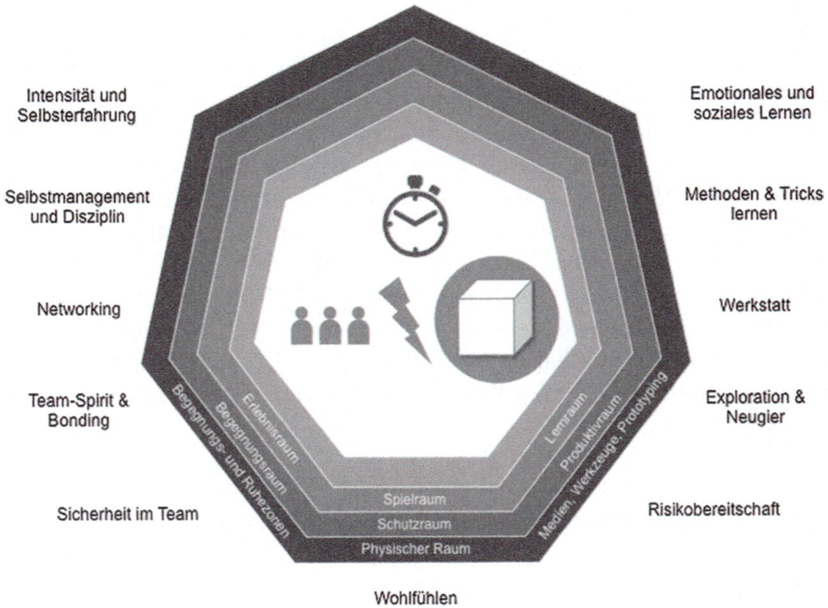

Abb. 6.4 Sieben Raumaspekte ermöglichen die Entfaltung des Teampotenzials

6.3 Organisation und digitale Werkzeuge

6.3.1 Komplexität und organisatorische Rollen

Verglichen mit der Organisation einer Konferenz erscheint die Durchführung eines Hackathon mit hoher Teilnehmerzahl keineswegs weniger komplex. Im Rahmen dieses Beitrags müssen wir uns auf ein paar wenige Grundlinien beschränken und verweisen auf einschlägige Hackathon-Guides im Internet, die detailliertes Know-how bereitstellen (Barnett et al. 2016; Schroll 2016). So detailliert diese Quellen sind, das Format erfordert – nicht anders als eine Konferenzorganisation –, dass innerhalb des Organisationsteams ausreichend praktische Erfahrung und Führungsfähigkeit vorhanden sind, umso mehr, wenn es um Events mit größerer Teilnehmerzahl, Jury und Sponsoren geht. Die Aufgabenbereiche sind so vielfältig, dass Autoren bis zu elf Rollen auflisten, um die diversen Managementfunktionen abzudecken (Brooks und Vo 2015).

6.3.2 Aktivitäten vor und nach dem Event

Je nach der Größenordnung der Veranstaltung sind Aktivitäten viele Monate vor dem Event zu realisieren – der Organizer Guide des bekanntesten Unterstützernetzwerks MLH (Major League Hacking) beginnt die Timeline neun Monate vor dem Event – mit der Absicherung des Veranstaltungsortes für den geplanten Zeitraum (Barnett et al. 2016). Hinzu kommen vielfältige Aufgabenbereiche für Kommunikation (Website, Social Media, PR), Logistik, Catering, Infrastruktur, Bühnentechnik, Jury- und Sponsorenfindung. Bei größeren Hackathons mit vielen Programmierern muss unter Umständen das örtliche WLAN so weit ausgebaut werden, dass die Hacker jederzeit mit hoher Datenrate auf das Internet zugreifen können.

6.3.3 Zeitliche Struktur eines Hackathon

Manche Events finden an einem einzigen Tag statt, oft wird das komplette Wochenende ausgeschöpft – mit Rücksichtnahme auf die benötigte Zeit für An- und Rückreise. Hier ein typischer Ablauf für einen Wochenend-Hackathon (Hacking Health 2016).

Freitag
18:00 Uhr Registrierung, Networking
19:00 Uhr Welcome, Programm, Vorstellung
20:00 Uhr Pitches und Sprecher (Projekte, Anregungen)
20:30 Uhr Teamformation, Networking
21:00 Uhr Party
Samstag
08:00 Uhr Frühstück
08:30 Uhr finale Teamformation
09:00 Uhr Hack!
12:00 Uhr Lunch
12:30 Uhr Hack!
21:30 Uhr Ende
Sonntag
08:00 Uhr Frühstück
08:30 Uhr Hack!
12:00 Uhr Lunch
14:00 Uhr Demo der Prototypen, Arbeitsergebnisse
15:30 Uhr Jury in Beratung
16:00 Uhr Ehrung der Gewinner
16:30 Uhr Ausklang

6.3.4 Digitale Tools und Ressourcen

Die Welt der digitalen Tools im Umfeld eines Hackathon kann in vier Kategorien gegliedert werden (vgl. Abb. 6.5):

A. **Management:** Tools und Ressourcen, die das Organisationsteam nutzt, um die *Prozesse zu managen* und sich untereinander zu koordinieren (Beispiel: Projektmanagement-Tools wie Asana, Trello).
B. **Kommunikation:** Tools und Ressourcen, die das Organisationsteam nutzt, um mit den verschiedenen *Adressatengruppen* effizient zu kommunizieren (Beispiel: Event-Website, Event-Page auf Hackathon-Kalender).
C. **Team-Support:** Tools, Zugänge und Ressourcen, die den *Teams vom Organisationsteam* bereitzustellen sind – vor, während und nach dem Event (Beispiel: Github, Slack, Googledocs).
D. **Third Party:** Tools, Zugänge und Ressourcen, die *den Teilnehmern von einem Dritten bereitzustellen* sind (Beispiel: Zugriff auf Datenbanken [Open Data], API des Sponsors, Hardware etc.).

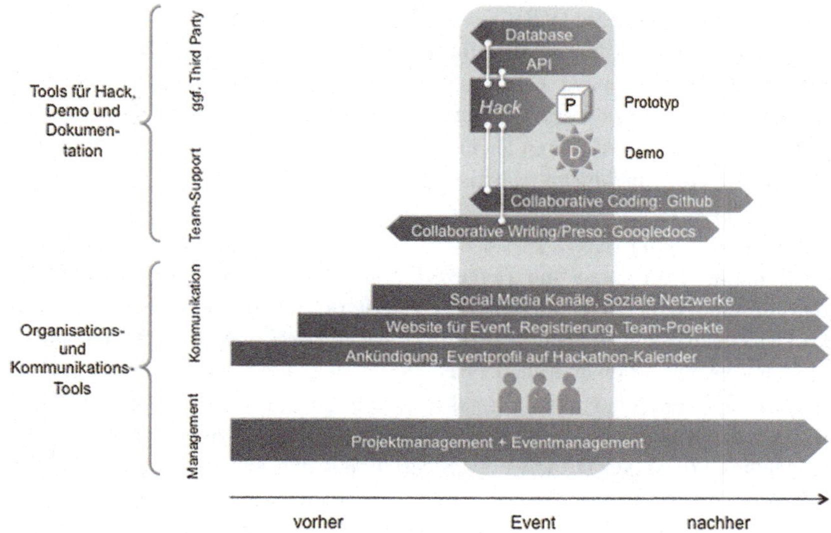

Abb. 6.5 Schematisches Beispiel für digitale Tools und Ressourcen zur Organisation eines Hackathon und zur Unterstützung der Teams

6.4 Zukunftsvisionen – Hybride Hackathons, Augmented und Virtual Reality

Es bietet sich an, einen Blick in die mögliche Zukunft des Eventformats zu wagen. Für motivierte Hacker-Teams, die nicht alle am selben Ort sein können, kann auch heute schon mit einfachen Mitteln (Textchat, Audio, Video) eine dichte Kollaborationssituation erzeugt werden. Schwieriger ist dies für Hackathons, die mit visuellen Skizzen und Prototypen arbeiten: Ein konventioneller Videokanal mit starrer Kamera beschränkt die Bewegungsfreiheit sehr stark. Immersive Telepräsenzsysteme der nächsten Generation bieten sich hier als Option für hybride oder komplett virtualisierte Hackathons an. Wegen der hohen Technikaffinität mancher Teilnehmer könnte das Verfahren zumindest bei weltweit verteilten „Mega-Hackathons" zum Einsatz kommen. Subjektiv befinden sich alle an einem Ort, physisch objektiv sind sie Tausende Kilometer voneinander entfernt. In einer späten Ausbaustufe – etwa nach 2025 – könnten auch vollständig virtualisierte Hackathons angeboten werden, etwa vergleichbar den Teams in Computerspielen wie World of Warcraft.

Virtual-Reality-Systeme (VR)

Sie erzeugen für den Nutzer die Illusion, komplett in eine künstlich generierte Wirklichkeit einzutauchen (Immersion). VR-Endgeräte sind bereits lange im industriellen Einsatz und dringen weiter in den Massenmarkt vor. Die VR-Brillen werden in den nächsten Jahren leichter und komfortabler zu tragen, die Bild- und Tonqualität wird zunehmend realistischer.

Augmented Reality (AR)

Diese umfasst Verfahren und Benutzerschnittstellen, die mit digitaler Technologie unseren visuellen Sinneseindruck erweitern, indem Daten oder Objekte in das Gesichtsfeld eingeblendet werden. Die AR-Technologie befindet sich ähnlich wie VR-Systeme in einer frühen Phase der Entwicklung und Verbreitung. Zwar wurden 2016 durch das mobile Spiel *Pokémon Go* weltweit Hunderte Millionen Menschen mit dem AR-Prinzip vertraut gemacht (Seifert 2016), aber diese AR fand lediglich auf den Displays der Smartphones und Tablets statt. Im industriellen oder medizinischen Anwendungsfall werden dagegen komfortable, aber teurere Datenbrillen eingesetzt. Diese Smart Glasses erzeugen die Illusion der Verschmelzung von natürlichen und synthetisch generierten Sinneseindrücken (vgl. Abb. 6.6). Immersive Technologien wie diese und Telepräsenz könnten Meetings und Konferenzen in der Zukunft revolutionieren.

Abb. 6.6 Mit der AR-Technologie Hololens (Microsoft) verschmelzen virtuelle und physische Wirklichkeit zur Mixed Reality. (Microsoft 2015)

Holodeck und Hyperrealität

Vor dem Hintergrund dieser rasanten Entwicklung stellt sich generell die Frage, ob sich Veranstaltungsformate vielleicht insgesamt stark virtualisieren werden. IT-Unternehmen wie Google, Microsoft und Samsung, aber auch das global größte soziale Netzwerk Facebook haben Programme aufgelegt, um bei den immersiven Technologien Innovationsführerschaft zu übernehmen und sich Marktanteile zu sichern.

Wird die Veranstaltungsbranche ihr künftiges Geschäftsmodell anpassen können oder wird die Telepräsenz etwa des Jahres 2025 tatsächlich so brillant sein, dass wir uns wie auf dem Holodeck der Science-Fiction-Serie Star Trek verabreden können (Intel 2016)? Hinzu kommt die Möglichkeit, in VR und AR in Echtzeit sensorisch reichhaltige Umgebungen zu schaffen, die die physische Realität in ihrer sinnlichen Wirklichkeit übertreffen werden (Hyperreality). Vergleichbar einem Falschfarbenbild machen diese Schnittstellen Unsichtbares sichtbar, oder sie erleichtern die Mustererkennung, visualisieren komplexe Zusammenhänge. Damit erweitern sie in der Konsequenz nicht nur unsere Sinne, sondern auch unsere kognitiven Fähigkeiten – unsere Einsichten und Schlussfolgerungen werden beschleunigt. Die nächste Mediengeneration wird wahrscheinlich nicht nur Telepräsenz so einfach machen wie ein Telefongespräch, sie wird auch unsere Wahrnehmungs- und Urteilsfähigkeit steigern. Dieser „Smart Reality“ wird man sich schwer entziehen können.

Virtuelles Design und Prototyping

Im industriellen Bereich ist es gängige Praxis, virtuelle Prototypen „einzuspielen“, um in Echtzeit an diesen Modellen das Design – Farbe, Form, Oberfläche – zu verändern. Bei künftigen Hackathons wäre entsprechend denkbar, dass das Team intuitiv „lesbare“ Visualisierungen komplexer Datenräume, Prozesse und Algorithmen dargeboten bekommt. Der iterative Prozess des Prototyping und die abschließende Demonstration vor Publikum könnten komplett in immersiven Umgebungen stattfinden. In Bürger-Hackathons für die partizipative Städteplanung könnten beispielsweise verschiedene Modelle eines Stadtteils sofort angepasst und mit Simulationen bespielt werden. Die Teilnehmer und Experten könnten sich auch alle gemeinsam und unmittelbar in die Planungsvarianten hineinversetzen, diese begehen und ihre Ideen sofort und direkt am (simulierten) Objekt erproben.

Unbedingt zu beachten ist bei derartigen Nutzungsszenarien, dass der Schlüsselfaktor der technischen Brillanz nicht automatisch die effektive Usability und damit die Akzeptanz der Nutzer bedeuten wird. Anders formuliert gilt vor dem Hintergrund unseres Ansatzes: Nur sofern es möglich ist, die „sieben Räume“

angemessen umzusetzen, können Hackathons in den virtuellen Raum übertragen werden (beispielsweise sublime mimische Kommunikation, Augenkontakt im Team).

6.5 Nutzenpotenziale, Erwartungen und Motivationen

Bevor wir das Erfolgsprinzip von Hackathons eruieren, soll kurz die Interessenlage der Teilnehmer, Sponsoren und Organisatoren beleuchtet werden. Konkretes Format und thematische Ausrichtung von Hackathons haben wir als vielfältig beschrieben – entsprechend heterogen sind die Interessen der Teilnehmer. Als übergreifend vorhandene Motivationen gelten Lernen und Networking. In einer nichtrepräsentativen Erhebung wurde Lernen mit 86, Networking mit 82 % angegeben. Als dritthäufigster Grund für die Teilnahme wurde mit 38 % der soziale Wandel („changing the world") genannt (Mumm 2012; Briscoe 2014).

Potenzial für komplexe Lernprozesse
Der Lernprozess während des Hackathon ist so vielschichtig wie die Situationen, die der Teilnehmer durchlaufen wird. Neben dem Kennenlernen neuer Konzepte und Technologien sind dies auch die methodische Herangehensweise von Kollegen, Kreativität, Führungs-, Kommunikations- und Teamkompetenzen, Selbstmanagement, emotionale und soziale Intelligenz.

Potenziale für Sponsoren, Gründer und Talente
Für Sponsoren sind Hacker-Events hochinteressant, um neue Produkte und Technologien vorzustellen und in der Community einzuführen. Der Hackathon wird zugleich zum Testfeld für neue Soft- und Hardware; Schwachstellen und andererseits Highlights einer Innovation werden sichtbar. Hinzu kommt: Wenn ein paar Dutzend begabte und interessierte Hacker ihrer Fantasie freien Lauf lassen, so können Anwendungsideen und sogar Innovationen entstehen, die von den Entwicklern nicht antizipiert wurden. Im Kontext von Start-up-Weekends geht die Erwartung noch einen Schritt weiter: Ziel ist der Pitch von Unternehmenskonzepten und die Teamformation für neue Start-ups (StartupWeekend 2016). Ein weiterer Nutzen für Sponsoren und Organisatoren ist die Möglichkeit, in Kontakt zu treten mit talentierten Programmierern, Designern und Jungunternehmern. Die Arbeitssituation von Teamwork und Zeitdruck kann für ein lebensechtes Assessment genutzt werden, um Talente zu rekrutieren (D'Souza 2016).

6.6 Erfolgsprinzip Hackathon

6.6.1 Was wir von Hackathons lernen können

Warum geschehen bei einem Hackathon oft Dinge in kurzer Zeit, die in manchen Unternehmen nicht einmal über den Zeitraum von Monaten passieren? Was ist das Erfolgsgeheimnis der Produktivität und Kreativität in dieser Umgebung? Wir haben die „sieben Räume“ und die Wichtigkeit des Aspekts „Spielraum“ kennengelernt. Die psychologische Forschung weiß, dass der Aktivitätsmodus *Spiel* und der emotionale Alarmzustand *Angst* sich ausschließen; nur wer sich „in Sicherheit“ fühlt, der kann es sich leisten, spielerisch, neugierig zu agieren statt in eingefahrenen Routinen. Die Person geht Risiken ein, exploriert Möglichkeiten, imaginiert ganz neue Wege, um ein Problem zu lösen. Was passiert also während des Hackathon? Im Team entsteht im gemeinsamen Prozess ein tragfähiges Vertrauensnetz untereinander, welches es gestattet, angstfrei Irrwege und Fehler zu riskieren.

6.6.2 Kultur und Mindset erfolgreicher Teams

Für die aufgezeigte Perspektive finden wir in der Teamforschung wissenschaftliche Unterstützung. Der stark innovationsgetriebene Weltkonzern Google hat frühzeitig erkannt, dass die kollaborativen Teams ein entscheidender Baustein des Unternehmenserfolgs sind. So wurde das Phänomen *Team* als solches zum Forschungsgegenstand, um diese Ressource zu verstehen und wenn möglich auch optimal zu kultivieren. Google fand heraus, dass die erfolgreichsten Teams folgende fünf Eigenschaften in sich vereinen (Rozovsky 2015):

1. **Psychologische Sicherheit:** Können wir Risiken auf uns nehmen, ohne uns gefährdet zu fühlen?
2. **Verlässlichkeit:** Können wir auf den anderen bauen, wenn es darum geht, Qualität zu liefern, und zwar zur vereinbarten Zeit?
3. **Struktur und Klarheit:** Sind die Ziele und Rollen im Team ausreichend klar?
4. **Bedeutung der Arbeit:** Arbeiten wir an Dingen, die uns persönlich etwas bedeuten?
5. **Glaube an den Sinn der Arbeit:** Glauben wir fundamental an die Bedeutung unserer Arbeit, unserer Projekte?

Vor dem Hintergrund der Teamforschung wird jetzt deutlich, aus welchem Grund die Kollaboration in Hackathons funktioniert. In dieser Umgebung erreichen viele Teams die Stufe der „psychologischen Sicherheit" und auch die anderen vier Eigenschaften werden aktualisiert und beflügeln so den kollaborativen Prozess. Mihaly Csikszentmihalyi, einer der Pioniere der Glücksforschung, hat bereits beschrieben, wie ein Team umschaltet in einen veränderten Zustand und zu einer Einheit wird – zum Beispiel bei einem komplizierten chirurgischen Eingriff. In Anlehnung an seinen Grundbegriff „Flow" bietet sich der Begriff „Team Flow" an (vgl. Abb. 6.7; Funk 2016; Csikszentmihalyi 1990).

Außerdem können wir aus den Einsichten der Teamforschung den optimistischen Schluss ziehen, dass dieses Phänomen kollaborativer Spitzenleistung kein Ausnahmezustand bleiben muss. Wenn eine Unternehmenskultur ernsthaft in diese Richtung entwickelt wird, dann können die gehemmten Potenziale auch im Alltag entfesselt werden. Passende digitale Werkzeuge können diese Kultur sicher unterstützen, das entsprechende Mindset aber wird – wie ein Virus – von Menschen übertragen. Hackathons sind die beste Gelegenheit sich von diesem Geist anstecken zu lassen.

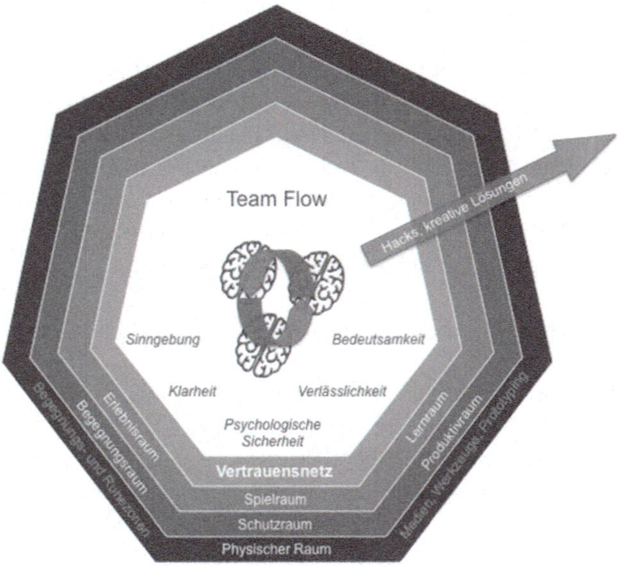

Abb. 6.7 Aspekte des „Team Flow"

6.7 Fazit und Ausblick

Die Grundidee des Formats Hackathon ist bestechend einfach. Wer jedoch einen erfolgreichen Hackathon durchführen möchte, der sollte sich eingehend mit den komplexen Erfolgsfaktoren befassen. Je nach Ausrichtung und Größe erweist sich das organisatorische und technische Management als sehr vielschichtig. Das Konzept der „sieben Räume" hilft, die Umgebungsfaktoren für den fragilen Prozess kreativer Teams jederzeit im Auge zu behalten. Der Raum und die Medien sind so zu gestalten, dass die Fähigkeiten der Teammitglieder möglichst reibungslos ineinandergreifen und neue Ideen zugelassen werden. Die Praktiken erfolgreicher Hack-Teams und die Erkenntnisse der Teamforschung aus dem Unternehmenskontext konvergieren hierbei in vielen Punkten, das heißt, dass wir ein weiteres Stück der „DNA" effektiver Kollaboration verstehen. Die gefundenen Erfolgsfaktoren schließlich lassen sich auch für eine in der Tiefe innovative Unternehmenskultur fruchtbar machen. Ebenso wäre es sinnvoll, die Einsichten einfließen zu lassen in den Designprozess zukünftiger, völlig neuartiger virtueller oder hybrider Eventformate.

Literatur

Barnett, T., A. Todorović, G. Timmerman, J. Zoneraich, J. B. Rubinovitz, R. Rouhani, R. G. Wong. 2016. MLH hackathon organizer guide. https://guide.mlh.io/. Zugegriffen: 4. Okt. 2016.

Briscoe, G. 2014. Digital innovation: The hackathon phenomenon. In: Creativeworks London Working Paper No. 6, May 2014. http://www.creativeworkslondon.org.uk/wp-content/uploads/2013/11/Digital-Innovation-The-Hackathon-Phenomenon1.pdf. Zugegriffen: 4. Okt. 2016.

Brooks, J., und L. T. Vo. 2015. A blueprint for designing hackathons. July 14, 2015. https://medium.com/@lamthuyvo/designing-inclusive-hackathons-d021fc1bf8d6. Zugegriffen: 20. Sept. 2016.

Csikszentmihalyi, M. 1990. *Flow: The psychology of optimal experience*. New York: Harper and Row.

D'Souza, N. 2016. Hiring hackathons v/s traditional recruiting methods. What are the key differences? May 13, 2016. http://blog.venturesity.com/hiring-hackathons-vs-traditional-recruiting-methods-key-differences. Zugegriffen: 4. Okt. 2016.

Funk, L. 2016. Team flow: How to make productivity contagious. September 23, 2016. https://blog.asana.com/2016/09/workstyle-team-flow/. Zugegriffen: 7. Okt. 2016.

GCB. 2016. Future meeting space. German Convention Bureau. http://www.gcb.de/de/informationen/trends-und-innovationen/future-meeting-space.html. Zugegriffen: 30. Sept. 2016.

Grijpink, F., A. Lau, und J. Vara. 2015. Demystifying the hackathon. McKinsey Digital October 2015. http://www.mckinsey.com/business-functions/business-technology/our-insights/demystifying-the-hackathon. Zugegriffen: 30. Sept. 2016.

Hacking Health. 2016. Hacking Health Waterloo Hackathon. Veranstaltungsseite Eventbrite. http://www.eventbrite.com/e/hacking-health-waterloo-hackathon-tickets-25434528359. Zugegriffen: 21. Sept. 2016.

Intel. 2016. How VR will change social media (blogger pseudonym Kill Screen). August 16, 2016. http://iq.intel.com/social-vr-will-change-social-media/. Zugegriffen: 21. Sept. 2016.

Keyani, P. 2012. Stay focused and keep hacking. May 23, 2012. https://www.facebook.com/notes/facebook-engineering/stay-focused-and-keep-hacking/10150842676418920/. Zugegriffen: 27. Sept. 2016.

Leckart, S. 2012. The hackathon is on: Pitching and programming the next killer app, Wired, Februar 17, 2012. https://www.wired.com/2012/02/ff_hackathons/ Zugegriffen: 20. Sept. 2016.

Microsoft. 2015. Microsoft Sweden. https://www.flickr.com/photos/46411239@N05/157 16942894. Creative Commons, Attribution 2.0 Generic (CC BY 2.0). https://creativecommons.org/licenses/by/2.0/). Zugegriffen: 20. Sept. 2016.

Mumm, J. 2012. The rise of the hack. VentureBeat. March 15, 2012. http://venturebeat.com/2012/03/15/the-rise-of-the-hack/. Zugegriffen: 21. Sept. 2016.

OpenGLAM. 2012. Open culture data: The first step towards open culture data in the Netherlands. February 16, 2012. http://openglam.org/2012/02/16/open-cultural-data-the-first-step-towards-open-cultural-data-in-the-netherlands/. Zugegriffen: 20. Sept. 2016.

Rozovsky, J. 2015. The five keys to a successful Google team. re:Work, November 17, 2015. https://rework.withgoogle.com/blog/five-keys-to-a-successful-google-team/. Zugegriffen: 20. Sept. 2016.

Schroll, W. 2016. Linksammlung Hackathon Guides. https://www.diigo.com/user/foresights/hackathon-guides. Zugegriffen: 30. Sept. 2016.

Seifert, M. 2016. Pokémon GO – Weltweite Download-Zahlen veröffentlicht. 08.09.2016. http://www.gameswelt.de/pokemon-go/news/weltweite-download-zahlen-veroeffentlicht,264529. Zugegriffen: 20. Sept. 2016.

StartupWeekend. 2016. http://startupweekend.org. Zugegriffen: 30. Sept. 2016.

Wood, C. 2013. Who invented the hackathon? November 15, 2013. http://www.govtech.com/pcio/Who-Invented-the-Hackathon.html. Zugegriffen: 20. Sept. 2016.

Über den Autor

Willi Schroll (M. A.) ist Strategieberater für Foresight und Innovation. Als Experte für Zukunftstechnologien und für Wandlungsprozesse in Wirtschaft und Gesellschaft berät er seit 1995 Unternehmen und Organisationen in Zukunftsfragen. Seine aktuellen Schwerpunkte sind die digitale Transformation, das Internet der Dinge und soziokulturelle Innovationsprozesse. Er wirkte mit an multidisziplinären Trendstudien wie Connected Reality 2025 (2014) oder TV 2020 – Zukunft des Fernsehens (2011). Hackathons: IOT GateSense Hackathon Kopenhagen 2013, Education Hackathon 2014, London IoT Week 2014.

Kontakt: schroll@strategiclabs.de

„HackHPI": How to organize a Hackathon

7

Nico Knoll

Zusammenfassung

Am 11. und 12. Juni 2016 fand am Potsdamer Griebnitzsee auf dem Campus des Hasso-Plattner-Instituts (HPI) der erste institutseigene, durch Studenten organisierte Hackathon statt. 1337 min, etwa 22 h, machten Veranstalter und Teilnehmende aus Berlin, Brandenburg und dem Rest der Welt in der „HPI School of Design Thinking" dem Eventcharakter der Veranstaltung alle Ehre. Warum genau 1337 min? Kenner der Materie ahnen es, denn die Zahlenkombination 1337 steht für Leetspeak, eine Art „Geheimcode" der Hackerszene.

7.1 Das HPI

1999 tauchte die Wortschöpfung „Hackathon" zum ersten Mal als Eventformat im Programmierbereich auf. 1999 ist auch das Gründungsjahr des der Veranstaltung als Forum dienenden Hasso-Plattner-Instituts (HPI) in Potsdam. Das HPI ist in seiner Ausstattung in Deutschland einzigartig. Die an die Universität Potsdam angegliederte, jedoch über eine Stiftung durch ihren Namensgeber finanzierte, wissenschaftliche Ausbildungsstätte ist anerkanntes akademisches Exzellenzzentrum für IT-Systems Engineering (IT-Systemtechnik). Der Studiengang der Informatik mit starkem Praxisbezug in die Ingenieurwissenschaften hat knapp 500 Studenten, deren Aufnahme neben der überdurchschnittlichen

N. Knoll (✉)
Hasso-Plattner-Institut, Berlin, Deutschland
E-Mail: mail@nico.is

T. Knoll (Hrsg.), *Veranstaltungen 4.0*,
DOI 10.1007/978-3-658-16223-8_7

Abb. 7.1 (Foto: Florian Meinel, CC-BY-SA 3.0 de)

Abiturdurchschnittsnote auch den Nachweis ausgeprägter Soft Skills erfordert. Diese stellten die Mitglieder des HPI Connect-Klubs jetzt bei ihrem selbstständig organisierten und über viele Monate geplanten „HackHPI" unter Beweis (Abb. 7.1).

7.2 Die Idee

HPI-Studenten müssen während ihres Studiums drei Semester lang Mitglied in mindestens einem der institutseigenen Klubs sein. Der Connect-Klub ist dabei unter anderem für die Organisation von Veranstaltungen verantwortlich, für die Durchführung externer Vorträge, die Verbindung von Uni und Außenwelt. Neun der Studenten des Connect-Klubs setzten ab Oktober 2015 erste bereits vorhandene Planungen für einen Hackathon am HPI in die Tat um. Die Terminfindung richtete sich dabei studentengemäß nach den eigenen Klausur- und Veranstaltungsplänen.

Studenten wurden neben ihren Semesteraufgaben zu Organisatoren eines zeitgemäßen Events aus dem wissenschaftlichen Veranstaltungsbereich. Und hatten einen Traum: den von einer erfolgreichen, international besuchten Programmierveranstaltung, vom Entwickeln innovativer Ideen und Lösungsansätze kollektiv in lockerer Atmosphäre, vom gemeinsamen Erlebnis eines Hackathons an ihrem Institut. Knapp zwei Tage mit netten, gleich gesinnten und motivierten Leuten verbringen. Im Team zusammenarbeiten, zusammen essen, sich kennenlernen, austauschen, inspirieren und sich am Ende fühlen wie nach einer gelungenen Semesterparty, die man nicht schon nach wenigen Wochen vergisst.

Abb. 7.2 (Foto: Lennart Lehmann, CC-BY-SA 3.0 de)

Hackathons sind inzwischen so erfolgreich und weit verbreitet, dass gerade das wachsende Angebot und die damit verbundene Konkurrenzsituation unverwechselbare und damit unvergessliche Charakteristika des Events erforderlich machen. Welche Erfolg versprechenden Alleinstellungsmerkmale ließen sich entwickeln? Das Motto, der Veranstaltungsort? Die Durchführung? Zu beachten war auch, dass der zu organisierende Hackathon als von HPI-Studenten initiierte Veranstaltung in seinem Ergebnis nicht nur deren persönlichen Leistungen widerspiegeln, sondern auch das HPI als Ganzes repräsentieren würde. Eine zusätzliche Herausforderung (Abb. 7.2).

7.3 Das Motto

Die erste wichtige Entscheidung für die Veranstaltung war die Wahl eines aussagestarken, attraktiven Mottos als Ausgangsbasis für die weiteren Planungen. Es sollte Technologiebezug haben, aktuell sein und dabei noch nicht überstrapaziert. Und sollte auch die Möglichkeit bieten, innerhalb der Vorbereitungszeit zufriedenstellende Ergebnisse zu erzielen. Einige Hackathons verzichten auf thematische Eingrenzungen, andere engen durch das gegebene strikte Motto die Kreativität der Teilnehmer ein. Der Hackathon am HPI sollte diesbezüglich den goldenen Mittelweg bilden und damit die größtmögliche Attraktivität durch thematische Inspiration bei viel schöpferischem Freiraum bieten.

Abb. 7.3 (Foto: Lennart Lehmann, CC-BY-SA 3.0 de)

Die Entscheidung für „Machine Learning“ (Maschinelles Lernen) war schon im Vorfeld der konkreten Umsetzung durch das studentische Organisationsteam, auch bedingt durch die daran gekoppelte Unterstützung des Hauptsponsors, getroffen worden. Unter Machine Learning versteht man künstliches Lernen aus Beispielen und Erfahrungen anhand daraus zu erkennender Gesetzmäßigkeiten. Ein frühes Beispiel mit großem Datenvolumen war hierfür Googles Android-Spracherkennung für Smartphones. „Machine Learning“ war und ist ein Buzzword, somit ein geeignetes Motto für einen attraktiven Hackathon. Attraktiv auch für potenzielle Sponsoren, die ihre diesbezüglichen Datensätze durch Aufgabenvergabe in die Veranstaltung mit einbringen möchten. Um weitere Teilnehmer (und auch Sponsoren) über ein noch breiter aufgestelltes und möglicherweise greifbareres Motto anzuziehen, wurde der inhaltliche Schwerpunkt neben den selbstlernenden Anwendungen und ihren Einsatzbereichen um „Data Analytics“ erweitert (Abb. 7.3).

7.4 Der Veranstaltungsort

Als aus der Idee ein Motto geworden war, folgte als nächster Organisationspunkt die Wahl eines geeigneten Veranstaltungsortes. Wo sollte der Hackathon stattfinden? Die „HPI School of Design Thinking“ wäre hinsichtlich Lage und Ausstattung hervorragend geeignet, nicht nur für den Programmierteil des Hackathons, sondern mit ihrem Außenbereich auch für das geplante Catering mit Barbecue.

Das HPI unterstützt in seiner Lehre die praxisnahe Vernetzung von Wissenschaft und Wirtschaft, um anwenderfreundliche Innovationen hervorzubringen. Die „HPI School of Design Thinking" wurde in praktischer Umsetzung dieser Leitlinie für die Dauer des Hackathons zur Nutzung freigegeben. Rückblickend lässt sich sagen, dass dieser Teil der Projektdurchführung durch die gute Zusammenarbeit am HPI der unkomplizierteste innerhalb der kompletten Organisation war.

Ausgehend von der Größe der Räumlichkeiten wurde eine Kapazität für etwa 80 Teilnehmende kalkuliert. Und die Entscheidung getroffen, unter Berücksichtigung der „No Show Rate" von 40 % der Interessenten, die sich bei kostenfreien Veranstaltungen anmelden und dann doch nicht erscheinen, 120 Tickets auszugeben. Trotz Erinnerungsmails und Bitten um Rückbestätigung der Teilnahme bewahrheitete sich diese Quote auch auf dem Hackathon am HPI fast punktgenau.

An technischer Zusatzausstattung war für den Hackathon-Veranstaltungsbereich lediglich die Einrichtung eines separaten WLAN-Netzes erforderlich, die die Administratoren des HPI zusicherten, ebenso wie die Zurverfügungstellung von ausreichend Steckdosenleisten für Laptops und diverse Aufladegeräte der erwarteten Teilnehmer.

Die „HPI School of Design Thinking" zeichnet sich durch ihre Einrichtung aus. Tische und Stühle sind modern und ergonomisch hochwertig, jedoch nicht dafür geeignet, knapp 22 h an ihnen zu verweilen. Im Fundus des Instituts fand sich für etwa 100 Personen Ersatz in Form von Stühlen mit einer Polsterung, die sich im Laufe des Hackathons als sehr wohltuend erweisen sollte. Sitzsäcke, Schaumstoffwürfel und Sofas aus derselben Quelle wurden budgetschonend als Möglichkeit für die Teilnehmenden eingeplant, während der Veranstaltung in einer separaten „Sleeping Area" eine Pause einzulegen (Abb. 7.4).

Abb. 7.4 (Foto: Lennart Lehmann, CC-BY-SA 3.0 de)

7.5 Die Finanzierung

Das HPI stellte die Räumlichkeiten und das Mobiliar, eine weitergehende finanzielle Unterstützung wurde ausgeschlossen. Die Teilnahme am Hackathon war planungsgemäß kostenfrei, ebenso wie Essen und Getränke vor Ort und T-Shirts mit dem Logo des Hackathons für alle Teilnehmer und Teilnehmerinnen. Den zu erwartenden Posten auf der Ausgabenseite standen insofern keine zu erwartenden Einnahmen gegenüber. Bei den Berechnungen des notwendigen Budgets half der „Major League Hacking“ (MLH), ein amerikanischer Verband, dessen Aufgabe unter anderem ist, Veranstalter bei der Organisation von Hackathons zu unterstützen.[1] Über deren Kostenkalkulationsbogen ließ sich nach Angabe der Teilnehmerzahl ermitteln, welche Ausgaben zu erwarten wären: etwa 10.000 EUR. Das Connect-Klub-Budget sprengten diese, insbesondere durch Catering und T-Shirts, hohen Kosten. Sponsoren mussten gefunden werden.

Die Sponsoren stellen auf einem Hackathon neben der finanziellen Unterstützung Technologien, Expertenwissen, Rohdaten und Preise zur Verfügung. Was konnte der Hackathon am HPI ihnen im Gegenzug dafür bieten? Ein modernes Veranstaltungsformat an einem renommierten Institut. Motivierte Organisatoren und Teilnehmer und Teilnehmerinnen, die sich bereit erklären, ihre Kontaktdaten den Sponsoren werbewirksam und zur Talentförderung zur Verfügung zu stellen.

Die Sponsorensuche begann bei Firmen mit großem Datenaufkommen und direkt aus dem Bereich „Machine Learning“, neue Technologien, Soft- und Hardware. Ein mit dem HPI eng zusammenarbeitendes Unternehmen förderte den Hackathon von Anbeginn als Giga-Sponsor. Wikidata wurde als gemeinnützige Organisation gewonnen, die nicht finanziell, sondern in Form von umfangreichen Rohdatensätzen unterstützte. Trotz großer Bemühungen vonseiten des Organisationsteams gestaltete sich die Suche schwer. Auch nach dem dritten Reminder gab es von vielen Firmen keine Rückmeldung.

---

[1] „Major League Hacking (MLH) is the official student hackathon league. Each year, we power over 200 weekend-long invention competitions that inspire innovation, cultivate communities and teach computer science skills to more than **65,000 students** around the world. MLH is an engaged and passionate maker community, consisting of the next generation of technology leaders and entrepreneurs“ (https://mlh.io/about, zugegriffen am 24. August 2016).

Abb. 7.5 (Foto: Lennart Lehmann, CC-BY-SA 3.0 de)

Für die weitere Sponsorensuche wurden durch die studentischen Organisatoren eigene Netzwerke genutzt und die durch Mitarbeit an Projekten, aktuelle und ehemalige Arbeitsstellen entstandenen Beziehungen im IT-Bereich um Unterstützung angefragt – und dabei tatsächlich ein dritter Sponsor gefunden. Das veranschlagte Budget war damit aber noch lange nicht gesichert – und bis zum Hackathon dauerte es nur noch vier Wochen. Drei weitere kleinere Sponsoren gaben Hoffnung, doch erst mit dem vierten, gänzlich unerwarteten schrieb das Projekt eine Woche vor Beginn des Hackathons schwarze Zahlen. Und auch für die zu vergebenden Preise fanden sich jetzt Sponsoren mit gutem Willen und einem Blick für das Werbepotenzial des Events (Abb. 7.5).

7.6 Das Marketing

Welche Werbemaßnahmen für die Veranstaltung geeignet sind, orientiert sich an der Zielgruppenanalyse der erfahrungsgemäß an Hackathons Teilnehmenden: Die potenziellen Teilnehmer und Teilnehmerinnen zeichnen in erster Linie die Motivation und der Spaß an Teamwork und der Herausforderung aus, die eigenen Fähigkeiten und Grenzen zu erweitern. Technikaffinität wird vorausgesetzt – an Hackathons Teilnehmende kommen üblicherweise aus dem Bereich Informatik und sind vielfach Studierende – ebenso wie das Interesse an „Machine Learning“ und „Data Analytics“. Die Teilnahme an einem Hackathon ist nicht gebunden an den Nachweis von Vorkenntnissen, eine spezielle Ausbildung oder einen speziellen Ausbildungsstand. Das Durchschnittsalter liegt bei 20 bis 30 Jahren. Das Marketing für den am HPI zu veranstaltenden Hackathon sollte sich selbstverständlich an dieser Zielgruppe orientieren, sodass sich die Marketingkampagne demzufolge auf eine informative Website, soziale Medien und Hackathon-Foren im Netz konzentrieren würde.

Doch zunächst keine Werbung für ein Event ohne Namen. Die Namensfindung für einen Hackathon orientiert sich zumeist am Austragungsort oder -institut in Verbindung mit „Hack“: der „LauzHack“ in Lausanne, der „HackNotts“ in Nottingham oder der jacobsHack! an der Bremer Jacobs Universität. Seltener findet sich auch das Fachgebiet in der Namensgebung wieder. Der Hackathon am Hasso-Plattner-Institut sollte dieses betonen. Insofern boten sich zwei Alternativen: HackHPI oder HPIHack. Die Entscheidung nach Klang war einfach und somit hatte das Kind einen Namen: HackHPI.

Schwieriger gestaltete sich die Findung eines prägnanten und werbewirksamen Logos. Die ersten, an die Öffentlichkeitsarbeit des Instituts gemailten Entwürfe wurden als zu offiziell, zu nah am Institutslogo verworfen. Der HackHPI war keine offizielle Veranstaltung des HPI und sollte diesen Eindruck auch nicht erwecken. Das Logo sollte das Wesen der Veranstaltung repräsentieren und über die Gestaltung, über Farb-, Schrift- und Formwahl im Rahmen des Corporate Designs Assoziationen zum HPI wecken. Es muss gleichzeitig den Betrachter ansprechen und die Marke repräsentieren, einzigartig, wiedererkennbar und in sämtlichen relevanten Medien reproduzierbar sein. Zurück ans Zeichenbrett. Orientierungshilfen und Grundvorgaben waren leicht zu finden. Über eine Modifizierung vorhandener Schrifttypen in Anlehnung an den NASA-Schriftzug, Repräsentant weitreichender und zukunftsorientierter Forschung, unter Beibehaltung der dem HPI entsprechenden orangedominierten Farbwahl fanden wir eine alle zufriedenstellende Lösung. Die Werbekampagne konnte beginnen.

Die Domain hackhpi.org wurde gebucht, eine ansprechende Webseite gestaltet und programmiert und alle notwendigen Informationen darauf online gestellt. Ein Facebook-Auftritt ebenso wie Twitter wurden über den gesamten Werbezeitraum mit gestreuten Neuigkeiten werbewirksam gefüttert und für den HackHPI eingesetzt. Eventbrite und DEVPOST als Hackathon-Werbeforen streuten die Informationen über den HackHPI weltweit (Abb. 7.6).

Abb. 7.6 (Foto: Lennart Lehmann, CC-BY-SA 3.0 de)

7.7 Das Programm

> What to expect at HackHPI 2016
>
> Data is big. Really big. You just won't believe how vastly, hugely, mindbogglingly big it is. That's why we are striving to develop new approaches to deal with that amount of information. One, perhaps the most notable, is machine learning. It doesn't matter if you already wrote your own TensorFlow or have no real experience with machine learning besides flirting with Siri – we'd be happy to welcome you!
>
> For 1337 minutes of hacking (around 22 hours) we will bring students from Berlin, Brandenburg and the rest of the world together in the HPI School of Design Thinking, located on our campus. By providing world class sponsors (including workshops and access to their data and APIs), a great location and plenty of club mate to fuel your brain we will create a space for creativity, inspiring ideas and a passion for trying out new things.
>
> Interested? Come and share your dedication and skills with others, exchange knowledge and accomplish great things! (http://hackhpi.org/, zugegriffen am 20. August 2016).

Die Werbebotschaft des HackHPI manifestierte sich in der Gestaltung des Programmplans (vgl. Tab. 7.1): Er orientierte sich in seinen Programmpunkten an der gängigen Grundstruktur von Hackathons und ließ damit viel Raum für Kreativität und Kennenlernen.

Tab. 7.1 Programm des HackHPI. (Quelle: http://hackhpi.org/#schedule, zugegriffen am 24. August 2016)

Samstag, 11. Juni		Sonntag, 12. Juni	
Uhrzeit	Programmpunkt	Uhrzeit	Programmpunkt
09:30	Reception	00:00	Midnight Snacks
11:00	Opening Ceremony	08:00	Breakfast
12:00	Lunch & Team Building	11:17	End of Hacking
13:00	Start Hacking	12:00	Lunch
14:00	Tech Talks & Workshops	13:00	Final Presentations
19:00	Dinner	16:00	Awards & Closing Ceremony
22:00	Sleeping area opens	17:00	The End

Einzelne Punkte bedurften noch gesonderter Vereinbarungen und Vorbereitungen.

Punkt 1: Tech Talks & Workshops
„Machine Learning & Data Analytics": Das Motto des Hackathons stand. Um dieses den Teilnehmenden bei Bedarf zur Anregung inhaltlich näher zu bringen, würden einführend freiwillige Workshops und Fachgespräche mit Experten/Sponsoren stattfinden. Während ein Hackathon in seinem Ablauf leicht das Gefühl eines Selbstläufers vermittelt, gestaltete sich die Organisation dieses Programmpunkts aber aufwendig und zog sich mit der Suche nach geeigneten Dozenten bis in die letzte Vorbereitungswoche.

Punkt 2: Themensammlung
Durch die Vorgabe des Mottos bestand bei Interesse die Möglichkeit, sich mit der Thematik schon vorab auseinanderzusetzen, Hypothesen zu entwickeln und Lösungsansätze zu durchdenken. Die Teilnahme an Workshops kann der Spezifizierung des Themas dienlich sein. Es ist im Interesse eines fairen Hackathons aber nicht zulässig, bereits angefertigte Codes mitzubringen und zu nutzen.

Punkt 3: Teambildung
Die Teams sollten aus nicht mehr als zwei bis vier Teilnehmern bestehen, die ihr jeweiliges Projekt bearbeiten. Auf einigen Hackathons wird die Teambildung funktionsübergreifend gesteuert. Der HackHPI würde auch diesbezüglich Freiraum bieten. Die Teams konnten als schon bestehende Gruppe anreisen oder sich im Rahmen des ersten gemeinsamen Essens nach der Opening Ceremony finden.

Abb. 7.7 (Foto: Lennart Lehmann, CC-BY-SA 3.0 de)

Punkt 4: Preisverleihung
Als Jury standen für den Hauptwettbewerb vier Experten, darunter mit Prof. Dr. Emmanuel Müller ein Mitglied des Lehrkörpers am HPI, zur Verfügung, die „Machine Learning“ und/oder „Data Analytics“ als ihr Spezialgebiet betrachteten. Die Würdigung der Ergebnisse des Hackathons sollte auf der Grundlage von Qualität und Kreativität erfolgen und sich möglichst über ein breites Teilnehmerfeld streuen. Als aus dem Organisatorenhaushalt finanzierte Preise standen neben den mit dem Logo des HackHPI gravierten Medaillen und Pokalen für die ersten Plätze auch attraktive Hardwareprodukte bereit. Separate Sponsorenwettbewerbe mit eigener Aufgabenstellung, Datenmaterial und Preisen unterlagen gesonderten und individuellen Anforderungen der Unterstützer.

Inwieweit sich diese Pläne konkret umsetzen ließen, sollte sich schon bald darauf erweisen (Abb. 7.7).

7.8 Der HackHPI 2016

Mit der Ausgabe der ersten Tickets begann für die Organisatoren die Phase der Konfrontation von Plan und Umsetzung, von Theorie und Praxis. Stark nachgefragte Hackathons vergeben ihre Tickets über Vorabbewerbungen an geeignet erscheinende Teilnehmer und Teilnehmerinnen. Eine für neue Veranstaltungen wie den HackHPI angemessene Alternative ist die freie Vergabe. Eventbrite stellte die Plattform für die Online-Ticketing-Lösung: Etwa ab der sechsten Wochen vor

Beginn des HackHPI wurden 20 Tickets pro Woche freigeschaltet. Der zunächst etwas schleppende Verlauf mündete kurz vor dem Start des Events in Wartelisten und einer Vergabe der verbliebenen 20 Tickets in nur einer Minute.

Die letzten Momente vor dem offiziellen Beginn waren arbeitsreich. Auch da in den Planungen ein wichtiger Punkt übersehen wurde: was mit der eigentlichen Raumausstattung, den Design-Thinking-Tischen und -Stühlen, den Whiteboards während des Hackathons passieren sollte. Das Mobiliar musste gänzlich entfernt und zum Ende des Hackathons wieder aufgebaut werden. Ein großer Schritt nach einem schlaflosen Wochenende.

Doch zunächst hieß es, 1337 min zu aller Zufriedenheit zu gestalten. Die zum Teil weit angereisten Teilnehmer trafen pünktlich, einige sogar überpünktlich ein. Der Check-in erfolgte problemfrei und gut organisiert über Eventbrite und ausgegebene QR-Codes. Der Hackathon HackHPI 2016 konnte beginnen.

82 Teilnehmer und etwa 20 Personen in der Durchführung, die in Schichten arbeiteten, würden das nahezu schlaflose Wochenende auf begrenztem Raum miteinander verbringen. Deshalb galt auch auf dem HackHPI der „Code of Conduct" der Major League Hacking. Die Regeln dienen auf einem Event einer gastfreundlichen und sicheren Atmosphäre und der Vermeidung von Belästigung, ob in verbaler oder schriftlicher Form. Die Teilnahme am HackHPI war bereits bei der Registrierung an die Akzeptanz der „Benimmregeln" des MLH gebunden.[2]

Gut 22 h hatten die Teilnehmenden nach der Begrüßung Zeit, um im Bereich „Machine Learning & Data Analytics" aus einer Idee ein Anwendungsprogramm zu entwickeln oder eine Lösung für ein Softwareproblem aus diesem Themenfeld zu finden. Mit der Opening Ceremony und der dortigen Vorstellung der Sponsoren lief die Zeit. Die folgende Lunchpause diente einem ersten, entspannten Kennenlernen, verbunden mit Teambildungen. Diese Gruppen konnten dann untereinander ihre Ansätze besprechen und beschließen, welche Tech Talks oder Workshops der Zielsetzung dienlich wären und ob überhaupt, oder ob man bereits mit der Programmierung beginnen sollte.

[2] „Be respectful. Harassment and abuse are never tolerated. (…) Harassment includes but is not limited to offensive verbal or written comments related to gender, age, sexual orientation, disability, physical appearance, body size, race, religion, sexual images in public spaces, deliberate intimidation, stalking, following, harassing photography or recording, sustained disruption of talks or other events, inappropriate physical contact, and unwelcome sexual attention. If what you are doing is making someone feel uncomfortable, that counts as harassment and is enough reason to stop doing it." (https://static.mlh.io/docs/mlh-code-of-conduct.pdf, zugegriffen am 20. August 2016).

In den Tech Talks und Workshops bot sich denjenigen, die keinen eigenen Ansatz hatten, durch die Sponsoren die Möglichkeit, mit den von ihnen mitgebrachten Rohdatensätzen und Schnittstellen Lösungen für durch sie konkret gestellte Aufgaben zu finden, die neben dem Hauptwettbewerb durch die Sponsoren gesondert bewertet werden würden. Nach dem Besuch der Workshops war für viele Teilnehmer die Einstiegshürde gefallen und der Hackathon nahm Fahrt auf. Jetzt lag es an den einzelnen Teams, welchen Lösungsweg sie beschreiten würden.

Die Nacht war für alle Teilnehmenden kurz. Um spätestens 11.17 Uhr am Sonntagmorgen musste der Code stehen. Um 13 Uhr sollten die Ergebnisse nicht in Power-Point-Präsentationen, sondern in konkreten Projekten vorliegen und vorgestellt werden. Jeweils drei Minuten erhielt jede Gruppe für ihre Lösungsvorschläge. Manch einer war erschöpft und von der Nacht gezeichnet. Viele Schlafsäcke blieben ungenutzt, da die Zeit nur für einen kurzen Power Nap in der Ecke oder mit dem Kopf auf der Tischplatte reichte. Und auch nicht alle Projekte konnten beendet werden.

Doch die Idee zählt. Die Jury brauchte eine knappe Stunde für die Bewertung der vielfältigen Palette an Eingebungen und Lösungsmöglichkeiten im Bereich „Machine Learning & Data Analytics". Zu den Gewinneranwendungen gehörten unter vielen anderen:

- der „Embedded Article Post", der nach Speicherung gelesener Artikel eine Empfehlung vergleichbar interessanter und sogar den jeweils individuellen Horizont erweiternder Informationen ermöglicht,
- „Roboteyes" als unterstützendes Hilfsprogramm für Blinde, um Fotos zu analysieren, und
- „Player Personality Profiling", eine Anwendung, die dazu befähigt, das Spielverhalten bei Online-Video-Games zu analysieren.

Die überzeugendsten Lösungsvorschläge des HackHPI wurden mit Preisen belohnt. Die Quellcodes der präsentierten Ergebnisse opensource veröffentlicht. Sie können nach dem HackHPI noch zu weiteren Entwicklungsschritten und Ideen motivieren. Jeder Teilnehmer und jede Teilnehmerin erhielt am Ende der Veranstaltung ein T-Shirt mit dem Logo des HackHPI (Abb. 7.8).

Abb. 7.8 (Foto: Lennart Lehmann, CC-BY-SA 3.0 de)

7.9 Fazit

Rückblickend stellt sich natürlich die Frage: Konnte der HackHPI in seiner Umsetzung als erste Veranstaltung seiner Art am Hasso-Plattner-Institut dem hohen Organisationsaufwand gerecht werden? Definitiv! Es bestätigte sich im Veranstaltungsverlauf, dass ein Hackathon kein Programmierwettbewerb ist. Statt durch Konkurrenz war die Atmosphäre auf dem HackHPI geprägt durch Teamgeist und Zusammenarbeit unter Gleichgesinnten. Viele Teilnehmende waren auch wegen des Spaßfaktors und neuer Freundschaften gekommen. Die Preise des HackHPI waren eine willkommene Anerkennung, aber auch ohne sie verließen die Teilnehmenden den Hackathon bereichert.

Während des HackHPI bot das Institut eine breite, von den Organisatoren hochgeschätzte Unterstützerfront. Jeder vor Ort „sponsorte“ den Hackathon im Rahmen seiner Möglichkeiten mit kreativem und praktischem Support. Den fünf aktiven Organisatoren und vier beratenden standen neben zahlreichen freiwilligen Helfern aus der Studentenschaft viele verschiedene Klubs des HPI zur Seite: angefangen beim Sportklub, der den Teilnehmern Kicker zur Verfügung stellte, über die Film- und Foto-Klubs, die das Wochenende dokumentierten, bis hin zum innovativen Klub „Mobile Developer“. Nicht zuletzt trugen ein fahrbarer Golf-Caddy, der dem Organisationsteam des HackHPI während der Veranstaltung die Wege auf dem Gelände des HPI zeitlich verkürzte, und Schaukeln, die die Teilnehmenden in den Pausen zum meditativen Schwingen luden, dazu bei, dass die Zufriedenheit während der gesamten Veranstaltung bei allen sehr hoch war.

Für den nächsten Hackathon wurde viel dokumentiert und wertvolle Kontakte gesammelt, sodass die Planung und Organisation stressfreier verlaufen kann. Der HackHPI 2016 war der erste studentenorganisierte Hackathon am HPI und

Abb. 7.9 (Foto: Lennart Lehmann, CC-BY-SA 3.0 de)

die organisierenden Studenten aus dem Connect-Klub in der Vorbereitung vergleichbarer Veranstaltungen gänzlich Neueinsteiger. „Learning by doing" war die Devise, nachfragen, recherchieren, aber vor allem gemeinsam daran arbeiten, das gesetzte Ziel einer erfolgreichen Veranstaltung zu erreichen. Erfolg gemessen an der Nachfrage, der guten Stimmung, der postumen Resonanz.

Die internationalen Teilnehmer und Teilnehmerinnen aus Großbritannien, Dänemark und Kanada hackten gemeinsam, zufrieden, gut gelaunt und erfolgreich mit Berlinern, Brandenburgern, Niedersachsen. Die Nachfrage nach Plätzen überstieg das Angebot. Die Resonanz während und nach dem Event war von allen Seiten positiv. HackHPI 2016 war eine erfolgreiche Veranstaltung, die viel Lob hervorrief – das nicht nur dem Organisationsteam galt, sondern auch dem HPI mit seinen optimalen praxisnahen und auf internationale Kontakte ausgerichteten Studienbedingungen (Abb. 7.9).

Über den Autor

Nico Knoll studiert IT-System-Engineering am Hasso-Plattner-Institut, Potsdam. Während seines Studiums hat er als Mentor bei „Jugend hackt" agiert und an Hackathons in ganz Europa teilgenommen. Dabei hat er verschiedenste Konzepte und Praktiken der Umsetzung von Hackathons kennengelernt, welche aktiv bei der Organisation des HackHPIs angewendet werden konnten.

Kontakt: mail@nico.is

Digitale Events und Messen: gestern noch Theorie – heute schon Wirklichkeit

8

Martin Schulz

Zusammenfassung

Seit nunmehr fast einem Jahrzehnt sprechen Mitglieder der Veranstaltungsbranche nur ungern von virtuellen Events. Meist winken sie bei dem Thema selbstsicher ab. Selbst wenn von hybriden Veranstaltungen die Rede ist, sinkt die Aufmerksamkeitskurve. Erst wenn das Thema „zunehmende Digitalisierung in der Eventbranche" heißt, werden sie hellhörig. Doch die Zeit der digitalen Events und Messen wartet nicht darauf, bis sich Branchenvertreter dem Thema annehmen. Andere Akteure nutzen erfolgreich die digitalen Eventformate und ständig werden es mehr. In den vergangenen Jahren haben sich erste Formate erfolgreich etablieren können. Wie laufen digitale Events und Messen ab, welche Rolle spielt Facebook dabei und welche Chancen bieten die neuen Formen der Eventbranche? Einen Überblick, eine Erklärung zur Motivation der Veranstalter, technisch verständliche Grundlagen und ein Praxisbeispiel liefert dieser Beitrag.

8.1 Einführung

Mit der Digitalisierung erfährt auch die Veranstaltungs- und Eventbranche einschneidende Veränderungen. Neue Formate und neue Akteure betreten den Markt. Digitale Events und Messen finden ausschließlich im Internet und/oder in den

M. Schulz (✉)
msConsult, Seeheim-Jugenheim, Deutschland
E-Mail: mschulz@worldbit.de

T. Knoll (Hrsg.), *Veranstaltungen 4.0*,
DOI 10.1007/978-3-658-16223-8_8

sozialen Netzwerken statt. Mittlerweile ist das Internet nahezu flächendeckend verfügbar. Laut ARD-ZDF-Onlinestudie waren schon im Jahr 2015 knapp 80 % der Deutschen online. Mit anderen Worten: Fast 80 % aller Deutschen können per Mausklick an einer digitalen Veranstaltung teilnehmen.

Auch dank der Verbreitung von Smartphones wächst die Nachfrage nach immer mehr Internet-Zugangspunkten und immer größeren Bandbreiten unaufhaltsam. Telekommunikationsanbieter kommen der wachsenden Nachfrage stetig nach und schaffen die Grundlage für weitere digitale Dienste, die wiederum die Nachfrage nach dem allgegenwärtigen Internet anfeuert.

Die Digitalisierung ist einerseits die Basis für neue Geschäftsmodelle – für manche Dienste und deren Anbieter stellt sie jedoch andererseits eine potenzielle Gefahr dar. So ist seit Einführung von WhatsApp das bis dahin lukrative Geschäft mit dem SMS-Dienst im großen Stil eingebrochen. Neben permanent fallenden Preisen für internationale Telefonate hat auch Skype dazu beigetragen, den Telekommunikationsanbietern die bislang guten Geschäfte zu versalzen.

Das weltweit größte soziale Netzwerk Facebook wird jeden Monat von über einer Milliarde Menschen genutzt. Allein in Deutschland sind laut Statista (2016) 27 Mio. Menschen monatlich auf Facebook aktiv. Auch auf den sozialen Business-Netzwerken LinkedIn und XING organisieren sich Millionen Nutzer in Interessens- und regionalen Gruppen.

Das unermessliche Informationsangebot, das quasi überall und jederzeit verfügbar ist, führt bei Internet-Usern zu einem völlig veränderten Verhalten bei der Informationsbeschaffung. Mit Flyern und Broschüren vollgestopfte Taschen nach einem Messebesuch sind nur noch sehr selten zu sehen. Aussteller und Besucher tragen das Internet samt seiner Dienste in der Hosentasche und manche gar am Handgelenk. Nicht nur, dass die Digitalisierung in die physischen Veranstaltungen Einzug hält: Zunehmend wächst die Anzahl digitaler Events – also Veranstaltungen, deren Veranstaltungsort Internet heißt.

In diesem Beitrag möchten wir einen Einblick in heutige Eventformate geben. Wir betrachten und bewerten technische Lösungen, werden Einsatzbereiche beleuchten und anhand eines Praxisbeispiels eine Strategie und die Motivation des Veranstalters zur Umsetzung einer digitalen Messe kennenlernen.

8.2 Aktuelle Online-Eventformate

Im Internet wird schon heute eine Vielzahl digitaler Events veranstaltet. Wir geben einen kleinen Überblick dieser Formate und gehen auf technische Grundlagen und Voraussetzungen ein, die für die Umsetzung notwendig sind.

Aktuelle Online-Eventformate sind:

- Blog-Paraden,
- Online-Challenges,
- Webinare,
- Web-Kongresse,
- Online-Konferenzen und
- digitale Messen.

8.2.1 Blog-Parade

Zahlreiche Blogs haben sich von reinen chronologisch geführten digitalen Logbucheinträgen zu ernsthaften und nicht selten professionellen Online-Zeitschriften entwickelt. Autoren und Betreiber von Blogs haben meist gegenüber den Internet-Medien etablierter Verlage eine recht geringe Reichweite. Anders als etablierte Verlage sehen sich Blog-Betreiber nur selten als Wettbewerber an. Um mehr Reichweite und so mehr Aufmerksamkeit zu erzielen, schließen sich mehrere Blog-Betreiber zusammen und veranstalten im Internet „Blog-Paraden".

Der Initiator und Veranstalter einer Blog-Parade schreibt einen Artikel über ein aus seiner Sicht interessantes Thema und motiviert andere Blog-Autoren, ebenfalls Artikel zu dem ausgewähltem Thema zu veröffentlichen. Teilnehmende Blogger verlinken und kommentieren den initialen Artikel. Sowohl der Veranstalter als auch die teilnehmenden Blogger informieren das eigene soziale Netzwerk über die Veröffentlichungen. Dadurch erhöht sich die Aufmerksamkeit auf das gesamte Netzwerk aller teilnehmenden Blogger. Viele der Leser teilen die Veröffentlichung im eigenen Netzwerk, was die Reichweite zusätzlich erhöht. Am Ende einer „Blog-Parade" fasst der Veranstalter die Beiträge der anderen Autoren zusammen, kommentiert jeden Artikel und verlinkt zu den originalen Veröffentlichungen der teilnehmenden Blogger. So gelingt es allen Beteiligten, eine größere Anzahl von Lesern zu erreichen (vgl. Abb. 8.1) und den eigenen Blog zum ausgerufenen Thema bekannter zu machen. Als Nebeneffekt der Verlinkungen und der steigenden Abrufzahlen der Artikel wird die Blog-Quelle in Suchmaschinen, wie zum Beispiel Google, eine höhere Relevanz erzielen. Dadurch wird das Google-Ranking verbessert und somit steigt die Wahrscheinlichkeit einer noch größeren Reichweite.

Motivation: Erhöhung der Reichweite.

Technische Voraussetzungen: Internet-Zugang, eigener Blog, Leserschaft und soziales Netzwerk.

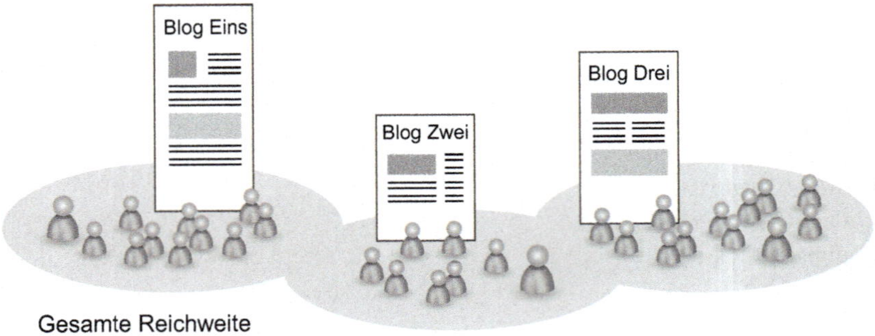

Abb. 8.1 Blog-Parade. (Illustration: Maik Breilmann)

8.2.2 Online-Challenge

Es gibt viele unterschiedliche Formen des Online-Marketings. Eines der nach wie vor erfolgreichsten Marketinginstrumente ist der kontinuierliche Versand von E-Mail-Newslettern an eine relevante Zielgruppe. Veranstalter einer Online-Challenge verfolgen primär das Ziel, mit dieser Eventform einen möglichst großen E-Mail-Verteiler aufzubauen.

Die Teilnahme an einer Online-Challenge wird meist kostenfrei angeboten. Dabei bietet die Online-Challenge ihren Teilnehmern die Möglichkeit, sich in einem festgelegten Zeitrahmen über ein definiertes Thema zu informieren, zu lernen und einzuarbeiten. Dazu erhalten die Teilnehmer der Challenge in regelmäßigen Intervallen (meist täglich) eine E-Mail mit Impulsartikeln oder Videos sowie Aufgaben, die es zu lösen gilt. Für die Umsetzung einer Online-Challenge, die der Veranstalter nicht allein gestalten möchte, gewinnt er Experten aus seinem Netzwerk, die zu dem Thema Artikel oder Videos produzieren sowie Aufgaben für die Teilnehmer erarbeiten. Zu fast jedem Themengebiet existieren mehr oder weniger bekannte Experten, die ihren Expertenstatus durch die Umsetzung einer Online-Challenge unterstreichen möchten. Alle Beteiligten motivieren weitere Personen aus ihrem persönlichen Netzwerk, ebenfalls an der Challenge teilzunehmen.

Veranstalter von Online-Challenges betreuen nicht selten eine gleichnamige Facebook-Gruppe, in der die Teilnehmer der Challenge ihre Lösungen der gestellten Aufgaben präsentieren und sich mit dem Veranstalter, den Experten und anderen Teilnehmern austauschen.

Im Verlauf und nach Beendigung der Online-Challenge hat sich eine Interessensgruppe gebildet, die der Veranstalter über Newsletter und ggf. auch über die eigens dafür eingerichtete Facebook-Gruppe langfristig an sich bindet (vgl. Abb. 8.2). Die teilnehmenden Experten haben ihren Expertenstatus gefestigt und konnten neue Kontakte knüpfen. Teilnehmer einer Online-Challenge haben sich durch die intensive Beschäftigung mit dem Thema weitergehende Kenntnisse angeeignet und ebenfalls ihr Netzwerk erweitert.

In der Regel wiederholt sich eine Online-Challenge mit wechselnden Experten; es werden stetig neue Teilnehmer generiert, was zu einem kontinuierlichen Wachstum der E-Mail-Liste beiträgt.

Motivation: Aufbau einer Empfängerliste für den Newsletter-Versand an eine spezifische Zielgruppe.

Technische Voraussetzungen: Internet-Zugang, eigene Web-Präsenz mit ggf. geschütztem Teilnehmerbereich, Newsletter-System, soziales Netzwerk.

8.2.3 Online-Konferenzen

In Facebook werden in jüngster Vergangenheit sogenannte „Online-Konferenzen“ veranstaltet. Die Wahl dieses Begriffs ist recht irreführend, denn bei dem hier bezeichneten Format werden lediglich Videointerviews zusammengetragen, deren

Abb. 8.2 Online-Challenge. (Illustration: Maik Breilmann)

Inhalt in Facebook-Gruppen für einen eingeschränkten Zeitrahmen zur Diskussion gestellt werden. Der Live-Anteil der hier bezeichneten Online-Konferenzen beschränkt sich rein auf die Diskussion innerhalb dieser Gruppen.

Für diese Online-Konferenzen gewinnt der Veranstalter Experten zu einem definierten Thema. Die Experten liefern dazu passende Videobeiträge oder werden in einem Videomeeting vom Veranstalter interviewt. Diese Interviews werden aufgezeichnet und als Video auf der eigenen Webseite bereitgestellt.

So entsteht ein umfangreicher Pool an Videobeiträgen, der Teilnehmern der Online-Konferenz für einen begrenzten Zeitraum kostenfrei zur Verfügung gestellt wird. Die Motivation der Teilnehmer, sich in die Teilnehmerliste und somit in den E-Mail-Verteiler einzutragen, besteht darin, dass sie aus ihrer Sicht Expertenwissen zunächst kostenfrei auf der Webseite des Veranstalters konsumieren können. Diese Information verbreitet sich auch schnell im eigenen Netzwerk der Teilnehmer. Im Anschluss an die Online-Konferenz werden alle Videointerviews und Beiträge als Paketangebot kostenpflichtig weiterhin angeboten.

Sowohl der Veranstalter als auch jeder einzelne Experte bewirbt und berichtet über die Online-Konferenz mit dem gleichen Ziel, das auch eine Blog-Parade verfolgt: eine möglichst hohe Reichweite zu erzielen und bei den Suchmaschinen als relevante Quelle möglichst an prominenter Stelle gelistet zu werden.

So entsteht ein virales Marketing und beschert dem Veranstalter einen rasch wachsenden E-Mail-Verteiler. Experten unterstreichen ihren Status und gemeinsam erzielen sie Erlöse durch den Abverkauf der Videobeiträge.

Motivation: Aufbau einer Empfängerliste sowie Abverkauf von Videoinhalten.

Technische Voraussetzungen: Internet-Zugang, eigene Web-Präsenz mit ggf. Online-Shop, Newsletter-System, Video-Meeting-Lösung.

8.2.4 Webinare

Webinare haben sich als Instrument zur Gestaltung digitaler Events auch in Deutschland seit mehreren Jahren etabliert. Ursprünglich wurden Webinare primär im Bereich der Online-Fortbildung eingesetzt. So erklärt sich die Zusammensetzung des Begriffs aus den Wörtern **„Web“** und „Sem**inar**“. Ein Webinar ist mit Frontalunterricht vergleichbar (vgl. Abb. 8.3). Der Referent und ggf. ein oder mehrere Co-Moderatoren halten in einem Online-Meeting live einen Vortrag per WebCam/Mikrofon und nutzen dabei Präsentationen, Bilder oder Live-Demos zur Darstellung eines Themas.

Abb. 8.3 Webinar. (Illustration: Maik Breilmann)

Webinar-Teilnehmer können sich meist per Text-Chat und Umfrage-Tools interaktiv am Webinar beteiligen. Trotz aller technischen Möglichkeiten hat die Erfahrung gezeigt, dass Teilnehmer von Webinaren – je nach Einsatzbereich – kaum länger als maximal zwei Stunden einem Webinar beiwohnen. Die Aufmerksamkeitskurve fällt mit zunehmender Dauer der Veranstaltung. Der offensichtliche Vorteil, an einem Webinar von nahezu jedem Ort aus teilnehmen zu können, führt im Gegenzug dazu, dass Teilnehmer ständiger Ablenkung ausgesetzt sind, wie zum Beispiel durch eingehende Telefonate, E-Mails oder die Ansprache durch Kolleginnen und Kollegen.

Motivation: Webinare werden vielfältig eingesetzt. Je nach Einsatzbereich werden unterschiedliche Ziele verfolgt.

Technische Voraussetzungen: Internet-Zugang, Einladungs-und Registrierungs-Tool, Webinar-Plattform.

8.2.4.1 Webinare in der Fortbildung

Webinare können sehr zweckmäßig in der Fortbildung eingesetzt werden und eignen sich optimal für Unterrichtseinheiten, die eine Dauer von zwei Stunden nicht überschreiten. Einige Anbieter teilen daher entweder den geplanten Seminarinhalt in Teilbereiche auf, andere wiederum bieten nur dann Webinare an, wenn das anvisierte Thema in maximal 120 min abgearbeitet sein kann. Beispiele sind Webinare, in denen auf bestehendem Basiswissen aufbauende Änderungen und Neuerungen behandelt werden. Konkret finden sich Angebote wie „Neue rechtliche Grundlagen", „Änderung im Steuerrecht", „aktuelle Abrechnungsrichtlinien für Arztpraxen" etc. Einige Anbieter nutzen Webinare, um sogenannte hybride Schulungen anzubieten. In diesem Szenario wird zunächst ein Vor-Ort-Grundlagenseminar veranstaltet, das im Anschluss durch ein oder mehrere Webinare ergänzt wird. Weitere Einsatzgebiete für Webinare finden sich im E-Learning-Bereich, in dem Teilnehmer den Unterrichtsstoff im Selbststudium erarbeiten und sich in Webinaren mit dem Schulungsleiter und ggf. mit den anderen Teilnehmern der Fortbildungsmaßnahme zu einem verabredeten Termin digital treffen und austauschen.

8.2.4.2 Webinare für innerbetriebliche Besprechungen

Gerade Unternehmen, die auf mehrere Standorte verteilt sind, nutzen das Medium Webinar für den innerbetrieblichen Austausch anstelle von Telefonkonferenzen, da die zusätzlichen Präsentations- und Visualisierungsmöglichkeiten den Austausch komfortabler und verständlicher gestalten.

8.2.4.3 Webinare als Marketinginstrument

Auch als Marketinginstrument haben sich Webinare seit mehreren Jahren erfolgreich etabliert. Wir moderieren und begleiten seit 2003 mehrere Hundert Webinare im Jahr. Unternehmen nutzen Webinare, um eigene Produkte, Lösungen und Leistungen zu präsentieren und deren Einsatz zu demonstrieren. Gerade für die Präsentation erklärungsbedürftiger Produkte eignen sich Webinare hervorragend. Viele Betriebe setzen regelmäßig Webinare ein zur Übermittlung aktueller Informationen an Kunden oder Vertriebspartner. Fachverlage haben um Webinare herum ein Geschäftsmodell entwickelt und bieten ihren Werbekunden Webinar-Leistungen samt Einladungs- und Teilnehmermanagement als Dienstleistungspaket an.

▶ **Nicht auf die Marktführer setzen** Der Markt für Webinar-Plattformen ist mit vielen Anbietern sehr gut gefüllt. War es vor geraumer Zeit noch recht einfach, sich für einen Anbieter zu entscheiden, gilt es heute – mehr denn je –, darauf zu achten, dass wichtige Kriterien bei der Auswahl einer Webinar-Plattform erfüllt werden. Wer Webinare als Marketinginstrument einsetzen möchte, sollte unbedingt die Internet-Sicherheitsrichtlinien von Unternehmen beachten. Immer seltener wird es Mitarbeitern gestattet, auf ihrem Endgerät eigenständig Software zu installieren. Webinar-Plattformen, die das Installieren eines Clients voraussetzen, werden es zunehmend schwerer haben, sich durchzusetzen. Führende Webinar-Anbieter setzen auf die Flash-Technologie von Adobe, die zurzeit von IT-Administratoren als extrem unsicher bewertet und zukünftig keinen Weg mehr in die Unternehmen finden wird.

Bei der Auswahl der passenden Webinar-Lösung sollte also unbedingt auf neueste Lösungen am Markt zurückgegriffen werden, die weder Flash noch die Installation eines Software-Clients aufseiten der Teilnehmer erfordern. Uns sind zurzeit nur wenige Lösungen bekannt, die diesen Anforderungen entsprechen.

8.2.5 Web-Konferenzen

Wenn wir hier von Web-Konferenzen sprechen, ist damit eine sequenziell oder parallel veranstaltete Reihe von Webinaren gemeint. Mehrere Referenten halten jeweils einen Vortrag zu einem vom Veranstalter der Web-Konferenz vorgegebenen Kernthema. Ähnlich wie bei physischen Konferenzen bilden die Themen der geplanten Vorträge das Konferenzprogramm. Je interessanter das Programm inhaltlich gestaltet wird, desto größer wird das Publikum der Web-Konferenz sein.

Entgegen physischer Konferenzen entscheiden sich Teilnehmer von Webinaren und Web-Konferenzen sehr selektiv, spontan und vor allem sehr kurzfristig für die Teilnahme an der Veranstaltung. Sehr zum Leidwesen des Veranstalters, der bis zum letzten Moment keine eindeutige Aussage zur Teilnehmerquote treffen kann. Es wird häufig beobachtet, dass sich gut 50 % der Teilnehmer erst einen Tag vorher oder gar am Veranstaltungstag für die Teilnahme an einer Web-Konferenz registrieren. Veranstalter sollten zwar frühzeitig eine Web-Konferenz planen, den Versand von Einladungen jedoch nicht früher als ca. drei bis vier Wochen vor Konferenzbeginn anstoßen.

Sollte die Web-Konferenz zusammen mit einer begleitenden digitalen Ausstellung veranstaltet werden, sprechen wir von einer digitalen Messe, auf die wir noch zu sprechen kommen.

Motivation: Das Ziel einer Web-Konferenz ist es, ein möglichst großes Publikum anzusprechen. Dafür werden mehrere Referenten gewonnen, die in einer Webinar-Reihe (Web-Konferenz) unterschiedliche Themen beleuchten

Technische Voraussetzungen: Internet-Zugang, Einladungs- und Registrierungs-Tool, Webinar-Plattform.

8.2.6 Digitale Messen

> Eine Messe (in der Schweiz auch: Salon) im wirtschaftlichen Sinne ist eine zeitlich begrenzte, wiederkehrende Marketing-Veranstaltung. Sie ermöglicht es Herstellern oder Verkäufern einer Ware oder einer Dienstleistung, diese zur Schau zu stellen, zu erläutern und zu verkaufen.
>
> Kunden bietet sich auf einer Messe die Möglichkeit, die Produkte verschiedener Anbieter zu vergleichen und sich ein umfassendes Bild der Marktsituation zu machen. Ausstellenden Unternehmen geht es um die Akquise oder die Auffrischung von Kundenkontakten, Steigerung des Bekanntheitsgrades sowie Informationsaustausch (Wikipedia o. J.).

Unter diesem Aspekt ist eine digitale Messe eine digitale Marketingveranstaltung. Auch hier werden Waren und Dienstleistungen zur Schau gestellt, erläutert und verkauft – nur eben digital und online.

Dr. Thorsten Knoll hat schon in seinem Buch „Neue Konzepte für einprägsame Events“ (Knoll 2015) beschrieben, dass sich „der Messebereich in den letzten Jahrzehnten zunehmend von reinen Order- und Verkaufsmessen zu Kontakt-Plattformen gewandelt“ hat. Vieles in seinen Ausführungen liest sich wie ein Plädoyer, neue Wege zu probieren, um die heranwachsende Generation der Digital Natives nicht zu verlieren, die vielleicht zukünftig nicht mehr ihren Sessel verlassen werden, um klassische Messen und Events zu besuchen.

Laut Veröffentlichung im OVK Onlinereport 2012/01 sowie 2014/02 des Online-Vermarkterkreises des Bundesverbands Digitale Wirtschaft (BVDW) hat sich der Online-Anteil am Gesamtvolumen des deutschen Werbemarktes von 12,1 % in 2007 auf mächtige 25,5 % im Jahre 2014 entwickelt – eindeutige Tendenz: stetig steigend. In der Annahme, dass sich der Trend auch in den kommenden Jahren fortsetzt, ist es empfehlenswert, sich näher mit digitalen Events und digitalen Messen zu beschäftigen, um die Chancen und Risiken abwägen zu können. Sowohl der Trend hin zu digitalen Marketingformen als auch die heute vorhandene technische Infrastruktur und die vielfältigen verfügbaren Lösungen bieten optimale Voraussetzungen, um die unterschiedlichsten Marketingevents und Messen im Internet zu veranstalten.

Dieser Beitrag zielt nicht darauf ab, das „Für und Wider“, das „Besser oder Schlechter“ oder die „Vor- und Nachteile“ digitaler und physischer Messen abzuwägen oder gegenüberzustellen. Wir wollen uns hier vielmehr auf die Entwicklung digitaler Messeplattformen und deren technischer Umsetzung, Einsatzbereiche und Beispiele konzentrieren.

8.2.6.1 Rückblick

Die ersten verfügbaren digitalen Messeplattformen waren entweder visuell sehr rudimentär und textlastig geprägt, oder sie konzentrierten sich darauf, eher spielerisch eine Messesituation abzubilden. Es gab kaum interaktive oder kommunikative Elemente und die Engagements waren vor allem davon getrieben, „Leads" (eigentlich damals nur Besucheradressen) einzusammeln. Wer sich „damals" bei diesen Messeplattformen als Besucher registriert hat, musste häufig sehr zeitnah mit einer Flut ungebetener E-Mails oder gar Anrufen der ausstellenden Unternehmen rechnen. Nur kurz hat sich diese Form von digitalen Messen am Markt halten können. Andere Lösungen wiederum haben sich zu sehr darauf konzentriert, eine spielerische virtuelle Welt zu schaffen – angelehnt an den damaligen Hype um „Second Life". Die Idee dabei war, dem Besucher ein visuelles Erlebnis für einen virtuellen Messerundgang und eine virtuelle Produktpräsentation zu bescheren. Die Akteure konnten sich eigene Avatare gestalten, die sich per Text-Chat „unterhalten" konnten. Auch dieser Ansatz konnte sich in der Vergangenheit nicht nachhaltig etablieren. Messebesucher wünschen sich ein gewisses Maß an Anonymität, wollen selbst entscheiden, wann und mit wem sie sprechen möchten – und wenn sie ein Beratungsgespräch suchen, dann selbst und nicht für ihren Avatar.

8.2.6.2 Status quo heute

Aktuelle, am Markt verfügbare Lösungen für digitale Messen orientieren sich eher am typischen Ablauf einer Geschäftsanbahnung, wie sie auf physischen Messen stattfindet. Sie nutzen gelernte Bilder und Begriffe, um Besuchern die Navigation zu erleichtern und ihnen schnellstmöglich den passenden Anbieter für die gesuchte Lösung zu präsentieren. Daher verwenden digitale Lösungen Begriffe wie „Messekatalog", „Messehalle", „Messestand", „Lounge" etc. In der physischen Welt bieten Messestände und Konferenzbühnen einen praktischen Mehrwert, in der digitalen Welt eigentlich nicht sie unterstützen lediglich den Besucher bei der Navigation.

Es geht den digitalen Messebauern bei der Verwendung von Begriffen und Bildern der realen Welt also nicht darum, eine Konkurrenz zu schaffen, sondern vielmehr darum, bekannte Begriffe und Bilder in die digitale Welt zu übertragen, um Besucher bei der Orientierung zu unterstützen. Sie sollen möglichst schnell und einfach passende Angebote und Aussteller finden, damit der Kontakt zwischen Besucher und Aussteller schnellstmöglich hergestellt werden kann. Im besten Fall kommt so ein erstes persönliches Gespräch zustande. Selbstverständlich sind das persönliche Treffen und auch die Haptik eines Produktes für viele durch nichts zu ersetzen, aber – wie so oft –: Viele Wege führen nach Rom. Ein Weg kann eine digitale Messe sein, denn wenn im Anschluss an ein Gespräch auf der digitalen Messe ein persönliches Treffen stattfindet, haben alle Parteien (Besucher, Aussteller und Veranstalter) ihr Ziel erreicht.

Viele Lösungsanbieter digitaler Messeplattformen haben sich von der Idee der digitalen, animierten 3-D-Erlebniswelt „Messe" entfernt. Die Erfahrung hat gezeigt, dass nahezu kein Besucher über eine längere Zeit hinweg – oder gar mehrmals – einen „Spaziergang" über das virtuelle Messegelände, durch die Messehallen oder Messestände unternimmt. Besucher digitaler Messen sind ganz normale Internet-User, die schnell und direkt Informationen erwarten.

Zwar sollte die digitale Messeplattform visuell ansprechend aufbereitet sein – sie sollte sich aber nicht in den Vordergrund rücken und zum „Spielen" animieren, sondern den direkten Kontakt sowie Geschäftsbeziehungen fördern und Informationen bereitstellen.

8.2.6.3 Technische Umsetzung digitaler Messen

Heute verfügbare digitale Messeplattformen orientieren sich in der Regel an Struktur und Ablauf einer physischen Messe und bilden diese digital nach (vgl. Tab. 8.1).

Persönliche Beratung/Gespräche in 1:1-Video-Meetings

Neben dem Imageaufbau verfolgen Aussteller auf Messen in erster Linie den Dialog mit Bestands- und potenziellen Neukunden (Leads). Wurde in der Vergan-

Tab. 8.1 Physische Messe vs. digitale Messe

Physische Messe	Digitale Messe
Persönliche Beratung/Gespräche am Ausstellerstand	Persönliche Beratung/Gespräche am digitalen Ausstellerstand in 1:1-Video-Meetings
Fachvortrag auf zentraler Kongressbühne	Fachvortrag auf zentraler digitaler Kongressbühne unter Nutzung von Webinar und Livestreaming-Lösungen
Ausstellung und Präsentationen am Ausstellerstand	Multimediale Ausstellung (Videos, Dokumente, Bilder) und Präsentationen am digitalen Ausstellerstand per Webinar- und Livestreaming-Lösungen
Messegelände, Messehallen	Digitales Messegelände und Messehallen
Messekatalog	Digitaler Messekatalog
Erfolgskontrolle	Digitale Erfolgskontrolle

genheit versucht, dies digital mit reinen Text-Chats abzubilden, finden heute die persönlichen Gespräche in geschützten Video-Meetings statt (vgl. Abb. 8.4).

Um möglichst realitätsnah eine Gesprächssituation digital nachzubilden, sollte die eingesetzte Lösung für Video-Meetings mindestens folgende Funktionen bieten:

- Beidseitige, klare Audioübertragung in mindestens Telefon-, besser Digitalqualität.
- Beidseitiger, einfach zu bedienender Text-Chat.
- Beidseitige Möglichkeit für Videoübertragung in HD-Qualität.
- Visualisierung per Präsentation.
- Visualisierung per Screen Sharing.
- Optional spontanes Hinzuziehen eines oder mehrerer Fachberater.
- Unterstützung möglichst aller Kommunikationsendgeräte (PC, Tablet, Smartphone).
- Keine Installation von Client-Anwendungen auf PC-Systemen.
- Sichere End-to-end-Verschlüsselung, um die Privatsphäre der Kommunikationspartner zu schützen.
- Adaptive Bandbreitennutzung, um die Kommunikation auch bei geringen Bandbreiten zu ermöglichen.

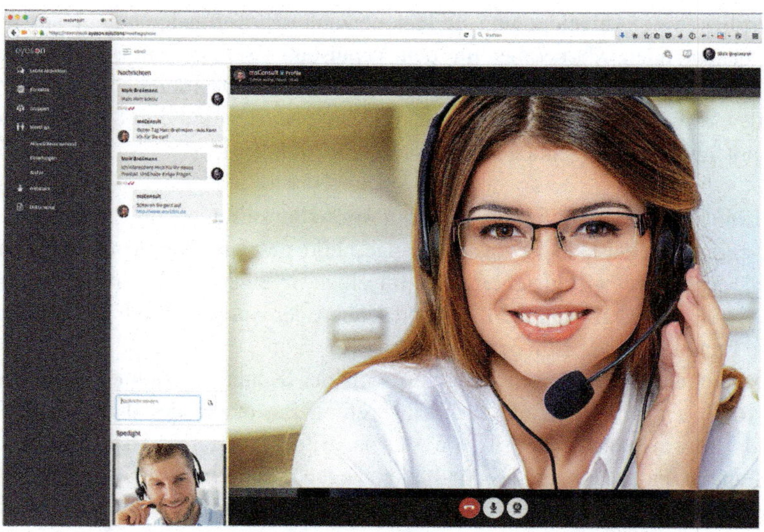

Abb. 8.4 Video-Meeting. (Quelle: WavebreakMediaMicro/Andrey Kiselev – Fotolia.com)

Wir sollten uns stets vor Augen halten, dass die Gespräche zwischen Aussteller und Besucher, die auf einer Messe geführt werden – sei es physisch oder digital – ein im Nachgang stattfindendes persönliches Zusammentreffen nur selten ersetzen können.

Gegenüber reinen Text-Chat-Lösungen oder Telefonaten können die Gesprächspartner in Video-Meetings auf Hilfsmittel für die Visualisierung zurückgreifen. Mit der optionalen Videoübertragung wird eine Nähe geschaffen, die in der weiteren Kommunikation nützlich sein kann. Parallel eingeblendete Präsentationen unterstützen bei der Erklärung von Problemstellungen oder Sachverhalten.

Fachvortrag auf zentralen digitalen Kongressbühnen

Fachvorträge, Fachkonferenzen und Fachkongresse werden in der digitalen Welt über die bereits vorher angesprochenen Webinar-Lösungen auf digitalen Bühnen umgesetzt. Bei Webinaren können – anders als in 1:1-Video-Meetings – nahezu beliebig viele Teilnehmer zugeschaltet sein. Sie können sich per Text-Chat einbringen und an Umfragen teilnehmen. Die grundsätzlichen Anforderungen an eine Webinar-Lösung gleichen den Anforderungen an Video-Meetings.

Vor und nach einem Live-Fachkongress steht das Anmelde- bzw. Teilnehmermanagement. Es dient u. a. dazu, angemeldete Teilnehmer an den Termin des Live-Events zu erinnern, und verschafft dem Veranstalter stets einen aktuellen Überblick über Anmelde- und Teilnehmerzahlen: Informationen, die im Zuge des begleitenden Marketings für den Veranstalter sehr nützlich sein können. Fachvorträge von Ausstellern enden meist mit der Aufforderung, für weitergehende Gespräche den Stand des Ausstellers aufzusuchen und dort das persönliche Gespräch in einem geschützten Video-Meeting zu führen.

Multimediale Ausstellung am digitalen Ausstellerstand

Der eigene Messestand ist das Aushängeschild des Unternehmens im Rahmen einer Messe. Dies gilt gleichermaßen für einen im eigenen CI gestalteten digitalen Messestand (vgl. Abb. 8.5). Hier präsentiert der Aussteller sein Unternehmen, seine Produkte und Leistungen.

Neben unterschiedlichen Möglichkeiten der Kontaktaufnahme (Kontaktformular, Chat, Video-Meeting, Webinar) werden Besuchern des digitalen Messestands Informationen in Form von Videos, Bildergalerien und Dokumenten zu Leistungen und Lösungen des Ausstellers angeboten. Manche Plattformen signalisieren gar, ob der Aussteller just in diesem Moment online ist und für ein Live-Video-Meeting zur Verfügung steht. Falls erforderlich, hinterlegt der Aussteller

Abb. 8.5 Virtueller Messestand. (Quelle: EXPO-IP KG)

Informationen in einem geschützten Bereich, zu dem er nur ausgesuchten Personengruppen Zugang gewährt.

Digitales Messegelände und Messehallen
Wie in Tab. 8.1 erwähnt, nutzen Veranstalter digitaler Messen für die Visualisierung von Messegelände und Messehallen meist Bilder und Begriffe, die Besuchern und Ausstellern von physischen Veranstaltungen her geläufig sind. Da Besucher erwarten, in einer Messehalle thematisch gebündelt Aussteller und Lösungen zum Thema zu finden, wird dies auch bei digitalen Messen entsprechend abgebildet.

Digitaler Messekatalog
Für Besucher, die gezielt nach Informationen, Ausstellern, Produkten und Leistungen suchen, wird in digitalen Messeplattformen ein Messe- und Produktkatalog bereitgestellt, der sich in Echtzeit automatisch generiert. Suchmaschinen spüren unaufhörlich und automatisch alle Textinformationen von Webpräsenzen auf. Eine digitale Messe liefert vielfältige dieser Informationen zu einem Thema. Aufgrund der thematischen Bündelung von Leistungs- und Produktbeschreibungen auf einer digitalen Messe erhöht sich – aus Sicht der Suchmaschine – die Relevanz der dort eingestellten Inhalte, was die Basis für eine optimale Platzierung in der Ergebnisliste bei Suchanfragen stellt.

Digitale Erfolgskontrolle
Wie viele Visitenkarten sind eingesammelt worden und wie sehen die Gesprächsprotokolle aus? Mit diesen Informationen allein geben sich Geschäftsführer und Marketingverantwortliche am Ende einer digitalen Messe nicht mehr zufrieden. Ihnen ist zunehmend die Kontrolle in Echtzeit über Erfolg oder Misserfolg der eingesetzten Marketingmaßnahmen wichtig. Neben Anzahl und Qualität der in einer Veranstaltung geknüpften Kontakte richtet sich das Augenmerk der Verantwortlichen auch auf das Abrufverhalten von Informationen. Aus diesem Grund liefern digitale Messeplattformen umfassendere Daten für eine weitere Analyse. Neben Kontaktanfragen durch Besucher und Teilnehmerlisten der Webinare senden sie Daten über das Abrufverhalten an zum Beispiel Google Analytics. So können Veranstalter und Aussteller die Anzahl der Besuche der gesamten Messe, einzelner Messehallen bzw. Stände analysieren sowie Abrufe einzelnen Medien auswerten – und das gar in Echtzeit.

8.2.6.4 Wollen Marketingverantwortliche überhaupt digitale Messen und Events?

Um auf diese Frage eingehen zu können, schauen wir auf einige Aussagen der Marketingverantwortlichen, die zum Beispiel in dem 2015 veröffentlichten Report „The rise of the marketer“ getroffen wurden. Befragt wurden Marketingverantwortliche dazu, welche Rolle Marketingabteilungen in der Kommunikation mit Kunden zukünftig einnehmen und in welche Bereiche sie ihre Budgets investieren werden.

Die folgenden bemerkenswerten Aussagen seien hier genannt:

1. „Das Marketing wird für den Kunden zum zentralen Kommunikationspartner.“
2. „Die Interaktion mit dem Kunden wird immer wichtiger.“
3. „In den kommenden Jahren wird vor allem in digitales Marketing und Datenanalyse investiert.“

Der kontinuierliche Dialog mit den Kunden wird in Zukunft für die Marketingabteilung eine entscheidende Rolle spielen. Das sind gute Nachrichten für die Eventbranche und sehr gute Nachrichten für digitale Events. Ist der persönliche Dialog auf Messen vielleicht noch intensiver als in Video-Meetings, so kann dennoch mit digitalen Events und Messen die Anzahl, also die Frequenz von Veranstaltungen, erhöht und so den Marketingabteilungen eine optimale Plattform für den Dialog mit Interessenten und Kunden geboten werden.

In Anbetracht des oben aufgeführten dritten Statements kann davon ausgegangen werden, dass die Anzahl digitaler Events samt ihrer Erfolgskontrolle als Marketingmaßnahme eine noch höhere Nachfrage erfahren wird.

8.2.6.5 Einsatzbereiche digitaler Messen

Die möglichen Einsatzbereiche digitaler Messen sind sehr vielfältig. Einige Bereiche sollen hier beispielhaft aufgelistet werden.

Fachmesse

Generell können digitale Messen immer dann optimal genutzt werden, wenn neben einem Fachkongress eine begleitende Ausstellung der Unternehmen einer Branche oder einer Region geboten werden soll. Die Größe der Veranstaltung ist dabei irrelevant. So können kleine Fachmessen mit nur einigen wenigen Ausstellern genauso professionell dargestellt werden, wie große Events mit mehreren Tausend Ausstellern.

HR-, Job- und Ausbildungsmessen

Neben reinen Fachmessen finden sich im Markt etliche digitale Messen im HR-Umfeld mit der Zielgruppe Unternehmer und Fachkräfte. Gerade für die Rekrutierung von Personal sowie für das Employer Branding wird zunehmend auf den Einsatz digitaler Messen zurückgegriffen. Selbst regionale digitale Ausbildungsmessen, bei denen sich Ausbildungsbetriebe auf der Suche nach passenden Bewerbern präsentieren, haben sich zahlreich etabliert.

Digitale Hausmesse

Bei dieser Form der Messe stellt das veranstaltende Unternehmen das eigene Angebot und das Unternehmen selbst – ggf. in Zusammenarbeit mit Partnerunternehmen – in den Vordergrund, ohne sich dem Vergleich zu einem Wettbewerber stellen zu müssen. Es präsentiert ausschließlich eigene Lösungen und Produkte. Die Visualisierung der einzelnen Messestände wird verwendet, um zum Beispiel Produktbereiche, Fachabteilungen oder auch Partnerunternehmen vorzustellen. Aus Sicht der Unternehmen, die bereits eine digitale Hausmesse veranstalten, ergeben sich mehrere Vorteile:

- Das Unternehmen wählt selbst Zeit und Anlass für die Durchführung seiner digitalen Hausmesse.
- Alle Kontakte (Leads) sind in einer Hand.

- Die Frequenz der digitalen Hausmessen richtet sich nach den Anlässen (zum Beispiel Produkt-Launch, Jubiläum, neue Standorte und Mitarbeiter, neue Services etc.).
- Digitale Messen sind schnell und budgetschonend umgesetzt.
- Digitale Messen sind auch überregional verfügbar.

Digitale Pilotmesse
Einfach einmal für ein neues Thema eine Messe samt Kongress zu veranstalten, stellt ein recht hohes finanzielles Risiko dar. Demgegenüber ist die Umsetzung einer digitalen Messe mit nur geringen finanziellen Mitteln möglich. So eignen sich digitale Messeplattformen optimal, um ein geplantes Event zunächst einmal als digitale Pilotveranstaltung umzusetzen. Erfahrungen und Ergebnisse aus der Pilotmesse liefern Basiswerte für eine endgültige Entscheidung, inwieweit sich ein physisches Event ebenfalls erfolgreich darstellen lässt. Wir gehen in dem Praxisbeispiel in Abschn. 8.3 darauf näher ein.

Kommunikationsplattform und Archiv für Verbände und Vereine
Mitglieder überregionaler und großer Verbände und Vereine stehen vor der Herausforderung, sich gegenseitig über Projekte, Ereignisse und Ergebnisse zu informieren. Beruflich gebundene ehrenamtlich aktive Mitglieder können nur begrenzte Zeit für ihre Vereins-/Verbandstätigkeit sowie den internen Informationsaustausch aufwenden. Für diese Organisationen stellt die Digitalisierung gerade in Bezug auf den Informationsaustausch einen wahren Segen dar. In Online-Meetings und Webinaren kommen die Mitglieder zusammen und informieren sich über Ergebnisse von Projekten oder stimmen sich über Aktivitäten aktueller oder kommender Projekte ab. Da generell Online-Meetings und Webinare aufgezeichnet werden können, erhalten auch Mitglieder, die nicht anwesend sein konnten, die Möglichkeit, später die Online-Sitzung zu verfolgen.

Auf den digitalen Messeständen können Protokolle und Aufzeichnungen sowie weitere Dokumente und Medien archiviert und allen Mitgliedern zur Verfügung gestellt werden. Neben der Vorstellung einzelner Projekte werden die digitalen Messestände zu Präsentations-, Informations- und Kommunikationszwecken von Fach- und Regionalgruppen genutzt. Durch die automatische Indizierung der eingestellten Inhalte ist der Messekatalog immer auf dem neuesten Informationsstand und kann stets aktuelle Ergebnisse liefern.

Online-Marketing für physische Messen
Obwohl als Marketinginstrument hervorragend geeignet, sind Veranstalter physischer Events noch sehr zögerlich, wenn es um den Einsatz digitaler Messen

geht. Dabei ist eine digitale Messe optimal als Marketinginstrument nutzbar, um die eigene Veranstaltung am Markt bekannt und interessant zu machen. So kann mit der digitalen Variante der Veranstaltung bereits ein Einblick – ähnlich einer Sneakpreview – geboten werden, was Besucher auf der physischen Messe erwartet. Spannung und Neugier erzeugen ist hier das Ziel. Obendrein würde der Veranstalter seinen Ausstellern und Besuchern der physischen Messe zusätzlich die Möglichkeit des digitalen Austausches bieten und die doch meist recht kurz bemessene Dauer einer Messe zur weiteren Geschäftsanbahnung verlängern. Hier bleibt abzuwarten, wann Veranstalter für sich diese Form des Online-Marketings entdecken.

8.2.6.6 Organisation und Aufgaben digitaler Messen

Die Aufgaben bei der Organisation einer digitalen Messe sind in einigen Bereichen mit denen einer physischen Messe vergleichbar. Bei digitalen Messen und Events entsteht zwar keinerlei logistischer Aufwand, da der Veranstaltungsort „Internet“ von überall jederzeit ohne Reisen per Klick erreichbar ist. Somit entfallen selbstverständlich auch die Organisation des Messeauf- und -abbaus sowie das Catering. Dennoch gilt es, folgende Aufgaben zu erledigen:

- Leitthema definieren.
- Grafische Darstellung der Messe umsetzen.
- Themen der Fachvorträge zusammenstellen.
- Aussteller und Referenten gewinnen.
- Konferenzprogramm und Terminplanung erstellen.
- Event-Marketing betreiben.
- Ggf. Ticketing bei kostenpflichtigen Messen oder Konferenzen.
- Aussteller- und Besuchermanagement.
- Befüllen der Messestände mit Inhalten (ggf. durch Aussteller selbst).
- Einweisung der Akteure in die technischen Live-Kommunikationsmedien.

Der Besuchermagnet einer digitalen Messe ist – neben dem Konferenzprogramm – die Phase, in der alle Akteure online und live erreichbar sind (vgl. Abb. 8.6). Für genau diese Phase, in der Live-Kundengespräche, Live-Fachvorträge und Präsentationen durchgeführt werden, muss sichergestellt sein, dass die Technik steht und die Akteure die Technik beherrschen. Der Veranstalter sollte sich nicht von der einfachen technischen Umsetzung blenden lassen – sondern den „Faktor Mensch“ berücksichtigen.

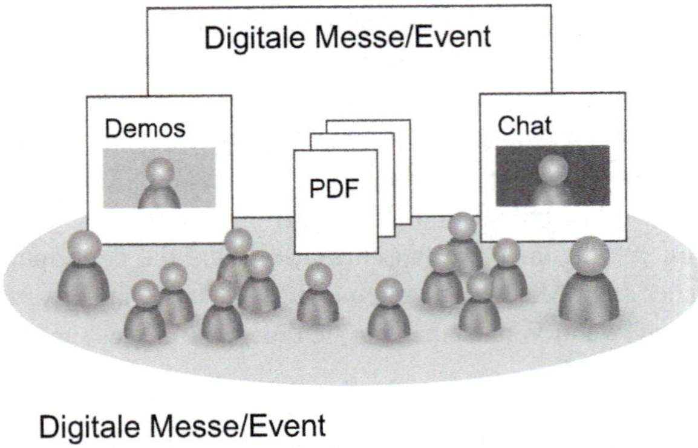

Abb. 8.6 Digitale Messe/Event. (Illustration: Maik Breilmann)

Denn anders als es bei früheren digitalen Lösungsansätzen der Fall war, liegt heute auch bei den digitalen Messen der Schwerpunkt auf dem persönlichen Gespräch.

> Während der Live-Vorträge sollte stets mindestens ein technischer Moderator die einzelnen Vorträge begleiten und die technische Qualität – auch bereits im Vorfeld der Veranstaltung – sicherstellen.

8.3 Ein Praxisbeispiel

Das folgende Praxisbeispiel verdeutlicht den Einsatz einiger der zuvor beschriebenen Formen digitaler Events.

8.3.1 Ausgangslage

Die Betreiber von „The-Coach.Net“ vereinen in ihrer Organisation Mitglieder der Berufsgruppe „Life-Coaches“ (Lebensberater) sowie Business-Coaches. Für The-Coach.Net hat das Thema Life-Coaching in Deutschland noch nicht den Stellenwert in der Gesellschaft wie es zum Beispiel in den USA der Fall ist. Zu wenig sei darüber bekannt, welche Vorteile sich durch Life-Coaching ergeben.

Eines der Ziele des Netzwerkes ist es, für das Thema Life-Coaching in Deutschland Aufmerksamkeit zu erregen, und – damit verbunden – neue Kunden zur Inanspruchnahme der Coaching-Leistungen zu gewinnen. Viele Life-Coaches sind Einzelunternehmer, die sich schwer damit tun, ihre Leistungen werbewirksam darzustellen. Dies ist einer der Gründe, warum The-Coach.Net seine Mitglieder im Bereich der Selbstvermarktung unterstützt.

Wie auch viele Verbände hat das Netzwerk The-Coach.Net in Erwägung gezogen, eine physische Messe zum Thema Coaching umzusetzen. Aufgrund der zu erwartenden Kosten und dem damit verbundenen Risiko hat man sich entschlossen, zunächst eine digitale Coaching-Messe „Online-Messe LebensZiele" in Deutschland zu veranstalten.

8.3.2 Die Online-Messe LebensZiele

8.3.2.1 Das Ziel

Auf der Online-Messe LebensZiele sollten sich möglichst viele Coaches mit einem eigenen digitalen Messestand präsentieren. Sie mussten sich verpflichten, während der dreitägigen Live-Phase zu den normalen Arbeitszeiten online live für Besucher erreichbar zu sein. Die Messe mit all ihren bereitgestellten Medien sollte für Besucher kostenpflichtig in der Zeit vom 20. Juni bis 2. Juli 2016 geöffnet sein.

8.3.2.2 Ausstellerakquise

Um möglichst viele Aussteller für die Teilnahme an der Online-Messe LebensZiele zu gewinnen, hat der Veranstalter u. a. auf diese Eventformate als Werbemaßnahme zurückgegriffen:

- Blog-Parade,
- Online-Challenge und
- Webinare.

Phase 1: Die Blog-Parade

Um den Bekanntheitsgrad von „The-Coach.Net" zu steigern und so neue Mitglieder gewinnen zu können, wurde zunächst eine „Blog-Parade" veranstaltet. Mit dem gewählten Thema „Erfolgsgeschichten von Coaches" sollten gezielt Life-Coaches angesprochen werden, die nach Unterstützung in der Selbstvermarktung suchen.

Das Thema hat ca. 30 Blogger motiviert, Erfolgsgeschichten auf den eigenen Blogs zu veröffentlichten und auf The-Coach.Net zu verlinken. Die gesamte Aktion sowie die einzelnen Beiträge wurden parallel in den sozialen Netzwerken wie zum Beispiel Facebook veröffentlicht, kommentiert und geteilt. Das gesteckte Ziel, durch diese Blog-Parade neue Mitglieder für die Kooperation und für die Teilnahme an der anschließenden „Online–Challenge" zu gewinnen, wurde eindrucksvoll erreicht.

Phase 2: Die Online-Challenge

Coaches, die sich intensiver in die Möglichkeiten der Selbstvermarktung einarbeiten wollten, haben sich an der „21-Tage-Sichtbarkeits-Challenge" beteiligt. Neben vielen anderen in der Challenge vorgestellten Marketingmaßnahmen wurde die Teilnahme an der Online-Coaching-Messe als Erfolg versprechend präsentiert. Im Zuge der Challenge erhielten Teilnehmer Impulse, Tipps und Hinweise, wie die Selbstvermarktung angepackt und umgesetzt werden kann. Der eigene „Lernerfolg" konnte am Lösen von gestellten Aufgaben gemessen werden. Teilnehmer haben ihre Lösungen in der begleitenden Facebook-Gruppe veröffentlicht, zur Diskussion gestellt und wurden durch Kommentare und Ergänzungen anderer Teilnehmer motiviert, weiter zu machen. Eine der gestellten Aufgaben war es, sich mit dem Medium Webinare, Online-Meetings und interaktiven Online-Vorträgen zu beschäftigen. Wohlweislich wurde hier bereits auf die Online-Coaching-Messe hingewiesen, um schon im Vorfeld die Neugier zu wecken und Aussteller zu gewinnen.

Allein aus Sicht der Ausstellerakquise kann sich das Ergebnis sicher sehen lassen: 93 Coaches wurden für die Teilnahme an der ersten Online-Coaching-Messe gewonnen und motiviert, mit eigenen Mitteln und Möglichkeiten bei der Besucherakquise mitzuwirken.

Phase 3: Webinare für teilnehmende Coaches

Die Durchführung von Webinaren als Live-Online-Fortbildungsinstrument gilt auch in Deutschland inzwischen als gesetzt. Für die Schulung und Einweisung der Coaches und Referenten in die Bedienung der technischen Plattform für die Online-Coaching-Messe wurden Webinare durchgeführt. Nach einer ca. einstündigen Online-Schulung waren ausstellende Coaches in der Lage, den eigenen digitalen Messestand mit Medien und Inhalten zu füllen, um sich im Rahmen der Online-Coaching-Messe bestmöglich zu präsentieren. Ein Gesamt-Zeitraum von nur 8 Wochen reichte aus, um mit der Blog-Parade und Online Challenge die Aussteller für die digitale Messe „LebensZiele" zu gewinnen und über die Einführungs-Webinare in die Technik der digitalen Messe einzuweisen. Dies zeigt, dass die Digitalisierung auch in dem Event-Bereich Prozesse immens beschleunigt.

8.3.2.3 Ergebnis des Praxisbeispiels

An der ersten Online-Coaching-Messe haben insgesamt 93 Coaches ausgestellt. Als Herzstück der digitalen Veranstaltung LebensZiele hat die Web-Konferenz nicht nur Besuchern einen tieferen Einblick in das Thema beschert, auch Coaches untereinander haben neue Kontakte geknüpft. Die professionelle und sympathische Moderation des Veranstalters während der dreitägigen Web-Konferenz mit insgesamt 24 Fachvorträgen hat die Veranstaltung abgerundet.

Parallel zu den Fachvorträgen boten einige Coaches den Besuchern der digitalen Messe die Möglichkeit, an einem Schnupper-Coaching im 1:1-Video-Meeting teilzunehmen.

Folgende Event-Formate kamen im Zuge der Online-Coaching-Messe zum Einsatz:

- digitale Messe,
- Web-Konferenz und
- Video-Meetings.

Der Eintritt zur digitalen Coaching-Messe war für Besucher kostenpflichtig. Interessierte konnten die Messe nur mit einem zuvor erworbenen gültigen Ticket betreten.

8.4 Fazit

Digitale Events haben sich in Form von Webinaren und Web-Konferenzen schon längst etabliert. Zur Durchführung von Marketingveranstaltungen wird verstärkt auf digitale Messeplattformen zurückgegriffen. Der technologische Fortschritt und der Ausbau der Internet-Bandbreiten sowie -Infrastruktur ebnen der Digitalisierung den Weg – sie wird Menschen immer näher und schneller zusammenbringen.

Die Veranstaltungsbranche steht mitten im Prozess des digitalen Wandels. Um sicherzustellen, auch die wachsende Generation der Digital Natives zu erreichen, muss sie die Chancen und Möglichkeiten von digitalen Veranstaltungen nutzen. Das Beispiel der Online–Coaching-Messe zeigt eindrucksvoll, dass digitale Events grundsätzlich funktionieren und optimal auch als Pilotevent eingesetzt werden können.

Literatur

ARD-ZDF-Onlinestudie. http://www.ard-zdf-onlinestudie.de/. Zugegriffen: 27. Dez. 2016.

Knoll, T. 2015. *Neue Konzepte für einprägsame Events*. Wiesbaden: Springer Gabler.

OVK Onlinereport. http://www.ovk.de/. Zugegriffen: 27. Dez. 2016.

Statista. 2016. https://de.statista.com/themen/138/facebook/. Zugegriffen: 27. Dez. 2016.

The rise of the marketer. http://www.marketo.com/reports/the-rise-of-the-marketer-driving-engagement-experience-and-revenue/. Zugegriffen: 27. Dez. 2016.

Wikipedia. https://de.wikipedia.org/wiki/Messe_(Wirtschaft). Zugegriffen: 27. Dez. 2016.

Über den Autor

Martin Schulz, geboren 1965 in Hamburg und heute Geschäftsführer der msConsult [events over IP], begeistert sich seit seinem Studium zum Informatiker an der Universität Hamburg für digitale Kommunikationsmedien – vor allem für die Live-Kommunikation im Internet und die damit verbundenen Möglichkeiten. Mit der Vision, Messen und Konferenzen digital abzubilden, um Unternehmen enorme Zeit- und Kosteneinsparungen zu ermöglichen, gründete er die EXPO-IP KG und entwickelte das gleichnamige Produkt EXPO-IP – eine Plattform zur Gestaltung und Durchführung digitaler Messen und Events. Seine jahrelange Tätigkeit als Moderator und technischer Begleiter zahlloser Webinare und Online-Konferenzen lieferte hierbei wertvolle Erfahrungen, die ihn als Experte in diesem Segment auszeichnen.

Kontakt: mschulz@worldbit.de

openHPI – Das MOOC-Angebot des Hasso-Plattner-Instituts

9

Christoph Meinel und Stefanie Schweiger

Zusammenfassung

Die Bildungsplattform openHPI (https://open.hpi.de/, zugegriffen am 03.01.2017) hat bislang in insgesamt 26 Kursen über 300.000 Teilnehmer weltweit erreicht. Die Abschlussquote schwankt zwischen 12 und 33 % und ist damit für den E-Learning-Bereich vergleichsweise hoch. Die Auswertung der anonymisierten Kurs- und Lernerdaten ermöglicht es den Forschern des HPI, Rückschlüsse auf die Lernerwartungen, Lernerfahrungen (User Experience) und das Lernverhalten zu ziehen und die Plattform beständig zu verbessern. In diesem Beitrag soll auf die Bedeutung von MOOCs in der heutigen, durch die digitale Transformation gekennzeichneten Zeit eingegangen werden. Danach wird ein Überblick über die Plattform openHPI gegeben und es werden einzelne Ergebnisse aus den Kursanalysen und der Lernerfahrung herausgegriffen, die verdeutlichen, in welche Richtung die Weiterentwicklung der Plattform geht. Am Ende wird die White-Label-Plattform https://mooc.house präsentiert, die das HPI für Unternehmen, Verbände, Vereine und Institutionen bereithält, die ihren eigenen MOOC anbieten möchten. Für Unternehmen gewinnen MOOCs zunehmendes Interesse. So ist SAP mit seinem MOOC-Angebot auf openSAP

C. Meinel (✉)
Universität Potsdam, Lehrstuhl Internet-Technologien und Systeme, Potsdam, Deutschland
E-Mail: openhpi-info@hpi.de

S. Schweiger
Hasso-Plattner-Institut, Lehrstuhl Internet-Technologien und Systeme, Potsdam, Deutschland
E-Mail: openhpi-info@hpi.de

T. Knoll (Hrsg.), *Veranstaltungen 4.0*,
DOI 10.1007/978-3-658-16223-8_9

sehr erfolgreich. Übrigens nutzt SAP diese Lösung bereits seit 2013, um seinen Mitarbeitern, Kunden und der interessierten Öffentlichkeit auf openSAP ein breites Kursprogramm zu offerieren und ist damit Vorreiter unter den Enterprise-MOOC-Plattformen.

9.1 openHPI – Kurzer Überblick

Die interaktive Online-Bildungsplattform openHPI[1] des Hasso-Plattner-Instituts (HPI) bietet frei zugängliche und kostenlose Online-Kurse für interessierte Teilnehmer an, die sich mit Inhalten aus dem Bereich der Informationstechnologien und Informatik beschäftigen. Die New York Times proklamierte 2012 zum „Jahr des MOOCs" („The Year of the MOOC"[1]), da Massive Open Online Courses (MOOCs) sowohl an der Stanford University als auch an anderen Eliteuniversitäten in diesem Jahr als innovatives Lernformat für große Begeisterung sorgten und enorme Teilnehmerzahlen generierten. Seit Herbst 2012 bietet openHPI als erste europäische MOOC-Plattform im Internet Lernvideos und weiterführenden Lesestoff in einer Kombination mit lernunterstützenden Selbsttests, Hausaufgaben und einem sozialen Diskussionsforum an und stimuliert die Ausbildung einer das Lernen fördernden virtuellen Lerngemeinschaft. Im Unterschied zu „traditionellen" Vorlesungsportalen, wie zum Beispiel dem tele-TASK-Portal[2], bei dem multimedial aufgezeichnete Vorlesungen zum Abruf bereitgestellt werden, bietet openHPI didaktisch aufbereitete Online-Kurse an. Diese haben einen festen Starttermin und bieten dann in einem austarierten Zeitplan von üblicherweise sechs aufeinanderfolgenden Kurswochen multimedial aufbereitete und wann immer möglich interaktive Lehrmaterialien. In jeder Woche wird ein Kapitel des Kursthemas behandelt. Dazu werden zu Wochenbeginn eine Reihe von Lehrvideos, Selbsttests, Lesematerial und eine bewertete Hausaufgabe bereitgestellt, mit denen sich die Kursteilnehmer in dieser Woche beschäftigen. Kombiniert sind die Angebote mit einer sozialen Diskussionsplattform, auf der sich die Teilnehmer mit den Kursbetreuern und anderen Teilnehmern austauschen, Fragen klären und weiterführende Themen diskutieren können. Die Teilnehmer entscheiden selbst über Art und Umfang ihrer Lernaktivitäten. Das Forum ist die Plattform, auf der Teilnehmer eigene Beiträge schreiben können, die dann von den anderen Lernenden wiederum bewertet, kommentiert, diskutiert oder ihrerseits erweitert werden können.

[1]http://www.nytimes.com/, zugegriffen am 03.01.2017.

[2]http://www.tele-task.de/, zugegriffen am 03.01.2017.

Ähnlich funktionieren die Lerngruppen, zu denen sich Teilnehmer zusammenschließen können, um Themen in einem kleineren Kreis zu besprechen, Dokumente auszutauschen und gemeinsam zu arbeiten, beispielsweise via Etherpad. Auf diese Weise werden die Lernenden, die Lehrenden und die angebotenen Lerninhalte in einer virtuellen Gemeinschaft, einem sozialen Lernnetzwerk, miteinander verknüpft (vgl. Meinel und Willems 2013).

9.2 MOOCs – neue Konzepte für das Online-Lernen

Der Einsatz von Informations- und Kommunikationstechnologien in der Lehre ist seit Jahren Schauplatz innovativer Forschungs- und Entwicklungsaktivitäten. Die rasante Verbreitung des Internets und des WWW haben dabei die Bedingung für die Überwindung geografischer Distanz zwischen den Akteuren geschaffen und dazu geführt, dass Lernende heute, unabhängig von Ort und Zeit, auf die universitären Lehrangebote verschiedenster Provenienz und Qualität zugreifen können. Zunächst waren Lehrangebote dabei an institutionelle Systeme gebunden, für die sich der Begriff „Lernmanagementsystem" (LMS) etabliert hat. Übrigens hat sich auch damals schon die Diskussion über die Potenziale und die Schranken des E-Learning auf diese technischen Systeme konzentriert und nicht auf die viel wichtigere und interessantere Frage des inhaltlichen Angebots.

Gegen Ende der 90er Jahre begannen dann Universitäten, Lehrmaterialien über institutionelle Schranken hinaus bereitzustellen, das heißt, auch für Studenten und Interessierte anderer Universitäten online abrufbar zu machen. Das Massachusetts Institute of Technology (MIT) zum Beispiel rief mit dem OpenCourseWare-Projekt (OCW) eine weltweite Bewegung ins Leben, in der die Online-Lehrinhalte unter eine offene Lizenz gestellt werden, die auch anderen eine Weiterbearbeitung im Sinne der OpenSource- und Creative-Commons-Bewegungen erlaubt. Die OCW-Bewegung richtet sich dabei an motivierte Selbstlerner oder an Lehrende, die Materialien in eigene Präsenz- oder E-Learning-Angebote einbinden wollen.

Die Forschung rund um das Online-Lehren und -Lernen (E-Learning, Tele-Teaching) beschränkt sich allerdings bei Weitem nicht darauf, das Internet zu nutzen, Lernmaterialien breiter zugänglich zu machen, sondern untersucht, wie moderne pädagogische Konzepte für das Online-Lernen erschlossen werden können. Dabei geht es vor allem um die Abbildung und Unterstützung von Lernprozessen und sozialen Beziehungen: in den Bereichen „erfahrungsbasiertes", „projektorientiertes", „kollaboratives" und „soziales" Lernen wurden dabei zahlreiche Werkzeuge entwickelt, die über das reine Vermitteln von Wissen hinausgehen, indem sie den Lernenden bei der praktischen Anwendung und der kollektiven Weiterentwicklung von Wissen unterstützen. Besonders intensiv hat sich in den letzten Jahren der Einsatz von Web-2.0-Technologien wie Blogs, Wikis und Video-Podcasts sowie die Integration mit sozialen Netzwerken im E-Learning entwickelt.

Das 2008 vorgeschlagene und dann ab 2012 breiter umgesetzte Konzept der *„MOOCs – Massive Open Online Courses“* stellt einen Kumulationspunkt dieser Entwicklungen dar und richtet sich an Lernende, für die der Zugriff auf offene Informationssammlungen und die Kommunikation in offenen Gemeinschaften eine Selbstverständlichkeit ist. Die Besonderheit solcher massiven Online-Kurse ist die Kombination des Angebots von Lehr- und Lerninhalten mit sozialen Kommunikationstools, sodass die Kursteilnehmer in einer virtuellen Gemeinschaft lernen können. Dadurch wird eine Skalierbarkeit der Lehre unterstützt und gewährleistet.

9.3 Was sind MOOCs?

Das Hasso-Plattner-Institut (HPI) startete 2012 mit openHPI die erste europäische MOOC-Plattform. MOOCs sind in mehrfacher Hinsicht *offen:* Sie sind offen, weil sie weder an eine bestimmte institutionelle Zugehörigkeit gebunden sind, noch Zugangsschwellen errichten. Für die meisten MOOC-Plattformen, u. a. openHPI, gilt daneben, dass die Teilnahme kostenfrei ist und die MOOCs auch in diesem Sinne als *offen* bezeichnet werden können. Sie sind aber vor allem offen, weil die Lernenden nicht mit einem abgeschlossenen Wissensvorrat konfrontiert werden, sondern weil der Lernprozess selbst ein offener ist. Er entfaltet sich in einer virulenten offenen Partizipations- und Diskussionsatmosphäre, in der nicht nur die Lehrenden, sondern auch die Lernenden selbst substanziell beitragen zur Reflexion des angebotenen Lehrstoffes und zu dessen Aktualisierung und Erweiterung. Das Forum und die Lerngruppen sind Räume, in denen die Lernenden ihr Wissen, ihre Lernerwartungen und -erfahrungen mit anderen Teilnehmern und den Lehrenden diskutieren und teilen können. Dieses Moment kann sich umso stärker manifestieren, je größer *(„massiv“)* und folglich auch heterogener die Teilnehmerschar ist – sowohl im Hinblick auf ihren Wissens- und Erfahrungsstand als auch ihren kulturellen Hintergrund. Die dadurch beförderte Offen- und Unvorhersehbarkeit lässt die Teilnahme an einem solchen MOOC zu einem einmaligen Gemeinschaftserlebnis werden.

Dieser soziale Charakter, der sich in der Bildung von virtuellen sozialen Lerngemeinschaften äußert, ist ein Kernelement von MOOCs. Dadurch unterscheiden sie sich von den meisten traditionellen E-Learning-Angeboten, wie Tele-Teaching und webbasiertem Lernen, bei denen der Lernende Autodidakt sein musste, um sich den Lernstoff alleine am Computer anzueignen.

Das innovative Lehrformat der MOOCs kann für jede Disziplin genutzt werden, es ist nicht an irgendein Fachgebiet gebunden. Lehrstoff lässt sich stets multimedial aufbereiten (zum Beispiel in Form von Ausschnitten aus Vorlesungsaufzeichnungen) und der Lerneffekt interaktiv hinterfragen (zum Beispiel mittels Multiple-Choice Fragen). MOOCs eröffnen aber auch Räume für die Entwicklung und Erprobung ganz neuer Funktionalitäten, die dann sehr wohl fächerspezifische Bedeutung erlangen können. So gibt es zum Beispiel in der Informatik Projekte, die das Ziel haben, virtuelle Labore bereitzustellen, in denen die Lernenden über das Internet tatsächlich experimentieren und praktische Erfahrungen erlangen können. Sie erhalten Zugriff auf virtuelle Maschinen mit vorkonfigurierten Programmen, auf denen sie konkrete Aufgaben (zum Beispiel das Knacken von Passwörtern) zu lösen haben. Sie können dabei nicht nur vorhergedachte Simulationen ansehen, sondern erleben live das tatsächliche Geschehen. Die Kurse auf openHPI haben ein festes Start- und Enddatum.

9.3.1 MOOCs im Bereich der tertiären Bildung

Kursumfragen und Analysen der Nutzerprofile auf openHPI zeigen, dass der Großteil der Kursteilnehmer nicht aus dem studentischen Umfeld kommt, sondern bereits über mehr als zehn Jahre Berufserfahrung verfügt. Im Kurs *Java für Einsteiger* 2015 gaben 61 % an, bereits mehr als zehn Jahre in ihrem Beruf tätig zu sein, 15 % arbeiteten schon fünf bis zehn Jahre und nur 24 % weniger als fünf Jahre. Insgesamt hatten 3484 Personen an der Umfrage teilgenommen. Umfragen in den anderen openHPI-Kursen zeigen ähnliche Tendenzen. Im Kurs *Internetworking mit TCP/IP* 2012 gaben 14 % an, schon bis zu zehn Jahre lang berufstätig zu sein. 26 % teilten mit, weniger als fünf Jahre Berufserfahrung zu haben. Den größten Anteil (35 %) machten auch hier diejenigen aus, die schon mehr als zehn Jahre in ihrem Beruf tätig sind.

Bei der Frage nach der Motivation, den Kurs zu besuchen, gibt eine deutliche Mehrheit *Beruf/Weiterbildung* als Grund an. Mit einigem Abstand folgen *Freizeitgestaltung/Allgemeines Interesse* und *Studium/Ausbildung.* Je stärker ein Kurs Fachthemen aufgreift, umso deutlicher ist der Abstand zwischen den Gruppen. Im Kurs *Hands on Industrie 4.0*, der 2016 auf mooc.house[3] lief und sich vor allem an

[3]https://mooc.house/, zugegriffen am 15.12.2016.

KMUs wandte, gaben 2420 Personen (71 %) *Beruf/Weiterbildung* als Grund für die Kursteilnahme an, 601 Personen (17,6 %) *Freizeitgestaltung/Allgemeines Interesse* und 303 Personen (8,9 %) *Studium/Ausbildung*. Insgesamt hatten 3406 Teilnehmer die Umfrage beantwortet. Im Kurs *Sicherheit im Internet* 2016 dagegen war der Abstand derer, die *Beruf/Weiterbildung* wählten (2936 Personen/48,5 %) und derjenigen, die *Freizeit/Allgemeines Interesse* angaben (2447 Personen/40 %) wesentlich geringer, da der Kurs verstärkt auf die breite Allgemeinheit setzte, nicht auf bestimmte Berufsgruppen. Die Gruppe, die *Studium/ Ausbildung* als Grund nannte, ist wiederum mit 409 Stimmen (6,7 %) relativ gering.

Diese Ergebnisse zeigen, dass MOOCs eine wichtige Rolle beim Thema berufliche Weiterbildung einnehmen. Durch die hohe Flexibilität, die MOOCs bieten, lassen sie sich gut in den Berufsalltag integrieren. MOOCs passen sich an das persönliche Lerntempo an, da Zeitpunkt und Wiederholung der einzelnen Lerninhalte individuell steuerbar sind. Zudem gibt es aufgrund der schnell fortschreitenden Digitalisierung in vielen Branchen den Bedarf, sich in IT-Themen kontinuierlich weiterzubilden. Immer mehr Unternehmen nutzen dieses Format der digitalen Wissensvermittlung zudem, um ihre Mitarbeiter zu schulen und kosten- und zeitintensive Präsenzseminare abzulösen oder um Blended Learning zu ergänzen.

9.3.2 MOOCs zum lebenslangen Lernen

Anschließend an die Feststellung, dass viele Menschen MOOCs als Form der beruflichen Weiterbildung nutzen, ist auch das Thema lebenslanges Lernen zu nennen. In einer sich rasant verändernden Umwelt, die auch vor Unternehmensstrukturen, neuen Arbeitsprofilen und -prozessen nicht Halt macht, ist lebenslanges Lernen wichtiger denn je. Und auch mit dem Ausscheiden aus dem Beruf hört das Lernen nicht auf. Plötzlich steht mehr Zeit für alte und neue Hobbys zur Verfügung. Die Gesellschaft wird zunehmend älter und die Menschen sind oft auch in der Rente noch sehr aktiv und in guter körperlicher und geistiger Verfassung. Wir können in unseren Kursen einen Anteil von Senioren beobachten (je nach Kurs zwischen fünf und zwölf Prozent), die aus dem Berufsleben bereits ausgeschieden sind und die openHPI-Kurse mit hohem Interesse verfolgen.

9.3.3 MOOCs im Unternehmensumfeld

Als Beispiel für den Einsatz von MOOCs im betrieblichen Kontext ist openSAP[4] zu nennen. SAP ist mit seiner MOOC-Enterprise-Plattform Vorreiter für viele Unternehmen geworden. openSAP basiert auf derselben Plattform wie openHPI und wurde 2013 vom HPI bereitgestellt, das seitdem für die technische Betreuung und das Hosting zuständig ist. Mit über 1,5 Millionen Kursteilnahmen hat openSAP ihre Schwesterplattform openHPI längst überholt.

Großenteils finden sich im Kursprogramm Fortbildungen zu SAP-Anwendungen und -Produkten wieder. In einzelnen Kursen erreichte openSAP Teilnehmerzahlen von über 30.000 Personen („SAP S/4 HANA – Deep Dive": 33.391 Teilnehmer; „Build Your Own SAP Fiori App in the Cloud – 2016 Edition": 35.356 Teilnehmer).

Ob als Training für Mitarbeiter oder Produkteinweisung für Kunden – MOOCs bieten dem Unternehmen eine Reihe von Vorteilen. Aufwendige und kostenintensive Präsenztrainings, teilweise mit längeren Anfahrtswegen, können eingespart werden. Der Mitarbeiter kann flexibel und gemäß seinem individuellen Lerntempo den Kurs verfolgen. Gleichzeitig hat er mit dem Forum und den Lerngruppen eine Anlaufstelle, wenn er bei einer Aufgabe nicht weiterkommt. Bei erfolgreichem Abschluss erhält er ein Zeugnis, das er beispielsweise für Jahresgespräche oder Bewerbungen auf andere Positionen gewinnbringend einsetzen kann.

9.3.4 MOOCs im gesellschaftlichen Diskurs

Den gesellschaftlichen Diskurs befördern mit MOOCs – wie kein anderes Format bieten sich Massive Open Online Kurse an, kontroverse Themen in der Gesellschaft voranzutreiben. Die Deutsche Akademie der Technikwissenschaften (acatech) setzte im Frühjahr 2016 beispielsweise in Kooperation mit dem HPI einen MOOC zum Thema Industrie 4.0 um (vgl. Abb. 9.1) und erreichte damit über 7000 Teilnehmer. Zielgruppe des Kurses waren vornehmlich KMUs, da dort, wie einige im Voraus durchgeführte Studien zeigten, die Digitalisierung noch nicht in ausreichendem Maße umgesetzt wurde. Wie eine zu Anfang des Kurses durchgeführte Umfrage zeigt, konnte diese Zielgruppe erreicht werden. Über 50 % der Teilnehmenden gaben an, aus einem Unternehmen zu kommen, 12,5 % sogar in leitender Position. Insgesamt nahmen 4620 Personen an der Umfrage teil. Eine Besonderheit dieses

[4]https://open.sap.com/, zugegriffen am 03.01.2017.

Abb. 9.1 Ankündigung des Kurses „hands-on: Industrie 4.0“. (Quelle: Monkey Business Images/shutterstock.com)

Kurses lag darin, dass man über 40 verschiedene Referenten aus Wirtschaft und Wissenschaft zu Wort kommen ließ. So sollte das Thema in all seinen Aspekten und aus verschiedenen Blickwinkeln beleuchtet werden. Durch das Diskussionsforum haben die Teilnehmer die Möglichkeit, ihre eigenen Erfahrungen mit den Experten und den anderen Nutzern zu teilen. Der MOOC lebt von diesem Austausch der Teilnehmer und gibt darüber hinaus oftmals den Veranstaltern und Referenten des Kurses Aufschluss und wertvolle Erkenntnisse über Einstellung, Vorbehalte und Meinungen aus der Gesellschaft.

9.3.5 MOOCs im Bereich Social Responsibility

Das unternehmerische Engagement für soziale, ökologische oder gesellschaftliche Themen hat viele Formen. Eine Möglichkeit, seiner sozialen Verantwortung als Unternehmen nachzukommen, ist das Angebot von hochwertigen Online-Bildungsangeboten über eine eigene MOOC-Plattform. Auf openSAP findet der interessierte Nutzer beispielsweise neben Kursen zu SAP-Produkten, Analytics und Cloud Solutions auch solche zu Social Responsibility: Themen wie „Auch du kannst das. Deutsch für Asylbewerber. Ehrenamtlich“ oder „Sustainability Through Digital Transformation“ (vgl. Abb. 9.2). Auch die Africa Code Week, die sich an Jugendliche aus der ganzen Welt richtet und einen Einstieg in das Programmieren mit Scratch bietet, ist in diesem Zusammenhang zu nennen.

MOOCs eröffnen Unternehmen eine große internationale Bühne. Mit einer eigenen Kursreihe oder gar einer eigenen MOOC-Plattform kann ein Vielfaches der Menschen erreicht werden, die man mit einer Präsenzveranstaltung adressieren könnte.

Abb. 9.2 openSAP-Kurse im Bereich Social Responsibility. (Quelle: https://open.sap.com/courses?topic=Social%20Responsibility)

Ein weiterer Vorteil ist die einfache Zugänglichkeit. Zum Mitmachen genügt ein Internetzugang mit ausreichender Bandbreite. Wenn dieser nicht dauerhaft vorhanden ist, können Lerninhalte auch heruntergeladen und offline bearbeitet werden. In einer Welt, in der, rein statistisch gesehen, auf jeden Einwohner weltweit ein Handy kommt, ist die Reichweite eines solchen skalierbaren MOOC-Angebots nahezu unendlich. Eine wichtige Forderung bei der Entwicklung der HPI-Plattformen war demnach auch, dass sie voll responsive sind und ein ansprechendes Design auf allen Endgeräten (Smartphone, Tablet, Desktop) ermöglichen. An einem Offline-Modus wird gerade gearbeitet, um den Zugang zu den Bildungsangeboten zum Beispiel für Pendler, die MOOCs unterwegs nutzen wollen, oder für Menschen, die in ländlicheren Gegenden wohnen, weltweit weiter zu verbessern.

9.4 MOOCs des Hasso-Plattner-Instituts

Das mit der Universität Potsdam assoziierte *Hasso-Plattner-Institut (HPI)* ist Deutschlands universitäres Exzellenzzentrum für IT-Systems Engineering. Schwerpunkt der HPI-Lehre und -Forschung sind die technischen Grundlagen und nutzerorientierte Anwendungen hochkomplexer und vernetzter IT-Systeme. Bei den regelmäßigen CHE-Hochschulrankings erreichen die Studiengänge des HPI seit Jahren Spitzenplätze.

Das HPI bietet Bachelor- und Master-Studiengänge in „IT-Systems Engineering" an – ein besonders praxisnahes und ingenieurwissenschaftlich geprägtes Informatikstudium, in das derzeit 450 Studenten eingeschrieben sind. Über 70 Professoren, Lehrbeauftragte und Dozenten sind am Institut tätig. Es betreibt exzellente universitäre Forschung – in seinen zwölf Fachbereichen, in der „HPI Research

School“, einem interdisziplinären Doktorandenprogramm mit Forschungsaußenstellen an der Universität Kapstadt, dem Technion in Haifa und der Universität Nanjing und im HPI-Stanford Design Thinking Research Programm. Hinzu kommen Ausbildungsangebote im Entwickeln und Erforschen nutzerorientierter Innovationen für alle Lebensbereiche. So bietet die „HPI School of Design Thinking“ nach dem Vorbild der HPI d.school an der University of Stanford jährlich 160 Plätze für ein Zusatzstudium im Design Thinking an.

Eine der treibenden Ideen hinter der openHPI-Initiative des HPI ist die Öffnung eines Teils des Präsenzstudienangebots für ein breiteres Publikum: Die HPI-Professoren und Dozenten bereiten geeignete Ausschnitte aus ihren Vorlesungen für das Format der openHPI-Kurse auf und ermöglichen es so der Allgemeinheit, das sonst exklusive Lehrangebot des HPI zu nutzen.

9.4.1 openHPI – Die MOOC-Plattform des HPI

Das HPI war mit seiner openHPI-Plattform das erste Universitätsinstitut in Deutschland, das interaktive Online-Kurse (MOOCs) in deutscher und englischer Sprache im Bereich Informatik und IT-Technologie anbot. Dank langjähriger Beschäftigung des Web-University-Teams am Lehrstuhl für Internet-Technologien und Systeme von Prof. Dr. Christoph Meinel mit der Materie des Online-Lernens – Entwicklung der mobilen tele-TASK-Technik zur Aufzeichnung von Vorlesungen und Präsentationen[5], Betrieb eines großen Vorlesungsportals im Internet[6], Entwicklung verschiedener virtueller Labore[7], reguläre Vorlesungsübertragungen an die TU Peking[8] – wurde die Bedeutung des MOOC-Phänomens und der Kernpunkte der MOOC-Innovationen für das Online-Lernen schnell erkannt, als da sind:

- Synchronisation der Lernenden,
- häppchenweise Bereitstellung der Lehrmaterialien,
- Bereitstellung verschiedener Feedback-Tools zur Selbst- und Fremdbewertung des Lernerfolgs und

[5]https://hpi.de/tele-TASK, zugegriffen am 14.12.2016.

[6]http://www.tele-task.de, zugegriffen am 14.12.2016.

[7]Tele-Lab Internet Security (http://www.tele-lab.org, zugegriffen am) und SOA Security Lab (http://www.soa-security-lab.de, zugegriffen am 19.11.2016).

[8]Informationen unter https://hpi.de/meinel/knowledge-tech/web-university/tele-task/internet-bridge.html, zugegriffen am 02.01.2017.

- Verkopplung mit sozialer Plattform, die den Lernenden hilft, sich als Teil einer (wenn auch nur virtuellen) sozialen Lerngemeinschaft zu erleben.

Um diesen Ansatz selbst zu erproben, wurde die interaktive Online-Bildungsplattform openHPI[9] unter Leitung von Prof. Dr. Christoph Meinel ins Leben gerufen und bietet Kurse für alle an, die sich mit Inhalten aus dem Bereich der Informationstechnologien und Informatik beschäftigen wollen.

Die Internetplattform, über die die Online-Kurse angeboten werden, wurde vom openHPI-Team am Lehrstuhl von Prof. Dr. Christoph Meinel unter Leitung von Christian Willems selbst entwickelt. Bei der Plattformentwicklung konnten die Wissenschaftler um Prof. Dr. Christoph Meinel auf Technologien und Forschungsergebnissen diverser Projekte des Lehrstuhls für Internettechnologien und -Systeme aufbauen. Durch die tele-TASK-Technik, die in Abschn. 9.3.3 näher beschrieben wird, gab es bereits Erfahrung mit Tele-Teaching und E-Lecturing, auch die gewonnenen Erkenntnisse aus der Bereitstellung von virtuellen, internetbasierten Lernplattformen für praktisches Training erwiesen sich als hilfreich für das neue Projekt.

Bereits im September 2012 konnte der viel beachtete erste Online-Kurs auf openHPI von Prof. Dr. Hasso Plattner angeboten werden, einem der SAP-Gründer und Stifter des HPI. Im November 2012 startete dann der erste deutschsprachige MOOC mit einem Kurs von Prof. Dr. Christoph Meinel.

Im ersten Jahr des openHPI-Projektes wurde auf die Open-Source–Lernmanagement-Software *Canvas* zurückgegriffen, die umfangreichen Modifikationen durch das openHPI-Entwicklerteam unterzogen wurde. Folgende Veränderungen wurden vorgenommen, um sie als MOOC-Plattform zu nutzen (vgl. Abb. 9.3):

- komplette Überarbeitung des User Interfaces (Design) und der Hauptseitennavigation,
- Hinzufügen des neuen Inhaltstyps Vorlesungsvideos,
- Integration des tele-TASK-Video-Players,
- Anpassung der Inhaltsnavigation an das Sechs-Kurswochen-Konzept,
- Implementierung eines „Course Sequence Browsers“ zur Navigation innerhalb einer Kurswoche,
- Hinzufügen eines Helpdesk Widget für den technischen Support,
- Nutzbarmachung der vorhandenen Lerngruppenfunktionalitäten im Kontext eines MOOCs,

[9]Informationen unter https://open.hpi.de, zugegriffen am 02.01.2017.

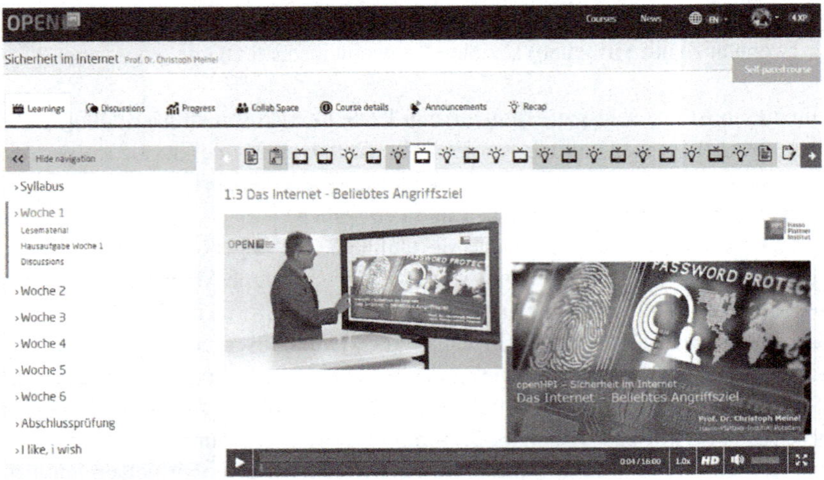

Abb. 9.3 Screenshot – openHPI Webplattform. (Screenshot des Kurses „Sicherheit im Internet" auf openHPI, https://open.hpi.de/courses/intsec2016/items/3nQBqR9Ft2I8zfttr8YwS1)

- Entwicklung und Implementation einer Funktionalität zur Darstellung des Lernfortschrittes und zur Generierung der Zertifikate.

Auch der Betrieb der openHPI-Plattform liegt in den Händen des HPI[10]. Dazu wurde eine private Cloud auf Basis des Cloud Frameworks *OpenNebula* implementiert, um den Anforderungen an die Skalierung der Plattform leicht gerecht werden zu können. Diese erlaubt es, je nach Bedarf zusätzliche physikalische Hosts zu aktivieren (oder zum Stromsparen abzuschalten), auf denen dann zahlreiche virtuelle Maschinen die Web-Anwendung parallel ausführen. Derzeit kommen zwei Hosts zum Einsatz, jeweils mit 64 Prozessor-Kernen und 64 GB RAM sowie schnellen RAID-5-Speichersystemen. Auf zusätzlichen physikalischen Servern laufen zentrale Dienste, wie Datenbank, Monitoring und Log-Analyse. Ein dedizierter Loadbalancer ist für die SSL-Verschlüsselung und die Verteilung der Anfragen an die virtuellen Maschinen verantwortlich. Das Video-Streaming wurde an den Dienstleister Vimeo ausgelagert, der einen kostengünstigen und gut skalierbaren Betrieb anbietet (vgl. Abb. 9.4).

---

[10]vgl. Meinel et al., openHPI: Evolution of a MOOC platform from LMS to SOA. In Proceedings CSEDU, Aachen, Deutschland 2013.

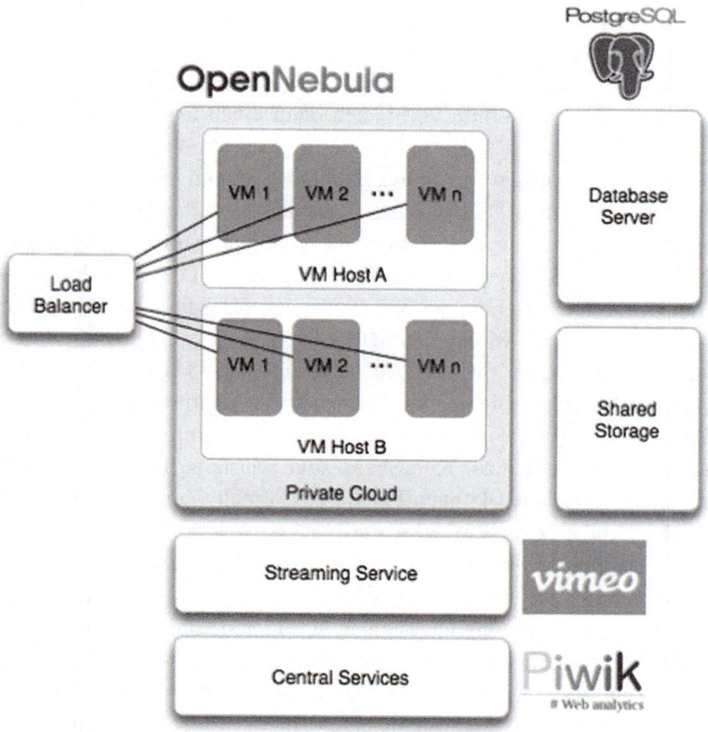

Abb. 9.4 openHPI Infrastruktur. (Quelle: Eigene Darstellung)

Um die durch die Research School vorhandenen Kenntnisse in der Entwicklung einer serviceorientierten Architektur zu nutzen und damit gleichzeitig Skalierbarkeit zu gewährleisten, entschied man sich, eine eigene Plattformlösung zu entwickeln.

Eine serviceorientierte Architektur erleichtert die Integration der Lernplattform in bestehende und zukünftige Produktionszyklen. Nicht zuletzt war es wichtig, einzigartige Lernelemente zu integrieren, die openHPI von anderen MOOC-Plattformen unterscheiden. Die neue Plattform basiert auf einer zweistelligen Zahl von Microservices. Ein Microservice ist für die Bereitstellung einer zusammenhängenden Funktionsgruppe zuständig. Die produktiv laufenden Services sind in Ruby on Rails, Java und Python implementiert. Im April 2014 startete schließlich der erste Kurs auf der neuen Plattform.

9.4.2 openHPI – Konzeption der Online-Kurse

Auf openHPI werden didaktisch aufbereitete Online-Kurse angeboten. Diese haben einen festen Starttermin und bieten dann einen austarierten Zeitplan von sechs aufeinanderfolgenden Kurswochen. In jeder Woche wird jeweils multimedial aufbereitetes und wenn immer möglich interaktives Lehrmaterial bereitgestellt, das ein anderes Kapitel des Kursthemas behandelt. Dazu wird den Kursteilnehmern immer zu Wochenbeginn eine Reihe von Lehrvideos angeboten, die mit dem tele-TASK-System aufgezeichnet wurden. Diese werden mit weiterführendem Lesestoff, interaktiven Selbsttests und Hausaufgaben, mit denen sich die Teilnehmer in dieser Woche beschäftigen, ergänzt (vgl. Abb. 9.5). Die Selbsttests wechseln sich dabei mit den Videos ab und helfen den Teilnehmern, ihren Lernfortschritt zu kontrollieren. Sie können selbst überprüfen, ob sie die wichtigsten Erkenntnisse aus den vorangegangenen Videos mitgenommen haben. Die Hausaufgaben am Ende jeder Kurswoche sind Bausteine für die Leistungserfassung der Teilnehmer: Hier können Punkte gesammelt werden, die später für den erfolgreichen Kursabschluss relevant sind.

Kombiniert sind die Angebote mit einer sozialen Diskussionsplattform, auf der sich die Teilnehmer mit den Kursbetreuern und anderen Teilnehmern austauschen, Fragen klären und weiterführende Themen diskutieren können. Natürlich entscheiden die Teilnehmer selbst über Art und Umfang ihrer Lernaktivitäten. Zu vielen Themen gibt es Nachfragen, die das Teaching-Team oder andere Teilnehmer im Forum beantworten. Einige Nutzer möchten auch gerne einzelne Punkte aus dem Kurs aufgreifen und vertiefen. Das Forum bietet die Möglichkeit, über den im Kurs vermittelten Stoff hinaus auf Aspekte und verwandte Themen einzugehen und diese ausführlich zu diskutieren und zu hinterfragen. Über diese Diskussion

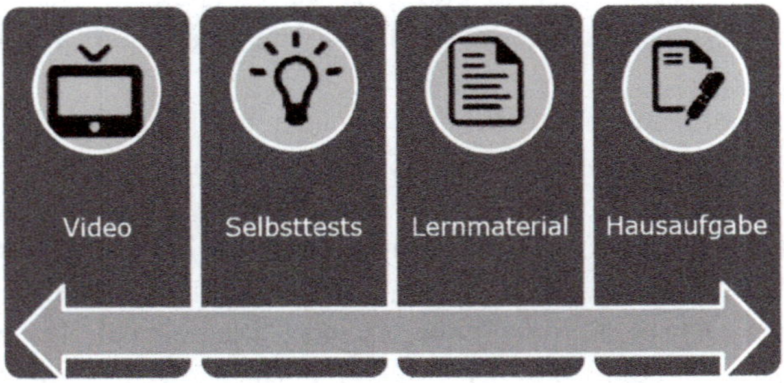

Abb. 9.5 Wiederkehrende Elemente eines MOOCs auf openHPI. (Quelle: Eigene Darstellung)

der angebotenen Lerninhalte in einer virtuellen Gemeinschaft, einem sozialen Lernnetzwerk, werden die Lernenden untereinander sowie mit den Lehrenden verknüpft. Auch die Lerngruppen leisten einen Beitrag zur Vernetzung unter den Teilnehmern. Nutzer können eine Lerngruppe gründen oder bestehenden Lerngruppen beitreten, um innerhalb dieser Gruppe bestimmte Aspekte zu diskutieren, die eventuell nicht den ganzen Kurs interessieren, um Dokumente auszutauschen oder um eine Videokonferenz zu schalten. In den Juniorkursen, die das HPI speziell an Schulen bewirbt, gibt es häufig Klassen, die sich unter Leitung ihres Lehrers zum Kurs anmelden und eine eigene Lerngruppe bilden. Im Kurs *Spielend Programmieren lernen* 2015 finden sich zum Beispiel Lerngruppennamen wie OHS Berlin oder Gefängnisabteil 10C.

Bei erfolgreichem Abschluss des Kurses qualifizieren sich die Teilnehmer für ein openHPI-Zeugnis (vgl. Abb. 9.6). Hierzu müssen sie 50 % aller möglichen Punkte aus den sechs Hausaufgaben sowie der Abschlussklausur erreichen. Auf dem Zertifikat wird neben der erreichten Punktzahl auch vermerkt, ob der Teilnehmer zu den besten fünf, zehn oder 20 % des Kurses gehört. Zudem erhalten alle Teilnehmer, die mindestens 50 % des Lernmaterials bearbeitet haben, eine unbenotete Teilnahmebestätigung.

Die Festlegung auf ein sechswöchiges Schema für die Dauer der openHPI-Online-Kurse mit einer sich anschließenden Klausurwoche folgt der Abwägung, dass einerseits Zeit gebraucht wird, damit sich die virtuelle Lerngemeinschaft („Community") zum Kurs ausformen kann, sich andererseits aber die Belastung der Kursteilnehmer in Grenzen halten soll – wendet sich das Angebot doch nicht nur an Studenten, sondern an alle Interessierten, ob Schüler, Berufstätige oder Pensionäre. Tatsächlich hat sich gezeigt, dass die prozentuale Abschlussrate, die bei den openHPI-Online-Kursen zwischen 12 und 33 % liegt, um eine Größenordnung höher liegt als bei vergleichbaren MOOC-Angeboten, die über ein ganzes Semester laufen.

Neben dem sechswöchigem Standardkurs haben sich noch weitere Formate etabliert: Zweiwöchige Workshops, zum Beispiel *Embedded Smart Home* oder *Unternehmensgründung im IT-Bereich,* sowie vierwöchige Praxiskurse, zum Beispiel *Spielend Programmieren lernen,* führen kompakt in ein Thema ein. Einige Lernende hatten in den Umfragen angegeben, dass ihnen das sechswöchige Format neben dem regulären Berufsalltag zu aufwendig und zu lange sei. Um auch diese Lernergruppe anzusprechen und Interesse für ein Thema zu wecken, wurden die Workshops eingeführt. Diese können zwar Themen nur anreißen, doch bieten sie immerhin eine erste Orientierung und ermöglichen es außerdem dem HPI, ein neues Themengebiet „auszuprobieren". 2016 beispielsweise gab es erstmals auf openHPI einen Kurs zum eher wirtschaftlichen Thema *Unternehmensgründung*

OPEN HPI Hasso Plattner Institut

Zeugnis

Max Mustermann
Max.Mustermann@hpi.de

hat erfolgreich bestanden:

Sicherheit im Internet

von Prof. Dr. Christoph Meinel

Der sechswöchige Kurs bestand aus den folgenden Einheiten:

- Grundbegriffe Internetsicherheit
- Digitale Identitäten und Passwörter
- Malware – Viren, Würmer und Botnets
- Offenes Internet, unsichere Transportwege
- Einführung in die Verschlüsselung
- Risiken in der digitalen Welt - Smartphones, Cloud und Smart Home

Gesamtergebnis (Hausaufgaben und Abschlussprüfung)

90 von 100 möglichen Punkten (10%)

Der Teilnehmer gehört zu den besten 5% dieses Kurses.

Prof. Dr. Christoph Meinel
Kursleiter und openHPI Direktor
Potsdam, am 5. April 2016

Design IT. Create Knowledge.

openHPI ist die Internet-Bildungsplattform des Hasso-Plattner-Instituts (HPI) für Softwaresystemtechnik GmbH. Das Hasso-Plattner-Institut ist ein An-Institut der Universität Potsdam. Im Mittelpunkt der universitären Lehre steht der praxisnahe und ingenieurwissenschaftlich orientierte Studiengang IT-Systems Engineering.

Online Verifizierung: https://open.hpi.de/verify/xusam-bohoc-nyhuk-bakom-tetas

Abb. 9.6 Zeugnis des Hasso-Plattner-Instituts für die erfolgreiche Teilnahme. (Quelle: Eigene Erstellung openHPI, Zeugnis-Template)

im IT-Bereich. Die Analyse der Kursbeteiligung und der Forenbeiträge hilft bei der Planung und Erstellung von Folgekursen, die dann mehr in die Tiefe gehen können.

Die in den Kursen aufgegriffen Themen stammen aus dem Lehrangebot des HPIs. Dabei greifen die Professoren und Senior Researcher des HPI Themen auf, die neueste Entwicklungen und Forschungsergebnisse aus der Informatik betreffen, zum Beispiel die am Lehrstuhl von Prof. Dr. Hasso Plattner entwickelte In-Memory-Datenbanktechnologie, oder breites Grundlagenwissen vermitteln, zum Beispiel wie das Internet funktioniert. Die in einem Online-Kurs behandelten Inhalte können dabei allein schon aus Zeitgründen nicht das ganze Programm einer Vorlesung umfassen – sie sind ja auch nicht als Vorlesungsersatz gedacht –, sondern konzentrieren sich auf die Vermittlung der für das Verständnis des Themas wesentlichen Kenntnisse für eine breite interessierte Öffentlichkeit.

Nach Kursende bleiben die Kursinhalte weiterhin auf der Plattform verfügbar und können im Selbststudium bearbeitet werden. Im Gegensatz zum Besuch des Kurses während der Laufzeit fällt beim nachträglichen Ansehen der Lerninhalte allerdings das gemeinschaftliche Lernerlebnis, ein sehr wichtiges Element der MOOCs, weg und es kann kein Zeugnis mehr erreicht werden.

9.4.3 openHPI – Technische Grundlagen

Die Produktion der Lernvideos für openHPI erfolgt mit dem unter Leitung von Prof. Dr. Christoph Meinel entwickelten tele-TASK-Systems (Schillings und Meinel 2002). tele-TASK (Teleteaching Anywhere Solution Kit) ist eine innovative Systemlösung, mit der Vorlesungen und Vorträge aufgezeichnet und über das Internet verbreitet werden können. Dank tele-TASK kann jeder Interessent weltweit online auf Schulungen, Präsentationen und Events zugreifen – sowohl auf Liveübertragungen als auch auf archivierte Aufzeichnungen. Das besondere Kennzeichen von tele-TASK ist, dass der Vortragende simultan mit dem von ihm präsentierten Demonstrationsmaterial festgehalten wird. Die seit Jahren am HPI im regulären Studienbetrieb eingesetzte, praxisbewährte, mobile Technologie zeichnet sich durch einfachste Bedienung und brillante Bild- und Tonqualität aus. Sie wird ständig um neue Funktionalitäten erweitert und bietet eine sehr fundierte Basis für die laufenden Forschungsarbeiten zum Online-Lernen.

Die Produktpalette von tele-TASK besteht aus dem tele-TASK-Recording-System, Videoplayer, Webportal, Postproduction Tool und Moodle Plug-in. Die Videoclips für openHPI werden mit dem tele-TASK-Recording-System aufgezeichnet und können mit dem tele-TASK-Player angeschaut werden.

Das **tele-TASK-Recording-System** besteht aus einem kompakten Koffer, der einen vorkonfigurierten Rechner und alle benötigten Komponenten enthält; inklusive der tele-TASK-Aufnahmesoftware. Außerdem gehören Videokamera, Funkmikrofon und alle benötigten Kabel zum Equipment.

Mit tele-TASK wird parallel zum Videobild und Ton des Vortragenden auch der Bildschirm des Präsentationsrechners synchron aufgezeichnet und übertragen (vgl. Abb. 9.7). Dank der hohen Framerate bei der Aufnahme können auch Präsentationsinhalte wie Animationen oder Filme flüssig aufgezeichnet werden. Durch die Speicherung von zwei separaten Videodateien (Redner und Präsentation) ist eine flexible Weiterverarbeitung, u. a. auch als Podcast-Videos mit verschiedenen Layouts möglich.

Die **tele-TASK-Aufnahmesoftware** wird stetig weiterentwickelt und erweitert. Sie basiert auf einem Windows-Unterbau und C#, .NET, WPF und DirectShow. Sie ist speziell optimiert für Touch-Bedienung, Livestreaming im MP4-Format, eine integrierte Podcast-Funktion, höhere Auflösungen und Frameraten. Auch wird größter Wert auf einfache und selbsterklärende Bedienung gelegt. Die Aufnahmesoftware setzt zur Aufnahme die Codes H.264/MPEG-4 AVC und AAC ein und ist für Mehrkernprozessoren (vor allem Intel Core i5) optimiert worden. Auf dem Präsentationsrechner ist keine Softwareinstallation notwendig, somit ist sie unabhängig vom vorhandenen Betriebssystem einsetzbar. Auch müssen keine

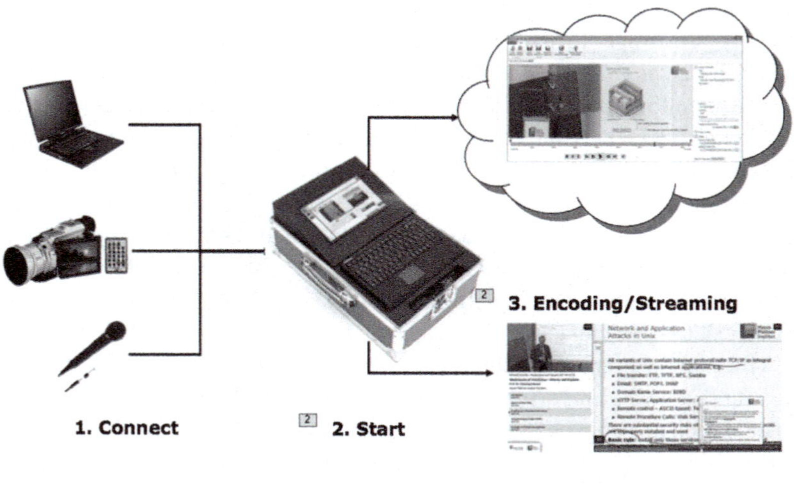

Abb. 9.7 Funktionsweise des tele-TASK-Aufzeichnungssystems. (Eigene Darstellung, Quelle: HPI)

Dateien ausgetauscht werden, was ein weiterer Sicherheitsaspekt ist. Die Präsentationsinhalte können frei gewählt werden. Dabei ist es unerheblich, ob Folien, Live-Demos oder ein weiteres Video gezeigt werden. Alles wird mit 25 Bildern pro Sekunde flüssig aufgezeichnet. Durch das sofortige Codieren der Videoströme und die integrierte Livestreaming-Funktion können bereits während der Aufnahme große Zuschauerzahlen an Events teilhaben.

Der **tele-TASK-Player** ist ein innovativer Videoplayer mit einem Split-Screen, der einerseits die Präsentation (zum Beispiel Vortragsfolien oder Animationen) und andererseits das Video des Vortragenden sowie Informationen zur Struktur des Vortrags synchronisiert anzeigt. Durch die variable Datenhaltung der Aufnahmen in zwei separaten Dateien – Vortragender und Präsentation – ist die Aufteilung des Bildschirms im Player variabel und das Größenverhältnis kann zwischen Vortragendem und Präsentation vom Benutzer je nach Interesse oder Situation stufenlos angepasst werden bis hin zum Vollbildmodus, mit dem der ganze Bildschirm ausgenutzt werden kann. Zur Unterstützung einer schnellen Navigation durch den Vortrag oder die Vorlesung sowie eines schnellen Einstiegs in eine relevante Stelle der Aufzeichnung können die automatisch aus den Videos extrahierten Vortragsfolien auf einer Zeitleiste durchgeblättert werden (Yang et al. 2012).

Das **tele-TASK-Webportal** (http://www.tele-task.de, zugegriffen am 14.12.2016) bietet ein reichhaltiges Videoarchiv mit Aufzeichnungen von Vorlesungen (E-Lectures), vollständigen Vorlesungsreihen, Konferenzen, Workshops und Symposien (vgl. Abb. 9.8). Diese können je nach Konfiguration sowohl live als auch on demand über das Internet angesehen werden. Anstehende Livestreaming-Events können einem Livestreaming-Kalender entnommen werden. Das tele-TASK-Webportal ist sowohl für die Nutzung auf großen Monitoren optimiert als auch für kleine Handydisplays in einer minimierten Ansichtsvariante zugänglich. Es bietet derzeit einen Fundus von etwa 6000 E-Lectures, die auch als Video-Podcasts in 23.000 kürzeren Lerneinheiten zur Verfügung stehen.

Das tele-TASK-Webportal wird laufend um neue, das Online-Lernen unterstützende Funktionen erweitert. So verfügt es über umfangreiche Suchfunktionen. Darüber hinaus werden den Nutzern zahlreiche innovative Funktionalitäten zur effizienten Navigation in den einzelnen E-Lectures angeboten, die auf den Erkenntnissen aktueller Forschungen im Bereich Semantic Web basieren. Die Lernenden können zur schnellen Orientierung auf das (automatisch generierte) Inhaltsverzeichnis der E-Lecture und auf eine Folienvorschau zugreifen, sie können in der E-Lecture (nicht nur im Vortragstitel) nach Schlüsselworten suchen und viele andere neue Werkzeuge zum komfortablen Selbststudium nutzen.

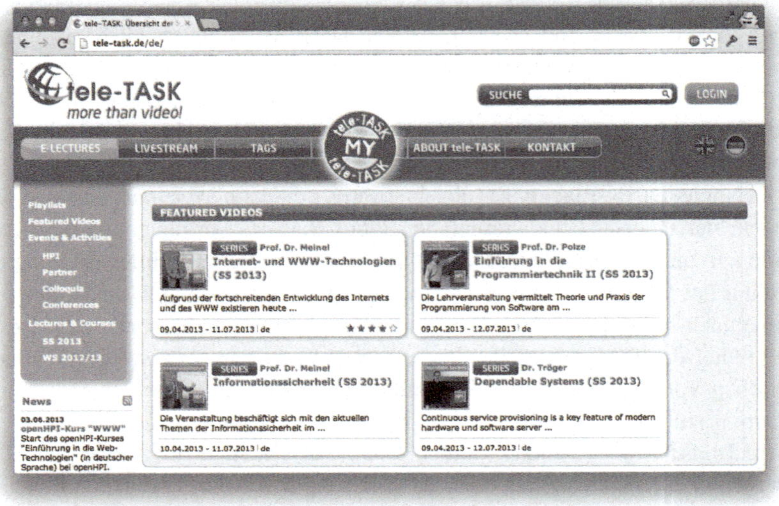

Abb. 9.8 Screenshot – tele-TASK Web-Portal. (Quelle: HPI)

Erwähnenswert ist auch die im Portal gebotene Möglichkeit, eigene digitale Vorlesungsskripte zu erstellen. So können die E-Lectures an beliebigen Stellen mithilfe eines eigens für diesen Zweck entwickelten Editors mit eigenen Anmerkungen und Mitschriften angereichert werden, die nach eigenem Ermessen auch für andere Nutzer sichtbar gemacht werden können. Aber auch andere Community- und Social-Web-Funktionen sind im tele-TASK-Portal implementiert, wie zum Beispiel Tagging von Videos, Setzen von Zeitmarken, Zusammenstellung von Playlisten oder Bewertung von Vorlesungen.

Die wenigen Nachbearbeitungsschritte nach erfolgter Aufzeichnung können nicht nur direkt am Koffer, sondern mit dem **tele-TASK Postproduction Tool** auch an einem normalen Büro-PC mit Windows 7/8/10 erledigt werden. Dadurch kann der Zeitpunkt der Nachbearbeitung frei gewählt werden und zum Beispiel während oder nach der Rückreise von einer Veranstaltung am Laptop/PC erledigt werden. Das Postproduction Tool bietet dabei die gleichen Funktionen wie das Recording-System selbst, also u. a. Schneiden, Kapitelmarken überarbeiten, Umrechnung in Podcast-Formate verschiedener Layouts und Export für das Webportal, Moodle Plug-in, Offline-Player etc. per SFTP und USB.

Für bereits bestehende Moodle-Seiten und wenn der Erwerb des tele-TASK-Webportals nicht geplant ist, gibt es das tele-TASK Moodle Plug-in[11], mit dem sich Aufnahmen sehr einfach in Moodle einbinden lassen. Benötigt wird dafür ein Moodle ab Version 2.5. Die Veröffentlichung von 1- und 2-Videoaufzeichnungen ist sehr einfach durch die komfortable Importfunktion von tele-TASK-Aufnahmen möglich, bei der durch einen automatischen Upload der Videos auch die Aufnahme-Metadaten übernommen werden. Der Konfigurationsaufwand bei der Ersteinrichtung durch den Admin ist sehr gering. Durch die Kompatibilität des integrierten Videoplayers mit HTTP-Streaming vom eigenen Server oder externem Dienstleister ist kein dedizierter Streamingserver notwendig.

9.4.4 openHPI – Kursangebot und Nutzung

Der erste openHPI-Online-Kurs wurde von Prof. Hasso Plattner zu der unter seiner Leitung am HPI entwickelten Technologie *„In-Memory Data Management"* angeboten. Die Lerninhalte beschäftigten sich mit dem Management von Unternehmensdaten in zeilenorientierten Hauptspeicherdatenbanken. Neueste Trends in der Hardware- und Softwareindustrie haben zu der Entwicklung dieser neuen, revolutionären Technologie geführt, die flexible und blitzschnelle Analysen riesiger Datenmengen erlaubt. Die grundlegenden Konzepte und Designprinzipien dieser Technologie wurden detailliert vorgestellt. Weiterhin wurden die Implikationen für die zukünftige Entwicklung von Enterprise-Applikationen diskutiert. Der Kurs richtete sich an ein fortgeschrittenes Publikum mit solidem Hintergrundwissen im Bereich „Datenbanken".

Die mehr als 13.000 Teilnehmer des Kurses stammten aus über 100 Ländern. Über 4000 davon beteiligten sich regelmäßig an den Übungen und Diskussionen, 2132 konnten nach der erfolgreich absolvierten Abschlussprüfung ein Zertifikat erlangen. Die meisten Teilnehmer des ersten offenen Online-Kurses haben pro Woche drei bis sechs Stunden in die ernsthafte Beschäftigung mit dem angebotenen Stoff investiert, also für das Anschauen der Lehrvideos, das Durcharbeiten der Lesematerialien, die Kontrolle des eigenen Lernfortschritts über die bereitgestellten Selbsttests und die aktive Teilnahme an den Diskussionsforen. Die Teilnehmer dieses Kurses haben 106.231 Selbsttests ausgeführt und 17.738 Hausaufgaben abgegeben. In den Diskussionsforen gab es 2270 Beiträge. Im Verlauf des Kurses wurden von den Teilnehmern 140.201 Videos und 74.746 Wiki-Seiten

[11]https://moodle.org/plugins/mod_teletask, zugegriffen am 14.12.2016.

aufgerufen. Auch nach Kursende melden sich zahlreiche Teilnehmer zum Kurs an, um die bereitgestellten Lerninhalte zu studieren. So kommt es, dass aktuell 18.525 Teilnehmer im Kurs *In-Memory Data Management*- 2012 eingeschrieben sind – 6000 mehr als zu Kursende.

Insgesamt gab es auf openHPI bisher 24 Kurse. Der erwähnte erste Kurs von Hasso Plattner wurde bisher viermal gezeigt. Auch einige der anderen Kurse wurden bereits wiederholt, oftmals um aktuelle Entwicklungen in der Materie ergänzt oder in anderer Sprache angeboten (zum Beispiel Webtechnologien, Sicherheit im Internet). Die Zahl der Kurse stieg kontinuierlich von zwei Kursen im ersten Jahr auf fünf Kurse im zweiten Jahr bis zu elf Kursen im laufenden Jahr 2016. Gerade die Einführung des Workshop-Formates sorgte für einen Anstieg der Kurszahl.

Tab. 9.1 gibt einen Überblick über alle bisher abgeschlossenen openHPI-Kurse und die erreichten Teilnehmerzahlen.

Tab. 9.1 Teilnehmerzahlen und Abschlussquoten der openHPI-Kurse im Jahr 2015

Kurs	Referent	Teilnehmer Kursmitte	Teilnehmer Kursende	Teilnehmer heute	Zeugnisse	Abschlussquote
In-Memory-Data-Management	Prof. Plattner	8531	9989	11.992	975	9,8 %
Web Technologies	Prof. Meinel	9913	10.606	11.879	1862	18 %
Sichere E-Mail	Prof. Meinel	5118	5721	7602	1464	23 %
Knowledge Engineering with Semantic Web Technologies	Dr. Sack	6039	6495	6841	413	6 %
Spielend Programmieren lernen 2015	Prof. v. Löwis	7841	8242	10.526	2140	25,8 %
Java für Einsteiger	openHPI-Team	10.789	11.572	16.530	3283	27 %
Einführung in eine Java-IDE	openHPI-Team	6945	7245	7820	182	2,5 %
Automated Visual Software Analytics	Prof. Döllner	3398	3690	4526	599	15 %

9.4.5 Learning Analytics auf openHPI

Learning Analytics ist ein zentrales Thema für die Forscher des HPI und in mehrfacher Weise interessant für die Entwickler von openHPI. Zum einen macht Learning Analytics das Lernverhalten nachvollziehbar und gibt Aufschluss darüber, wie das Lernen in einem MOOC funktioniert. Daraus wiederum können Rückschlüsse gezogen werden, wie das Lernerlebnis und das Lernergebnis gesteigert werden können. Learning Analytics ermöglicht es zum anderen, den Lernprozess besser zu verstehen und zu optimieren. Ziel ist es, eine optimale Lernumgebung zu schaffen, in der der Lerner sich gut zurechtfindet und auf seinem Lernweg bestmöglich begleitet und motiviert wird. Dadurch soll letztendlich auch der Lernerfolg jedes Einzelnen maximiert werden. Learning Analytics ist also ein wichtiges Tool für die wissenschaftliche Begleitforschung zu MOOCs. Aus den bisher durchgeführten Kursen auf openHPI konnten zahlreiche Erkenntnisse gewonnen werden, die in die Konzeption neuer Kurse einfließen und als Best Practices weitergegeben werden.

Der Globus, der im Dashboard von openHPI und openSAP eingebaut wurde, gibt die Aktivität der Teilnehmer weltweit in Echtzeit an. Wenn sich ein Nutzer auf der Plattform einloggt, leuchtet an seinem Standort ein kleiner Punkt auf (vgl. Abb. 9.9).

In der Kursaktivitätsanzeige (vgl. Abb. 9.10), die im Dashboard der einzelnen Kurse auf den HPI-eigenen Plattformen zu finden ist, wird anschaulich dargestellt, zu welcher Tageszeit die Kursteilnehmer am aktivsten sind. Dafür werden alle Analytics-Events gezählt und stundenweise zusammengefasst. Ein Quadrat in der Darstellung entspricht einer Stunde, die Farbe gibt Auskunft über die Höhe der Aktivität. Da der Beispielkurs fast ausschließlich von deutschen Teilnehmern besucht wurde, sieht man, dass die Aktivität zwischen 23 Uhr und 6 Uhr morgens (deutscher Zeit) relativ gering ist, da die meisten zu dieser Zeit schlafen.

Des Weiteren dienen die Daten aus dem Learning-Analytics-Service der Bereitstellung von weiteren Diensten. Hier ist insbesondere der A/B-Testing-Service zu nennen, der datengetriebene Entscheidungen über neue Funktionen erlaubt und in Abschn. 9.4.5.2 näher beschrieben wird.

Bei der automatischen Qualitätskontrolle, einem hilfreichen Werkzeug für die Administratoren auf openHPI, wird ebenfalls auf den Analytics-Service zurückgegriffen. Hintergrund und Ziel der Automatic Quality Control ist, dass bestimmte Abweichungen rasch erkannt werden können und ein Alarm ausgelöst wird, sodass der Fehler schnell behoben werden kann. Gemeldet wird u. a., wenn Videos Überlänge haben, Newsmeldungen nicht verschickt werden konnten oder bei archivierten Kursen das Forum noch nicht geschlossen wurde.

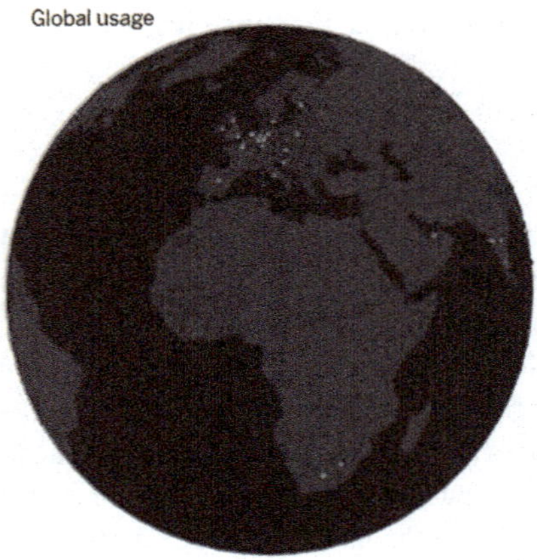

Abb. 9.9 Dashboard Anzeige von eingeloggten Nutzern auf der Plattform. (openSAP)

Abb. 9.10 Aktivitätsanzeige aus dem Kurs „Wie designe ich meine eigene Homepage". (Screenshot Admin Bereich)

So praktisch eine serviceorientierte Architektur ist, um der Skalierbarkeit von MOOCs zu begegnen, so kompliziert ist es, Learning Analytics in einer solchen Architektur umzusetzen. Die Daten liegen nicht an einem zentralen Ort, sondern verteilt, wodurch sich deren Abruf schwierig gestaltet. Daher macht ein eigener

Service Sinn, der für Sammeln, Umwandlung, Speichern und Abruf der Daten verantwortlich ist. Der sog. LAnalytics Service wird in Abschn. 9.4.5.1 näher beschrieben.

Die Teilnehmer in einem MOOC sind typischerweise sehr heterogen. Sie verfügen zum Beispiel über unterschiedliche Vorkenntnisse oder lernen unterschiedlich schnell. Der Analytics-Service ist eine grundlegende Voraussetzung, wenn es darum geht, MOOCs stärker zu personalisieren, also zum Beispiel unterschiedliche Lernpfade innerhalb eines Kurses anzubieten.

Die aktuelle Forschung am HPI beschäftigt sich außerdem mit der Frage, wie Teilnehmern möglichst passgenau im persönlichen Profil weitere MOOCs empfohlen werden können. Hier kommt ebenfalls der Analytics-Service zum Einsatz.

9.4.5.1 Datenauswertung mithilfe des LAnalytics-Services

Auf der openHPI-Plattform ist der sogenannte LAnalytics-Service im Einsatz, der relevante ereignisbezogene Daten sammelt, sie weiterverarbeitet, in Schemata umwandelt und die umgewandelten Daten schließlich in verschiedene Datenspeicher, sogenannte Analytics Stores, legt (Renz et al. 2016b). Der Service bietet darüber hinaus ein LAnalytics Web UI, das den Zugriff auf die Analytics Stores durch externe Analytics Tools ermöglicht. Alle Veränderungen in den openHPI-Services werden als Ereignis gespeichert und so von dem LAnalytics-Service berücksichtigt (event-driven). Als Ereignis zählt beispielsweise das Stellen einer neuen Frage im Forum, das Abspielen eines Videos oder das Ansehen einer Seite. Dieser Ansatz ermöglicht eine flexible Datenerhebung in Echtzeit, die mit der serviceorientierten Architektur (SOA) von openHPI in Einklang steht.

Es gibt eine Reihe unterschiedlicher Use Cases, in denen der LAnalytics-Service auf openHPI eingesetzt wird: Das Teaching-Team wird durch tägliche Statistik-E-Mails über bestimmte Kursmetriken wie Einschreibungen in den letzten 24 h oder neu erstellte Kommentare und Fragen im Forum informiert. Ein weiterer Vorteil des LAnalytics-Services ist, dass die Interaktion im Kursforum gemessen werden kann. So kann der Service zum Beispiel Follower im Diskussionsforum zählen und anzeigen. Als Follower gelten Studenten, die auf Fragen antworten oder diese kommentieren. Nicht zuletzt kann durch den LAnalytics-Service auch die Lernaktivität der Nutzer gemessen und auf der Fortschrittsseite im Frontend von openHPI angezeigt werden. Eine typische Lernaktivität wäre zum Beispiel der Zugriff auf Videos und anderes bereitgestelltes Lernmaterial.

Das ist nur eine Auswahl an Use Cases, die zeigen, welche Möglichkeiten der LAnalytics-Service für Kursadministratoren und Teaching-Teams bietet.

9.4.5.2 Durchführung von A/B-Tests

Um die Effektivität von neuen Features zu messen, eignen sich besonders gut A/B-Tests. Dafür wurde auf openHPI ein Framework geschaffen, welches den LAnalytics-Service erweitert und es ermöglicht, aufgestellte Hypothesen zu überprüfen und die Ergebnisse auszuwerten. Folgende drei Tests wurden damit durchgeführt und evaluiert (Renz et al. 2016a):

Im ersten Test wurde der Testgruppe ein virtueller Rundgang durch die Plattform angeboten, um sie mit den Funktionen von openHPI vertraut zu machen und zu vermeiden, dass Teilnehmer demotiviert den Kurs verlassen, weil sie sich auf der Plattform nicht zurechtfinden. Das Ergebnis zeigte einen Anstieg sowohl beim Anklicken der Videos (+ 34 %) als auch bei den Kursbesuchen insgesamt (+ 28 %). Allerdings war die Testgruppe nicht groß genug, um statistisch signifikant zu sein.

Der zweite Test zielte darauf ab, Lerner zurückzugewinnen, die sich für mindestens vier Tage nicht im Kurs angemeldet und nahezu noch keine Lerninhalte besucht hatten. Sie bekamen je nach Gruppe eine Erinnerungs-E-Mail ohne weitere Inhalte (Gruppe 1) oder mit einer Auswahl von ungesehenen Videos (Gruppe 2) oder einer Übersicht über die aktuellsten Diskussionen im Forum (Gruppe 3) oder mit beidem (Gruppe 4). Die E-Mail mit den Video- (Steigerung von 60,4 %) sowie den Video- und Forumsverweisen (Steigerung von 73,1 %) waren am effektivsten gemessen an der Zunahme der Videoklicks.

Im dritten Test ging es darum, Teilnehmer auf Diskussionen im Forum zu stoßen und so die Beantwortung von offenen Fragen voranzutreiben. Dazu wurde der Versuchsgruppe täglich eine Übersicht mit ungesehenen Fragen aus dem Diskussionsforum zugeschickt. Das Ergebnis war eine Zunahme der Forums-Posts um 140 %.

9.5 Features und Design zur Steigerung der Interaktion

9.5.1 Einsatz von praktischen Aufgaben

In einer Umfrage im ersten openHPI Kurs zum Thema Internetworking wurde der große Bedarf an Praxisaufgaben deutlich (Grünewald et al. 2013b). Praktische Übungsaufgaben *(hands-on exercises)* finden seitdem verstärkt Eingang in die openHPI-Kurse. In Programmierkursen wie *Spielend Programmieren lernen* wird mittels einer standardisierten LTI-Schnittstelle eine Programmierplattform angebunden, mit der es den Teilnehmern möglich ist, direkt im Browser zu programmieren. Die verwendete Programmierplattform *CodeOcean* ist als Open Source verfügbar. Sie wurde am HPI entwickelt und funktioniert für viele verschiedene Programmiersprachen wie zum Beispiel Java, Python oder Ruby.

Daneben wurde bereits in drei openHPI-Kursen Peer Assessments als Aufgabentyp eingesetzt, das heißt die Korrektur und Bewertung von offen gestellten Aufgaben erfolgt untereinander (Nutzer bewerten sich gegenseitig). Im Workshop *Social Media – What No One has told you about Privacy* sollten die Teilnehmer beispielsweise einen Aufsatz über 500 Wörter schreiben, der anhand vorgegebener Rubriken von ihren Peers bewertet wurde. Im Workshop *Unternehmensgründung im IT-Bereich* dagegen sollten die Teilnehmer ein Schema mit den wichtigsten Schlüsselfaktoren ihres Geschäftsmodells (Business Model Canvas) erstellen, für das sie von ihren Peers Punkte erhielten. Der Workflow des MOOC Peer Assessments gliedert sich dabei in fünf Phasen (Abgabe, Training, Selbstbewertung, Evaluation, Ergebnisse), von denen die Trainings- sowie die Selbstbewertungsphase optional ist. Es wurde ferner ein Feedback-Rating eingeführt, bei dem die Peers bewerten sollten, ob das Feedback, das sie bekamen, hilfreich war. Dieses Feature fehlt auf anderen MOOC-Plattformen, ist jedoch ein guter Anreiz für die Reviewer, ein fundiertes und qualitativ hochwertiges Feedback zu geben. Für besonders hilfreiches Feedback bekommt der Reviewer Bonuspunkte.

9.5.2 Steigerung der Forumsaktivität

Ein weiteres Forschungsinteresse des HPI liegt in der Reduzierung der Abbruchquote (Drop-outs) sowie der No-Show-Rate (Renz et al. 2016c). Die Abschlussquote bei openHPI ist mit durchschnittlich 16 % vergleichsweise hoch. Grünewald et al. (2013a) fanden heraus, dass die Aktivität der Teilnehmer im Forum einen positiven Einfluss auf die Endergebnisse der Teilnehmer im Kurs hat. Um die Aktivitätsrate der Teilnehmer zu steigern und die Nutzung des Forums so einfach wie möglich zu gestalten, wurden 2015 folgende Punkte modifiziert:

- Post direkt aus Video: Um einen Forumsbeitrag zu schreiben, ist es nicht mehr nötig, die Seite „Diskussionsforum" zu öffnen. Es ist vielmehr möglich, eine Frage, die im Zusammenhang mit einem Video auftaucht, direkt auf der Videoseite zu stellen. Sie wird dann mit diesem Video verlinkt, sodass andere Teilnehmer den

Bezug sofort erkennen können. Angezeigt wird der Beitrag einmal unterhalb des Videos, wie man das von YouTube-Videos kennt, zum anderen im Diskussionsforum, in dem alle Beiträge zum gesamten Kurs zu finden sind.

- Forumsbeiträge bewerten: Teilnehmer haben die Möglichkeit, Beiträge ihrer Kommilitonen zu bewerten. Besonders hilfreiche Antworten können so beispielsweise hochgestuft werden, eher schwache Beiträge können niedrig bewertet werden.
- Forumsbeiträge als richtig markieren: Stellt jemand im Forum eine Frage, auf die er mehrere Antworten bekommen hat, so kann er die korrekte Antwort als richtig markieren. So sehen seine Peers auf einen Blick, welches wohl die richtige Antwort ist, ohne alle Einträge studieren zu müssen.

9.5.3 Einsatz von Gamification

Auch der Einsatz von Gamification zur Steigerung der Aktivitätsrate und zur Verbesserung des Lernerlebnisses für den Nutzer wird am HPI erforscht. Die wichtigste Herausforderung bei Einführung der Gamification-Elemente ist es, sie in einer Weise zu kombinieren, die das Lernen und die Motivation fördert und die Lerner keinesfalls frustriert. Zugleich muss auf unterschiedliche Lerntypen geachtet werden, da nicht alle durch die gleichen Anreize motiviert werden (Willems et al. 2014).

Als ein Gamification-Element werden auf mooc.house Experience Points vergeben. Diese sind nicht mit den Notenpunkten zu verwechseln, die der Teilnehmer in dem Kurs durch die bewerteten Aufgaben erreichen kann und die am Ende darüber entscheiden, ob ein Teilnehmer den Kurs besteht oder nicht. In der Regel haben Teilnehmer neun Tage Zeit, ihre bewertete wöchentliche Hausaufgabe abzugeben. Der Großteil reicht diese allerdings kurz vor Abgabeschluss ein, sodass dann eine große Last auf dem Server verzeichnet wird. Um die Last besser über die Woche zu verteilen, gibt es auf mooc.house Experience Points für alle, die ihre Hausaufgaben schon frühzeitig abgeben. So erhält der Lerner n^2 x fünf Punkte für die Abgabe n Tage vor der angegebenen Frist. Bislang ist dieses Feature testweise nur auf mooc.house aktiv, noch nicht auf openHPI.

9.5.4 Bildung von Clustern in MOOCs

Wie bereits beim Thema Gamification erwähnt, ist eine Schwierigkeit bei MOOCs, dass die Lerngemeinschaft sehr heterogen ist und verschiedene

Lerntypen durch unterschiedliche Anreize motiviert werden können. Für Dozenten in einem MOOC ist es daher schwierig, die Teilnehmer durch bereitgestelltes Zusatzmaterial zu unterstützen oder in Forumsbeiträgen anzusprechen, ohne die Zielgruppe genau zu kennen. Wir denken, dass gut informierte Dozenten besser auf die Bedürfnisse der Teilnehmer eingehen und dadurch nachhaltig das Lernergebnis verbessern können.

Im Rahmen einer Masterarbeit auf openHPI wurde ein Clustering- und Visualisierungs-Tool (Cluster Viewer) gebaut, das es ermöglicht, charakteristische Teilnehmergruppen zu identifizieren und sie einzeln anzusprechen, zum Beispiel durch eine individualisierte E-Mail an die betreffende Gruppe. Zusätzlich können A/B-Tests durchgeführt werden, um die Effektivität einer E-Mail nachzuvollziehen. Zur Unterteilung der Teilnehmer wurde eine Reihe unterschiedlicher Metriken herangezogen, zum Beispiel das Abschneiden im Kurs, die Aktivität im Forum, die Zahl der angesehenen Lehrinhalte oder wie viele Stunden sie insgesamt auf den Kurs verwendeten. Die Evaluierung des Tools ergab, dass die verwendeten Metriken schlüssig sind und dass das Sammeln bestimmter Daten, deren Umwandlung in Metriken und deren Visualisierung für Lehrer sehr hilfreich ist. Vor allem die Metriken, die die Leistung der Studenten widerspiegeln, waren für die Lehrer besonders interessant. So kann zum Beispiel untersucht werden, ob High Performers (Teilnehmer, die in allen Tests des Kurses überdurchschnittlich gut abschneiden) gleichzeitig auch aktiv im Forum waren oder ob sie Videos häufig heruntergeladen und offline angeschaut haben (vgl. Abb. 9.11).

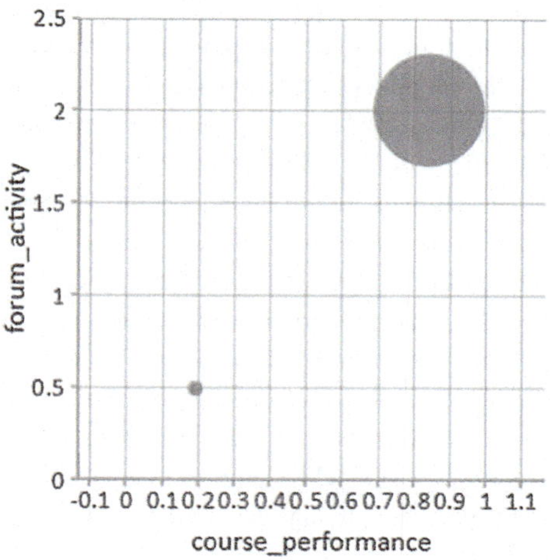

Abb. 9.11 Forumsaktivität im Vergleich zur Leistung im Kurs „Sicherheit im Internet“. (Screenshot Clustering-Tool, Admin-Bereich)

9.5.5 Responsive Design/Apps

Ein weiteres wichtiges Thema, an dem die Wissenschaftler des HPI mit Nachdruck arbeiten, ist die Verfügbarkeit der Kurse auf verschiedenen Endgeräten. Der Wunsch der Teilnehmer, dass auch mobile Geräte unterstützt werden, ist groß (Renz at al. 2014). Während anfangs andere Prioritäten auf MOOC-Plattformen herrschten, wird die Bereitstellung von nativen Apps aktuell immer wichtiger. Zwar ist es aufgrund des Responsive Designs nicht unbedingt nötig, auf eine App zurückzugreifen, allerdings können Apps Funktionalitäten bieten, die in einer Browserumgebung nicht gegeben sind. Die Wissenschaftler des openHPI-Teams haben inzwischen Android Apps für openHPI, openSAP und mooc.house entwickelt. Sie sind kostenfrei erhältlich. Die iOS-App und eine Apple TV OS App sind für 2016 ebenfalls geplant. Mit der Android App kann ebenfalls auf den Fernseher gestreamt werden.

9.6 mooc.house – eine Plattform zum Selbermachen

Auf den Erfahrungen mit openHPI und openSAP aufbauend, hat das openHPI-Team 2015 eine weitere Plattform in Betrieb genommen, die als White-Label-Lösung allen Unternehmen und Institutionen zur Verfügung steht, die ihre eigenen MOOCs anbieten möchten. mooc.house verfügt über die gleiche technische Infrastruktur wie openHPI bzw. openSAP und wird auf den Potsdamer Servern gehostet wie auch ihre Schwesterplattformen. Es besteht die Möglichkeit, einen einzelnen Kurs unter dem Dach von mooc.house stattfinden zu lassen. Einige Unternehmen planen gleich mehrere parallele Kurse, um beispielsweise verschiedene Abteilungen ihres Betriebs anzusprechen. Dafür gibt es die Möglichkeit, einen eigenen gebrandeten „Channel“ zu buchen. Vorteil für das anbietende Unternehmen ist, dass potenzielle Teilnehmer direkt auf die Landing Page des Unternehmens geführt werden und der Kurs nicht in einer Reihe neben anderen Angeboten erscheint. Auf der Channel-Startseite gibt das Unternehmen üblicherweise Hinweise über Hintergrund und Ziele des E-Learning Angebots. Darunter findet der interessierte Besucher das angebotene Kursprogramm.

Die Deutsche Akademie der Technikwissenschaften (acatech) hat unter einem eigenen acatech-Channel (https://mooc.house/acatech, zugegriffen am 19.12.2016) ihren fünfwöchigen Kurs *hands-on: Industrie 4.0* der Allgemeinheit zugänglich gemacht. Auch die Signavio GmbH, ein Berliner Softwareunternehmen, das von ehemaligen HPI-Studenten gegründet wurde, nutzt einen Channel auf mooc.house, um ihren Mitarbeitern und Kunden interaktive Kurse in Business

Process Modeling (BPM) zur Verfügung zu stellen (https://mooc.house/signavio, zugegriffen am 19.12.2016).

Aus verschiedenen Gründen kann es für Unternehmen interessant sein, eine eigene MOOC-Plattform zu betreiben. SAP ging diesen Schritt 2013 mit openSAP als Erster und verzeichnet inzwischen mehr als eine Million Teilnehmer auf seiner eigenen Instanz. Mit einer eigenen Plattform haben Unternehmen die Möglichkeit, beliebig viele Kurse und Channels zu erstellen, URL und Plattformname selbst zu wählen sowie Branding und Design der eigenen Corporate Identity anzupassen. Das Hosting und der technische Support werden wie bei der Channel-Lösung von Potsdam aus betrieben. Diese umfassende Lösung sollte nur in Betracht ziehen, wer eine Vielzahl an Kursen anbieten möchte und über eine große Lerngemeinschaft (zum Beispiel Kunden, Mitarbeiter) verfügt.

Alle, die Näheres über die Möglichkeiten der MOOC-Plattform erfahren möchten und inwiefern diese für den eigenen Betrieb eingesetzt werden kann, sind eingeladen, mit dem Team von openHPI Kontakt aufzunehmen. Die Mitarbeiter beraten Sie gerne im Vorfeld und unterstützen bei Kursproduktion und Umsetzung.

Literatur

Grünewald, Franka, et al. 2013a. openHPI – A case study on the emergence of two learning communities. In *Proceedings EDUCON*. Berlin: IEEE.

Grünewald, Franka, et al. 2013b. openHPI: Soziales und Praktisches Lernen im Kontext eines MOOCs. In *Proceedings DeLFI*. Bremen: IEEE.

Laura, Pappano. 2012. The Year of the MOOC. *New York Times*. http://www.nytimes.com/2012/11/04/education/edlife/massive-open-online-courses-are-multiplying-at-a-rapid-pace.html?_r=0. Zugegriffen: 20. Juni 2016.

Meinel, Christoph, und Christian Willems. 2013. *openHPI – Das MOOC-Angebot des Hasso-Plattner-Instituts*. Technische Berichte, Nr. 79. Potsdam: Universitätsverlag Potsdam.

Meinel, Christoph, et al. 2013. openHPI: Evolution of a MOOC platform from LMS to SOA. In *Proceedings CSEDU*. Aachen: INSTICC.

Renz, Jan, et al. 2014. MOOC to go. In *Proceedings of the 10th International Conference Mobile Learning*. International Association for Development of the Information Society.

Renz, Jan, et al. 2016a. Using A/B testing in MOOC environments. In *Proceedings of Conference on Learning Analytics and Knowledge*. New York: ACM.

Renz, Jan, et al. 2016b. Enabling schema agnostic learning analytics in a service-oriented MOOC Platform. In *Proceedings of Learning @ Scale*. New York: ACM.

Renz, Jan, et al. 2016c. openSAP: Evaluating xMOOC usage and challenges for scalable and open enterprise education. In *Proceedings of ICELW*. International Journal of Advanced Corporate Learning (iJAC).

Schillings, Volker, und Christoph Meinel. 2002. tele-TASK – Teleteaching anywhere solution kit. *Proceedings of ACM SIGUCCS*. New York: ACM.

Willems, Christian, Nicolas Fricke, Sebastian Meier, Richard Meissner, Kai-Adrian Rollmann, Simon Voelcker, Sebastian Woinar, und Christoph Meinel. 2014. Motivating the masses – Gamified massive open online courses on openHPI. *EDULEARN14 proceedings of the 6th International Conference and New Learning Technologies,* 7–9(July), 4042–4052. Barcelona: IATED.

Yang, Haojin, et al. (2012). An automated analysis and indexing framework for lecture video portal. *Proceedings of the 11th International Conference on Web-based Learning (ICWL 2012)*. Berlin: Springer.

Über die Autoren

Prof. Dr. sc. nat. Dr. rer. nat. Christoph Meinel ist wissenschaftlicher Direktor und Geschäftsführer des Hasso-Plattner-Instituts für Softwaresystemtechnik GmbH (HPI) und ordentlicher Professor (C4) für Informatik an der Universität Potsdam. Am HPI leitet er das Fachgebiet für Internettechnologie und Systeme. Meinel ist u. a. Mitglied der acatech, der Nationalen Deutschen Akademie der Technikwissenschaften, Initiator und Leiter der MOOC-Plattform openHPI, einer sozialen Online-Lernplattform des HPI, und Programmdirektor des HPI-Stanford Design Thinking Research Program. Zusammen mit Hasso Plattner war Christoph Meinel 2006 Gastgeber des 1. Nationalen IT-Gipfels der deutschen Bundeskanzlerin Dr. Angela Merkel am HPI in Potsdam.

Kontakt: openhpi-info@hpi.de

Stefanie Schweiger ist Referentin für Kommunikation und Relationship Management bei openHPI, der MOOC-Plattform des Hasso-Plattner-Instituts (HPI). Sie ist für die Kursleiter und Teaching-Teams der MOOCs am HPI koordinierend und beratend tätig und verantwortet die Zusammenstellung des openHPI-Kursprogramms sowie das Plattform- und das Kursmarketing. Außerdem ist sie Ansprechpartnerin für Unternehmen und Institutionen, die selbst MOOCs anbieten möchten und dafür auf die vom HPI angebotene White-Label-Lösung mooc.house zurückgreifen. Stefanie Schweiger studierte Sprachen-, Wirtschafts- und Kulturraumstudien an der Universität Passau. In ihrer Diplomarbeit beschäftigte sie sich mit dem Thema „Kulturförderung durch Unternehmen".

Kontakt: openhpi-info@hpi.de

Mobilisierung von Messe- und Kongressbesuchern in Zeiten ubiquitärer Kommunikation und Information

10

Sven Prüser

Zusammenfassung

Nicht nur Fachleute fragen sich, warum Entscheidungsträger im 21. Jahrhundert und im dritten Lebensjahrzehnt des Internets nach wie vor Veranstaltungen wie Fachmessen, Kongresse, Konferenzen und dergleichen mehr aufsuchen, um sich zu informieren. Die Organisatoren sehen sich daher herausgefordert, nach Wegen zu suchen, auch im Zeitalter ubiquitärer Kommunikation und Information Informationssuchende zu motivieren, sich vergleichsweise aufwendig auf ihren Veranstaltungen zu informieren. Daher wird im Folgenden zunächst das derzeitige Informationsverhalten von Entscheidungsträgern betrachtet. Dabei wird eine Reihe von Besonderheiten deutlich, zu denen zum Beispiel gehört, dass das Internet zwar die mit Abstand führende Informationsquelle für Entscheider ist, dass aber gerade die besser informierten unter ihnen eine ausgeprägte Präferenz für Veranstaltungen und persönliche Kommunikation haben. Welche Wertschätzung diese Informationsmöglichkeit genießt, zeigt sich auch daran, dass selbst solche Entscheidungsträger, die Veranstaltungen gar nicht selbst besuchen, auf Informationen zurückgreifen, die von anderen zum Beispiel auf Fachmessen gewonnen werden. Auf der Basis dieser und weiterer Erkenntnisse über das Informationsverhalten von Entscheidern wird dann herausgearbeitet, welche konzeptionellen

S. Prüser (✉)
Fachgebiet Allgemeine Betriebswirtschaftslehre und Industrial Marketing,
Hochschule für Technik und Wirtschaft, Berlin, Deutschland
E-Mail: Sven.Prueser@HTW-Berlin.de

T. Knoll (Hrsg.), *Veranstaltungen 4.0*,
DOI 10.1007/978-3-658-16223-8_10

und kommunikativen Ansätze für die Organisatoren existieren, um im Wettbewerb um die Informationssuchenden auch in Zukunft zu bestehen.

10.1 Einleitung

Auch wenn trefflich darüber gestritten werden kann, mit welcher Geschwindigkeit das Wissen der Menschheit wächst, herrscht doch Einigkeit darüber, dass sich das Tempo des Wissenszuwachses insbesondere im Zuge der Digitalisierung deutlich erhöht hat (Schilling 2013; The Economist 2010, S. 1 f.). Diese Entwicklung hat vielerlei Konsequenzen, von denen eine ist, dass diejenigen, die Wissen nutzen wollen oder gar müssen, zunehmend Gefahr laufen, den Überblick zu verlieren. Das drückt sich zum Beispiel darin aus, dass die Informationsflut beklagt wird (Klingberg 2008) oder vom „Unbehagen" an der Digitalisierung geschrieben wird (BVMI 2016). Insofern ist es auf den ersten Blick auch kein Wunder, dass Kongresse und Messen im wachsenden Maße aufgesucht werden, denn diese bieten ihren Besuchern traditionell die Möglichkeit, zum jeweiligen Veranstaltungsthema nicht nur ein breites Spektrum an Informationen zu gewinnen, sondern auch im Gespräch mit Gleichgesinnten oder Experten weitergehende Einsichten zu erhalten, mithin Orientierung zu finden.

Auf den zweiten Blick verwundert der Bedeutungszuwachs des Veranstaltungswesens aber doch. Denn schließlich steigen nicht nur das Volumen und die Geschwindigkeit des Outputs menschlicher Wissensproduktion. Spätestens seit dem Beginn des Internet-Zeitalters potenzieren sich auch die Verfügbarkeit und die Zugriffsmöglichkeiten auf das Weltwissen, sodass es immer weniger notwendig ist, den Aufwand einer Veranstaltungsteilnahme in Kauf zu nehmen, um sich zu informieren. Selbst ein Wissenssuchender, der für seine aktuelle Frage keine geeignete Internet-Seite kennt, kann sich mittels Suchmaschinen zu Nachschlagewerken, Artikeln oder Foren, von denen einige auch Raum für das Fragestellen bieten, „linken" lassen, ohne seinen Standort verlassen zu müssen. Gerade bei speziellen Anliegen stehen die Informationen zwar nicht immer kostenfrei zur Verfügung, aber selbst wenn Gebühren erhoben werden, liegen die Kosten der Internet-Informationsgewinnung im Normalfall deutlich unter denen einer Kongressreise. Vor diesem Hintergrund ist es erstaunlich, dass Messen und Kongresse ihre Stellung nicht nur halten, sondern sogar ausbauen konnten. So verzeichnete beispielsweise der deutsche Tagungs- und Kongressmarkt 1999 noch einen Umsatz von insgesamt 43 Mrd. EUR. Im Jahre 2015 waren es dann schon 82 Mrd. EUR (ghh consult o. J.). Der Umsatz der Messeveranstalter, die allerdings nur einen Teil der wirtschaftlichen Leistung dieses Sektors auf sich verbuchen, stieg in der Zeit von 2003 bis 2015 von 2,3 Mrd. auf 3,4 Mrd. EUR (AUMA o. J.).

Noch rätselhafter wird das Phänomen des Erfolgs von Veranstaltung, wenn die Entwicklung einer anderen Gruppe von traditionellen Informationsquellen betrachtet wird. Auch die Printmedien nahmen auf praktisch allen relevanten Wissensgebieten eine herausragende Stellung ein. Diese Position schien am Beginn des Internet-Zeitalters sogar noch ausgebaut zu werden. Spätestens mit dem Platzen der Dotcom-Blase erodiert die einst führende Stellung jedoch und wäre mittlerweile sogar noch deutlich schwächer, wenn es den Verlagen nicht gelungen wäre, einen erheblichen Anteil ihrer Leserschaft mit Internet-Angeboten zu binden und damit ihre Position im Informationsgeschäft zu halten. Die klassisch gedruckten Zeitschriften und Zeitungen haben dagegen erheblich an Bedeutung verloren. So erreichte die verkaufte Auflage der Fachzeitschriften in Deutschland im Jahre 2000 noch 17,9 Mio. Exemplare. Innerhalb von 15 Jahren verloren die Fachzeitschriften dann aber rund 40 % und erreichten 2015 eine verkaufte Auflage von 10,9 Mio. (Media Perspektiven o. J.).

Entsprechend stellt sich für das Veranstaltungswesen die Frage, welche charakteristischen Besonderheiten es zumindest bislang gegen die Verdrängung durch das Internet immunisiert. Ein zentraler Aspekt ist es dabei, herauszufinden, wie es Messen und Kongressen gelingt, trotz des geradezu ubiquitären Informations- und auch Kommunikationsangebots des Internets weiterhin Besucher zu mobilisieren. Ferner ist zu klären, ob es sich dabei um ein nachhaltiges Phänomen handelt oder ob auch das Veranstaltungswesen ähnlich den Printmedien in der Zeit der Dotcom-Euphorie noch ein letztes Mal aufblüht, bevor es dann abstürzen wird. Auf den Antworten zu diesen Fragen aufbauend, können dann Empfehlungen für die Produkt- und Kommunikationspolitik der Organisatoren von Veranstaltungen abgeleitet werden; denn solange Besucher für Veranstaltungen mobilisiert werden, bleibt die Stellung dieses Informationsmediums erhalten.

Vorweg sei noch darauf hingewiesen, dass, wenn in diesem Kontext von Veranstaltungen gesprochen wird, damit auf der einen Seite Fachmessen gemeint sind, deren charakteristisches Merkmal darin besteht, dass sie zu einem jeweils mehr oder weniger breit definierten Thema Anbietern von Leistungen und potenzielle Nachfragern dieser Leistungen die Möglichkeit bieten, sich über einen befristeten Zeitraum an einem bestimmten Ort zu treffen. Dieser Ort ist üblicherweise ein Messegelände, auf dem Anbieter der Leistungen Flächen mieten, um dann als Aussteller sich selbst und ihre Angebote zu präsentieren. Die Nachfrager treten entsprechend in der Regel als Besucher der Messe auf, die die Präsentationen der Aussteller aufsuchen. Ausdrücklich nicht betrachtet werden dabei

Ausstellungen, gelegentlich auch Verbraucherausstellungen genannt, die sich besucherseitig an ein breites Publikum und ausstellerseitig an Unternehmen wenden, die das breite Publikum über ihre Konsumangebote informieren und diese Konsumgüter an die Besucher verkaufen wollen (Kresse und Engelsberg 2006, S. 38 f.).

Auf der anderen Seite werden hier unter Veranstaltungen solche Formate verstanden, deren gemeinsames Merkmal darin besteht, dass ein oder mehrere Vortragende einem Auditorium Fachwissen zu vermitteln versuchen. Nach Jansen-Meinen (2013, S. 79 f.) sind dies vor allem Kongresse, Meetings, Konferenzen und Seminare. Darüber hinaus sind hier auch innovative Tagungsformate zu nennen, die konzeptionell anstreben, traditionelle frontale Wissensvermittlung durch interaktive Elemente zu erweitern oder gar zu ersetzen. Zu diesen in den letzten Jahren zunehmend auch in Deutschland populärer werdenden Formaten gehören vor allem Meetups, Barcamps, World Cafés und Science Slams (GCB 2016). Vor allem die traditionellen, auf Vorträgen basierenden Formate werden häufig von messeartigen Präsentationen begleitet, während umgekehrt gerade Fachmessen im zunehmenden Umfang vortragsbasierte Wissensvermittlung adaptieren. Der Ansicht von Henschel (2003, S. 999), nach der ein Zusammenwachsen beider Veranstaltungsformen stattfände, wird hier aber nicht gefolgt, da es nach wie vor in der Regel gelingt, Veranstaltungen den einzelnen Formaten klar zuzuordnen.

10.2 Informationsverhalten von Entscheidungsträgern

Der zentrale Aspekt für die Klärung der Tatsache, dass Besucher sich angesichts des ubiquitären Informationsangebots nach wie vor die Mühe machen, Veranstaltungen aufzusuchen, ist die Frage, welchen Stellenwert Messen und Kongresse als Möglichkeit zur Informationsbeschaffung innehaben. Hierzu hat der AUMA, der Ausstellungs- und Messeausschuss der Deutschen Wirtschaft e. V., im Jahre 2015 eine Befragung von 1000 Entscheidungsträgern in Deutschland durchführen lassen (AUMA 2015, S. 40). Da der AUMA ein bekannter Interessensvertreter des Veranstaltungswesens ist, war nicht auszuschließen, dass die Befragungsergebnisse bereits durch die Nennung des Namens hätten beeinflusst werden können. Daher wurde der Auftraggeber der Untersuchung gegenüber den Befragten nicht dekuvriert (AUMA 2015, S. 20).

Die Untersuchung war mehrteilig aufgebaut. Im ersten Schritt wurden die Entscheidungsträger gefragt, welche Informationsquellen sie in verschiedenen Phasen des Beschaffungsprozesses bevorzugen. Wie in Abb. 10.1 veranschaulicht,

Phase 1: Kontinuierliche Marktinformation

Phase 2: Aktive Suche und Vergleich von Angeboten für ein konkretes Beschaffungsvorhaben

Phase 3: Kaufentscheidung

Abb. 10.1 Vereinfachtes Modell eines Entscheidungsprozesses für die AUMA-Studie Informations- und Beschaffungsverhalten von Entscheidern. (Quelle: AUMA 2015, S. 10)

wurde als Phase 1 die kontinuierliche Marktinformation definiert, die keinen Bezug zu einer konkreten Investitions- und Beschaffungsentscheidung hat. Die aktive Suche und der Vergleich von Angeboten für ein konkretes Beschaffungsvorhaben wurden als Phase 2 und die endgültige Kaufentscheidung als Phase 3 bezeichnet (AUMA 2015, S. 10).

Im ersten Befragungsschritt wurden den Befragten keine Antwortvorgaben gegeben, um so die Informationsquellen zu ermitteln, die den Befragten spontan einfielen (AUMA 2015, S. 20), sodass die Ressourcen ermittelt wurden, die in der Praxis der Informationsgewinnung die höchste Präsenz verzeichnen. Es erweist sich, dass die beiden wichtigsten, präsenten Informationsquellen für Entscheidungsträger über alle Phasen hinweg die persönlichen Kontakte und das Internet sind. In der ersten Phase, in der es um die kontinuierliche Marktinformation geht, kann das Internet 59 % der ungestützten Nennungen auf sich vereinen, während persönliche Kontakte für 42 % der Entscheider eine Rolle spielen. In der zweiten Phase, in der es um konkrete Beschaffungsvorhaben geht, bleibt das Internet mit 56 % führend, wobei die persönlichen Kontakte an Wertschätzung gewinnen und nun von jedem zweiten Befragten (51 %) genannt werden. In der dritten Phase verliert das Internet zwar deutlich an Bedeutung, bleibt aber mit 23 % der Nennungen immer noch die zweitwichtigste Quelle (AUMA 2015, S. 23). Welche Internet-Quellen die Befragten im Detail gemeint haben, wurde nicht differenziert erfasst. Auch wenn einige Befragte explizit soziale Medien und Blogs genannt haben und bei den Nennungen der Fachzeitschrift nicht nach gedruckten und Online-Ausgaben unterschieden wurde, kann nicht ausgeschlossen werden, dass einige Befragte zwar Internet als Quelle angaben, dabei aber zum Beispiel an Online-Ausgaben von Fachzeitschriften dachten.

Die Werte, die Fachmessen und Kongresse in der ersten ungestützten Untersuchungsphase erreichen, liegen insgesamt deutlich unter denen für das Internet und die persönlichen Kontakte. Bei der Interpretation der Ergebnisse ist jedoch daran zu erinnern, dass die Befragten die für sie in der jeweiligen Entscheidungsphase relevanten Informationsquellen spontan und ungestützt nennen sollten. Diese Methodik führt dazu, dass Befragte wahrscheinlicher solche Informationsquellen nennen, die sie kürzlich genutzt haben, weil sie sich an diese besser erinnern können. Umgekehrt werden Quellen, deren Nutzung zeitlich weiter zurückliegt, eher einmal übersehen. Dieser Umstand ist hier deshalb relevant, weil das Internet und persönliche Kontakte ohne zeitliche Begrenzung nutzbar sind, während Fachmessen in der Regel höchsten einmal im Jahr, manche sogar nur alle zwei Jahre oder noch seltener stattfinden. Ähnliches gilt auch für Kongresse und andere Vortragsveranstaltungen, von denen einige darüber hinaus an wechselnden, nicht unbedingt inländischen Orten durchgeführt werden. Entsprechend ist es wahrscheinlich, dass zum Zeitpunkt der Befragung die zuletzt durchgeführte oder als nächstes stattfindende Fachmesse bzw. Vortragsveranstaltung, die für den jeweiligen Entscheidungsträger relevant ist, lange zurücklag oder aber erst für einen wesentlich später liegenden Zeitpunkt geplant war. Dass Fachmesse oder Kongress in der Befragungssituation spontan nicht genannt wird, hat daher unter Umständen mehr mit der Gedächtnisleistung des Befragten als mit der Relevanz der Quelle für sein Informationsverhalten zu tun.

Die geschilderte methodische Besonderheit verzerrt zwar den Vergleich zwischen zeitlich unterschiedlich disponiblen Quellen, hat aber keinen Einfluss, wenn Informationsquellen gleicher zeitlicher Disponibilität betrachtet werden. Diese Betrachtung zeigt, dass sich 16 % der Befragten daran erinnern, in Phase 1 Fachmessen (und vier Prozent Kongresse) als relevante Informationsquellen für die laufende Marktbeobachtung zu nutzen. Geht es hingegen um die Suche und den Vergleich konkreter Beschaffungsvorhaben (Phase 2) oder gar deren Endauswahl (Phase 3), sinken die Werte deutlich. So erinnern sich noch sieben Prozent der befragten Entscheidungsträger daran, Fachmessen als Informationsquelle in der zweiten und drei Prozent in der dritten Phase zu nutzen. Die Werte für die Kongresse sind zwei Prozent in der zweiten und ein Prozent in der dritten Phase (AUMA 2015, S. 23). Entsprechend kann unterstellt werden, dass die Stärke der Veranstaltungen darin liegt, Entscheidungsträger bei der laufenden Information zu unterstützen, ihnen mithin eine Orientierung in der Informationsflut zu geben. Zugleich zeigt sich, dass die einstmals zentrale Funktion der Messe, als Ort und Zeitpunkt für die Platzierung von Aufträgen zu dienen, zumindest für das Gros der Branchen nicht mehr besteht, die einstige Ordermesse daher nur noch eine sehr eingeschränkte Bedeutung hat (Fischer 1992, S. 12). Einen Überblick über die Ergebnisse des ersten Untersuchungsschritts gibt Abb. 10.2.

In einem zweiten Schritt der Untersuchung wurden den Befragten mögliche Informationsquellen als Antwortvorgaben gegeben, womit die Aufmerksamkeit auch auf zeitlich weniger disponible Informationsquellen gelenkt und ihre tatsächliche Rolle im Informationsverhalten unabhängig von terminlichen Besonderheiten

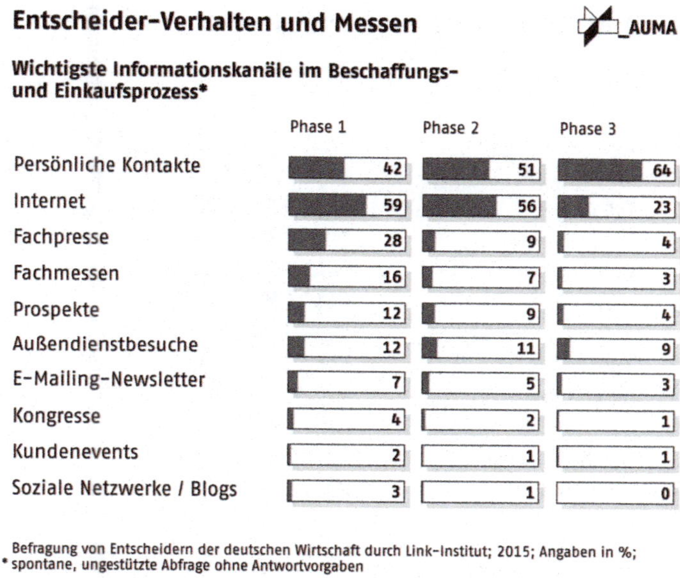

Abb. 10.2 Nutzung von Informationsquellen in den drei Phasen des Entscheidungsprozesses. (Quelle: AUMA 2015, S. 23)

ermittelbar wurde. Zugleich wurde nunmehr kein Bezug auf die unterschiedlichen Phasen des Entscheidungsprozesses genommen. Wie aus Abb. 10.3 ersichtlich ist, bestätigt sich die herausragende Stellung sowohl der persönlichen Kontakte als auch des Internets; denn beide Quellen werden von 94 % der Befragten genutzt. Gleichzeitig erreicht die Fachmesse mit 83 % einen Spitzenwert und liegt nur knapp hinter der Fachpresse, die von 87 % der Befragten genannt wird. Dabei ist allerdings zu unterstellen, dass die Befragten nicht nur Printausgaben, sondern auch Online-Publikationen der Fachpresse meinten, da die Antwortvorgabe für die Fachpresse nicht weiter differenziert wurde. Aber auch Kongresse spielen mit 69 % der Nennungen eine wichtige Rolle (AUMA 2015, S. 12).

Überraschenderweise zeigt sich, dass zu den Entscheidungsträgern, die angeben, dass Fachmessen für sie eine relevante Informationsquelle sind, auch solche gehören, die die Fachmessen gar nicht besuchen. Immerhin 50 % derjenigen, die die unabhängig gestellte Frage, ob sie Fachmessen besuchen, verneinten, gaben an, dass Fachmessen zu ihren Informationsquellen gehören. Zu erklären ist dieses Phänomen damit, dass Informationen, die zum Beispiel Kollegen oder Journalisten

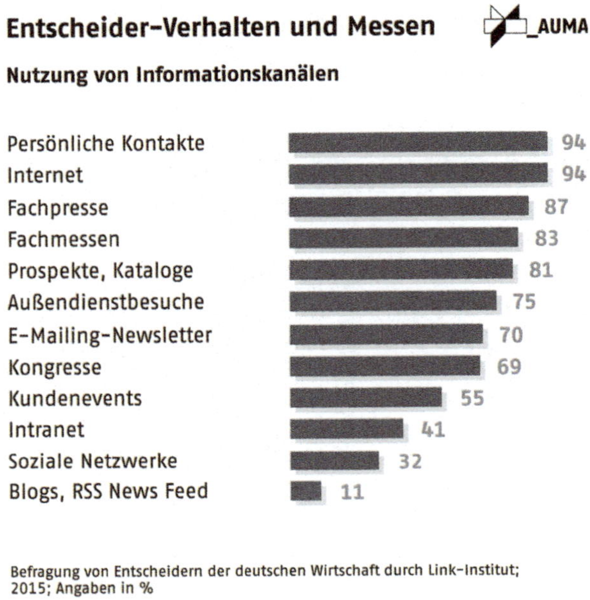

Abb. 10.3 Nutzung von Informationsquellen durch Entscheider. (Quelle: AUMA 2015, S. 12)

auf Messen gewonnen haben, auf anderen Kanälen weiterverbreitet werden. Neben dem Intranet kommen hier vor allem persönliche Kontakte und Fachzeitschriften, in denen regelmäßig über branchenrelevante Veranstaltungen und das, was dort an Informationen zu gewinnen war, berichtet wird, infrage (AUMA 2015, S. 13). Unabhängig davon, über welche Kanäle die Besucher von Fachmessen die Informationen, die sie gewonnen haben, an Nicht-Besucher weiterreichen, kann dieses Phänomen als Indiz für den hohen Wert der auf Fachmessen gewonnenen Informationen gewertet werden. Zugleich kann in diesem Phänomen aber auch eine Chance für die Organisatoren von Veranstaltungen gesehen werden, um zusätzliche Besucherpotenziale zu mobilisieren; denn zumindest einige der „indirekten Nutzer" sollten sich mit dem Argument überzeugen lassen, lieber dem Original als dessen Rezeption zu vertrauen. Dies ist vor allem auch deshalb wichtig, weil nach wie vor die Attraktivität von Veranstaltungen wesentlich danach beurteilt wird, wie viele physisch anwesende Besucher sie angezogen hat.

Der Vergleich des unterschiedlichen Informationsverhaltens von Besuchern und Nicht-Besuchern von Fachmessen in Abb. 10.4 zeigt des Weiteren, dass diejenigen,

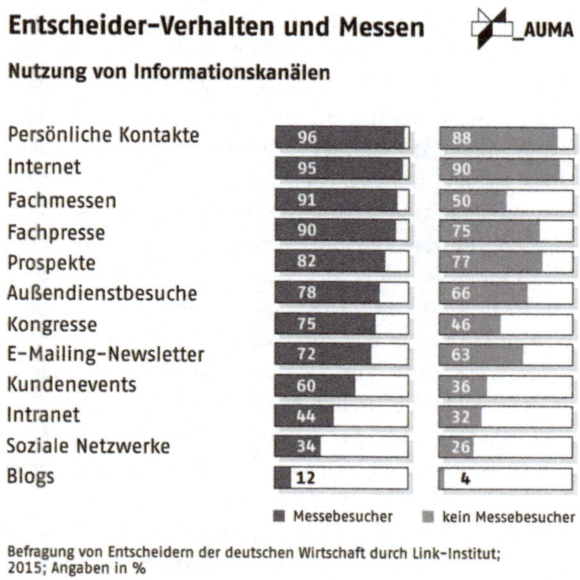

Abb. 10.4 Nutzung von Informationsquellen von Messebesuchern und Nicht-Besuchern. (Quelle: AUMA 2015, S. 13)

die sich die Mühe machen, Fachmessen selbst aufzusuchen, insgesamt mehr Quellen nutzen, um sich zu informieren. Entsprechend kann davon ausgegangen werden, dass Messebesucher sich tendenziell durch ein weitergehendes Informationsinteresse auszeichnen und damit auch durch ein profunderes Fachwissen charakterisiert sein dürften. Ferner zeigt sich, dass diese Gruppe zugleich auch eine stärker ausgeprägte Präferenz für den persönlichen Austausch hat. Beide Aspekte sind daher für die konzeptionelle Entwicklung und die kommunikationspolitische Arbeit der Organisatoren von zentraler Bedeutung.

Insgesamt wird deutlich, dass Veranstaltungen vor allem für die laufende Marktbeobachtung eine wichtige Rolle als Informationsquelle spielen. Zugleich erreichen Informationen, die über Fachmessen verbreitet werden, auch solche Entscheidungsträger, die die Veranstaltung selbst gar nicht besuchen. Damit ist belegt, dass Veranstaltungen ein wichtiger Baustein für die Suche nach Orientierung der Entscheidungsträger sind.

Offen bleibt aber zunächst die Frage, inwieweit die Rolle der Veranstaltungen bei der Informationsbeschaffung auch zukünftig noch Bestand haben wird.

Um diese Frage zu klären, wurde eine Einschätzung der Befragten zu ihrem eigenen zukünftigen Informationsverhalten erfragt. Abb. 10.5 zeigt, dass vor allem das Internet zukünftig (noch) stärker genutzt werden wird. Während nur vier Prozent der Befragten meinen, das Internet zukünftig weniger oder gar nicht mehr zu nutzen, geht fast die Hälfte der Befragten (48 %) davon aus, es zukünftig mehr zu nutzen. Nach Einschätzung der Befragten werden auch die persönlichen Kontakte zukünftig an Bedeutung gewinnen; denn 30 % gehen davon aus, deren Nutzung zu erhöhen, während drei Prozent von einer geringeren oder gar keiner Nutzung mehr ausgehen. Bei der Fachmesse halten sich Entscheider, die dieses Medium zukünftig stärker nutzen werden (13 %), mit denen, die es zukünftig weniger oder gar nicht mehr nutzen werden (14 %), in etwa die Waage. Für das Kongresswesen ergeben sich hingegen weniger positive Perspektiven, denn den 13 % der Befragten, die meinen, diese Quelle zukünftig stärker nutzen zu werden, stehen 22 % gegenüber, die eine geringere Nutzung vorhersagen oder gar meinen, in der Zukunft auf diese Ressource gänzlich zu verzichten. Allerdings kann angenommen werden, dass die sich hier ankündigende Abwanderung nur traditionelle Formate betrifft; denn die Antwortvorgabe lautete „Kongresse“, sodass nicht auszuschließen ist, dass Befragte zwar die Nutzung von traditionellen Formaten reduzieren werden, sich dafür aber

Abb. 10.5 Zukünftige Nutzung der Informationskanäle. (Quelle: AUMA 2015, S. 14)

stärker innovativen Varianten zuwenden. Es ist zu hoffen, dass die Klärung dieser Frage zukünftig Gegenstand weiterer Studien sein wird; denn die sich hier manifestierende Unzufriedenheit ist aus Sicht des Kongresswesens bedenklich und könnte auch andere Ursachen, wie etwa eine Entwertung dieser Informationsquelle durch übertriebene werbeartige Vorträge sein. Allerdings ist auch festzuhalten, dass die Tagungsformate immer noch besser dastehen als Blogs; denn von deren Nutzern glauben immerhin 45 %, zukünftig weniger und nur 18 %, verstärkt auf sie zurückzugreifen (AUMA 2015, S. 14). Entsprechend ist davon auszugehen, dass der deutliche Vorsprung sowohl des Internets als auch der persönlichen Kontakte gegenüber den Veranstaltungen weiter wachsen dürfte. Die Fachmessen sind vor diesem Hintergrund gefordert, von ihrer relativ stabilen Position aus ihr Informationsangebot auch für die im Internet Recherchierenden attraktiver zu machen. Für alle Formen von Veranstaltungen ergeben sich darüber hinaus gute Chancen aus dem Trend zu einer stärkeren Nutzung persönlicher Kontakte; denn zu den wesentlichen Stärken dieser Formate gehört, dass sie die Möglichkeit bieten, persönliche Kontakte anzubahnen, zu pflegen und weiter zu entwickeln.

Zwei weitere Aspekte, die Hinweise auf die Zukunftsfähigkeit der Fachmesse als Informationsquelle geben können, sind das Alter des Entscheidungsträgers und das Alter des Unternehmens, in dem der jeweilige Entscheidungsträger arbeitet. Schließlich ist es denkbar, dass ältere Entscheidungsträger, deren Sozialisation vor Beginn des Internet-Zeitalters begonnen hat, mehr aus Gewohnheit als aus Überzeugung Veranstaltungen nutzen, bzw. dass junge Unternehmen von vornherein die aufwendige Informationsbeschaffung mittels Veranstaltungen zugunsten der Internet-Recherche unterlassen. Entsprechend wurden die Antworten nach der zukünftigen Nutzung der Fachmesse auch nach Alter des befragten Entscheidungsträgers und nach Alter des Unternehmens gesondert ausgewertet.

Abb. 10.6 zeigt, dass das größte Wachstumspotenzial für die Fachmesse bei Unternehmen liegt, die seit höchstens fünf Jahren existieren. 27 % der Befragten, die in solchen Unternehmen arbeiten, geben an, dass sie zukünftig verstärkt Fachmessen als Informationsquellen nutzen werden. Dem stehen 16 % der Befragten aus diesen jüngeren Unternehmen gegenüber, die ihr Messeengagement reduzieren oder einstellen wollen. Hingegen ist bei den älteren Unternehmen von einer leicht rückgängigen Nutzung auszugehen. 13 % der Entscheidungsträger, die in Unternehmen arbeiten, die seit bis zu 19 Jahren existieren, wollen zukünftig stärker und 18 % reduzierter Informationen auf Fachmessen gewinnen. Bei den ältesten Unternehmen sind es 12 % der Entscheidungsträger, die verstärkt, und 13 %, die reduziert Fachmessen nutzen wollen (AUMA 2015, S. 17).

Ein weiteres Indiz für die Zukunftstauglichkeit der Fachmesse zeigt die Auswertung nach dem Alter des Befragten. Von den Entscheidungsträgern, die bis zu

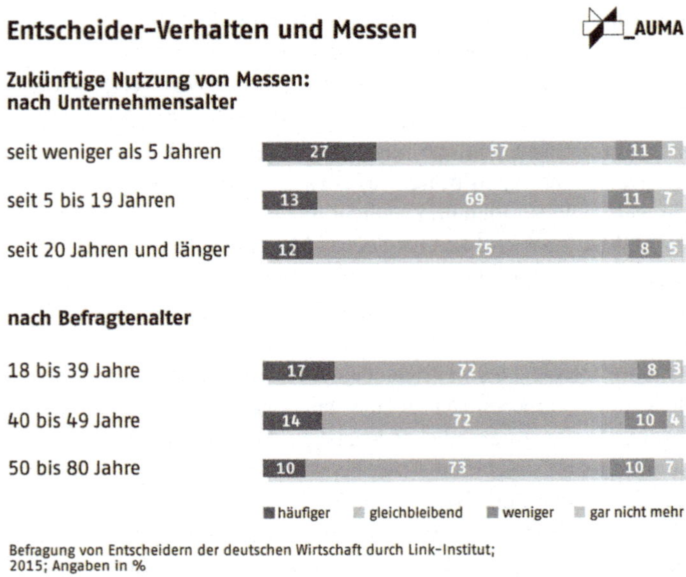

Abb. 10.6 Nutzung von Fachmessen nach Alter des Entscheiders und nach Alter des Unternehmens. (Quelle: AUMA 2015, S. 17)

39 Jahre alt sind, geben 17 % an, dass sie diese Quelle stärker nutzen werden, und elf Prozent, dass sie weniger auf diese Ressource zurückgreifen werden. Bei den Befragten, die bis zu 49 Jahre alt sind, sind es jeweils 14 %, die ihr Engagement erhöhen und reduzieren werden. Dass bei der Gruppe der älteren Entscheidungsträger die Zahl derer, die davon ausgehen, zukünftig weniger Gebrauch von der Messe zu machen, größer als die der verstärkt Nutzenden ist, dürfte hingegen auch damit zu erklären sein, dass einige dieser Befragten in absehbarer Zeit von der beruflichen Pflicht zur Informationsgewinnung gänzlich befreit sein werden (AUMA 2015, S. 17).

Somit bleibt festzustellen, dass Veranstaltungen aktuell eine wichtige Position vor allem bei der generellen Information haben. Nach derzeitiger Einschätzung der Entscheidungsträger wird die Fachmesse diese Position auch in absehbarer Zeit beibehalten. Für traditionelle Tagungsformate deutet sich an, dass ihre Bedeutung als Informationsmedium zumindest im Investitionskontext eher rückläufig ist. Das Internet wird hingegen seinen Vorsprung gegenüber allen anderen Medien weiter ausbauen. Das einzige Medium, das neben dem Internet noch auf relevante Wachstumsperspektiven blicken kann, ist die persönliche Kommunikation.

10.3 Ansätze zur Mobilisierung von Entscheidungsträgern

Auch wenn die Analyse des Informationsverhaltens von deutschen Entscheidungsträgern den Fachmessen für sich genommen stabile Zukunftsperspektiven verspricht, sollte der wachsende Rückstand zum Internet zum Anlass genommen werden, nach Ansätzen zu suchen, die Position zu sichern und weiter auszubauen. Dies gilt erst recht für Kongresse, deren Stellung für die Informationsversorgung bereits zum jetzigen Zeitpunkt partiell erodiert. Dabei sollten es beide Veranstaltungsformen ernst nehmen, dass sie nur teilweise am großen Interesse der Entscheidungsträger an der persönlichen Kommunikation partizipieren. Ziel sollte es sein, zukünftig (wieder) stärker informationssuchende Entscheidungsträger zu mobilisieren. Dazu bestehen grundsätzlich zwei Ausgangspunkte. Auf der einen Seite geht es darum, Veranstaltungen konzeptionell so zu optimieren, dass sie auch für die weniger veranstaltungsaffinen Entscheider attraktiver werden. Auf der anderen Seite kommt es darauf an, die bereits bestehenden Vorteile sowie etwaige konzeptionelle Verbesserungen der Veranstaltungen insbesondere denjenigen Entscheidern ins Bewusstsein zu bringen, die bislang nicht zu den Veranstaltungsnutzern gehören. Daher sind auch kommunikationspolitische Ansätze zu wählen. Entsprechend werden im Folgenden zunächst mögliche konzeptionelle und dann denkbare kommunikationspolitische Ansätze diskutiert.

10.3.1 Konzeptionelle Optimierung von Veranstaltungen

Die Studienergebnisse zeigen, dass einer der zentralen Nachteile von Veranstaltungen in deren zeitlicher und möglicherweise auch räumlicher Indisponibilität liegt. Anders als vor allem das Internet können Fachmessen und alle Tagungsformate nur zu bestimmten Zeiten und an bestimmten Orten genutzt werden, sodass ein erheblicher Anteil derjenigen Entscheidungsträger, die Veranstaltungen zur Informationsgewinnung nutzen, die Quellen zum Beispiel in spontanen Befragungssituationen schon einmal übersehen. Im Vergleich zur Relevanz dieser Informationsmedien ist daher ihre Präsenz im Bewusstsein der Entscheidungsträger unterrepräsentiert. Was sich hinsichtlich der gedanklichen Präsenz als Nachteil erweist, ist nach Strothmann (1979, S. 167) zugleich einer der wesentlichen Vorteile der Messen. Denn dadurch, dass sie nicht beliebig verfügbar sei, zeichne die Messe ein „Ereignischarakter" aus. Das Instrument wird damit sowohl für Anbieter als auch für Nachfrager von Informationen zu etwas Besonderem, für dessen Nutzung ein erhöhtes Engagement erforderlich ist. Einer der Gründe ist, dass etwaige Defizite, die bei einer Veranstaltungsbeteiligung auftreten, erst bei der Folgeveranstaltung, die frühestens in einem Jahr stattfinden wird, ausgeglichen werden können. Allerdings lohnt sich das erhöhte Engagement auch überproportional; denn wenn es gelingt, auf einer Fachmesse einen Vorsprung gegenüber Wettbewerbern zu gewinnen, haben diese es in Ermangelung einer kurzfristig verfügbaren, ähnlich effektiven Alternative auch überproportional schwerer, aufzuholen. Dies gilt sowohl für die Anbieter als auch für die Nachfrager von Informationen. Ferner ist zu unterstellen, dass vergleichbare Wirkungsweisen auch bei den übrigen indisponiblen Veranstaltungsformen auftreten.

Um die Nachteile der Indisponibilität zu überwinden, sind Messeorganisatoren seit geraumer Zeit bemüht, die Fachmessen über den jeweiligen Veranstaltungszeitpunkt und Veranstaltungsort hinaus wirken zu lassen. Einer der Ansätze ist, durch die Verknüpfung der Veranstaltung mit anderen Kommunikationskanälen Entscheider vor und nach der Veranstaltung zu erreichen. Stoeck und Schraudy (2003, S. 229) fordern daher, dass sich Messegesellschaften zu „integrierten Kommunikationsdienstlern" entwickeln mögen, die ihren Ausstellern auch außerhalb der Messen einen Zugang zu den Besuchern verschaffen sollen. Unter anderem werden „messebezogene Internet-Portale" vorgeschlagen, die dazu genutzt werden könnten, eine kontinuierliche Kommunikation zu erzeugen. Die beiden Autoren sehen dabei die Messeveranstalter in der Pflicht, durch „[...] aktuelle und interessante Informationen ein anhaltendes Interesse an dem Portal zu gewährleisten". Des Weiteren sollen Newsletter, Messezeitschriften, Kundenmagazine etc., die an Besucher versendet werden, die Möglichkeit schaffen, in den Zeiten zwischen den Veranstaltungsterminen Informationen von Ausstellern an Besucher zu verteilen (Stoeck und Schraudy 2003, S. 235).

Die Praxis zeigt jedoch, dass es Veranstaltern schwer fällt, ihr Dienstleistungsangebot erfolgreich in der geforderten Weise zu erweitern. Ein wesentliches Hindernis liegt darin, dass es einer speziellen Kompetenz bedarf, um Content zu erzeugen und aufzubereiten, der für Informationssuchende so attraktiv ist, dass die entsprechenden Publikationen gelesen und Informationsportale regelmäßig aufgesucht werden. Im Kontext der Veranstaltung sind es denn auch die Aussteller bzw. Referenten, die die nachgefragten Inhalte erzeugen und aufbereiten, während die Veranstalter die Fähigkeit haben sollten, optimale Rahmenbedingungen für die Vermittlung bzw. Aufnahme der Inhalte zu schaffen. Anders als Fachzeitschriften sind Veranstalter daher für sich genommen wenig glaubwürdige Content-Anbieter, sodass sich deren Inhalteangebote auch typischerweise nur eines sehr geringen Zuspruchs erfreuen. Dieses Dilemma tritt selbst bei Veranstaltern auf, die Tochtergesellschaften von Fachzeitschriftenverlagen oder Portalbetreibern sind. Prinzipiell verfügen solche Konzernverbünde zwar über die nötige

Expertise auf allen hier relevanten Kompetenzfeldern. Dennoch gelingt aber auch solchen Unternehmen die Verknüpfung von Fachmessen, Fachpublikationen und Internet-Plattformen zu einem integrierten Kommunikationsangebot allenfalls ausnahmsweise. In der Regel beschränkt sich die Integration darauf, dass die Vertriebsteams der Print-, Internet- und Veranstaltungsangebote versuchen, die Leistungen der Kollegen nebenbei mit zu vermarkten.

Da die Erfolgsaussichten dafür, die Nachteile der Indisponibilität zu überwinden, gering sind, sollte die konzeptionelle Optimierung von Veranstaltungen an den bestehenden Vorteilen anknüpfen. Einen Ansatzpunkt zeigen erfolgreiche Veranstaltungen. Diese werden typischerweise innerhalb ihrer Branche als zentrale Branchenereignisse wahrgenommen. Eine solche herausragende Stellung wird vor allem dadurch erworben, dass die jeweilige Veranstaltung die Branchenkommunikation über einen langen Zeitraum hinweg dominiert. So sind es zum Beispiel oft auf einer Veranstaltung präsentierte Innovationen, die schon im zeitlichen Vorlauf der Veranstaltung Gesprächsstoff in der Branche bieten. Allerdings haben die Organisatoren nur einen sehr begrenzten Einfluss darauf, ob Aussteller ihre Produkt- und Dienstleistungsinnovationen erstmalig auf der jeweiligen Veranstaltung zeigen; zumal kürzer werdende Produktlebenszyklen auch dazu führen, dass es immer schwerer wird, Produkt-Launches mit Veranstaltungsterminen zu synchronisieren (Troll 2003, S. 41). Einen Ausgleich schaffen aber spezielle Bereiche, in denen Präsentationen von Universitäten, Forschungseinrichtungen oder Gründerunternehmen zusammengefasst werden; denn solche Aussteller verfügen über ein so großes Reservoir an Innovationen, dass sie in der Lage sind, zu jedem Veranstaltungstermin Neuheiten zu präsentieren. Die Attraktivität solcher Ausstellungsbereiche, zu denen beispielsweise „Research & Innovation“ der CeBIT, „Research & Technology“ der Hannover Messe oder „IFA TecWatch“ der IFA gehören, zeigt sich auch darin, dass sie in der Berichterstattung der Fach- und Publikumsmedien überproportional repräsentiert sind.

Eine weitere Möglichkeit für Organisatoren, ihre Veranstaltung stärker ins Zentrum der Branchenkommunikation zu rücken, besteht darin, Ober- oder Leitthemen für die Veranstaltung zu definieren und diese kommunikativ und konzeptionell herauszustellen. Dabei gilt, dass die mobilisierende Wirkung eines solchen Themas umso größer ist, je mehr Entscheidungsträger in der Branche betroffen sind und je größer die Brisanz des Themas für diese Entscheidungsträger ist. Für Messen auf dem Gebiet der erneuerbaren Energien ist beispielsweise seit einigen Jahren „Repowering“, die Kapazitätserhöhung von bestehenden Anlagen durch den Um- und Ausbau von deren Komponenten, ein stark mobilisierendes Thema, da der Erwerb von neuen Flächen für den Neubau von Anlagen immer schwieriger wird. Ähnliches galt bei der IFA in der Vergangenheit unter anderem für die

Einführung der DVD als Speichermedium für visuellen Content sowie des High-Definition-Standards zur Erhöhung der Auflösung von Fernsehbildern. Aktuell ist es die Durchsetzung des noch wesentlich besseren Ultra-High-Definition-Standards. Jedes dieser Themen versprach bzw. verspricht große Umsatz- und Ertragsschübe für Hersteller und Handel, sodass Informationen hierzu entsprechend stark nachgefragt waren bzw. sind. Eine noch höhere Mobilisierungswirkung wird erzeugt, wenn es dem Organisator gelingt, ein Leitthema zu platzieren, das nicht nur für weite Teile der betreffenden Branche brisant und relevant, sondern zugleich auch neu ist. Solches Agenda-Setting führt dazu, dass das jeweilige Thema in der Branchenkommunikation auch direkt mit der jeweiligen Veranstaltung verknüpft wird, sodass auch weniger Veranstaltungsaffine mobilisiert werden. Ein Beispiel für gelungenes Agenda-Setting durch eine Fachmesse ist das Leitthema „GreenIT" der CeBIT 2008. Die Frage der Umweltverträglichkeit von Produkten und Dienstleistungen der Informations- und Telekommunikationsbranche war bis zu dem Zeitpunkt in der Diskussion allenfalls ein Randthema, wurde dann aber weltweit aufgegriffen. Viele Aussteller fühlten sich daher herausgefordert, ihre Lösungen oder zumindest Lösungsideen zu dieser Thematik auf der CeBIT zu präsentieren. Umgekehrt avancierten Angebote zur Reduktion des Ressourceneinsatzes zu den am meisten nachgefragten Informationen bei den Besuchern.

Die Mobilisierungspotenziale des Agenda-Setting dürfen Organisatoren von Veranstaltungen aber nicht dazu verleiten, weniger spektakuläre Themen zu vernachlässigen; denn die Chance, praktisch nutzbares Wissen zu erwerben, ist häufig bereits Motivation genug, um an der Veranstaltung teilzunehmen. So bot zum Beispiel die INTERSCHUTZ 2015, eine Fachmesse für die Rettungs- und Brandschutzbranche, einen Branchentreff „Vorbeugender Brandschutz" an, in dem unter anderem auch über bauliche Maßnahmen des präventiven Brandschutzes informiert wurde. Solche Themen können die Branchenkommunikation nicht lang anhaltend dominieren und werden schon gar nicht breit in den Publikumsmedien rezipiert, sie erzeugen aber einen hohen Nutzen für die Teilnehmer und geben ihnen einen Wissensvorsprung vor ihren abstinenten Kollegen.

Neben den Informationen, die Besucher auf Veranstaltungen von Referenten oder Ausstellern gewinnen können, spielt auch der Austausch zwischen den Teilnehmern eine wichtige Rolle. Eine günstige Voraussetzung ist, dass der einzelne Teilnehmer auf den Veranstaltungen mit hoher Wahrscheinlichkeit auf andere Teilnehmer trifft, die ähnliche Informationsanliegen wie er selbst haben oder eventuell diese sogar schon klären konnten und somit helfen können. Außerdem hilft der Austausch mit Gleichgesinnten oder Gleichbetroffenen, Orientierung zu gewinnen. Die Veranstalter fördern diese Art von Kommunikation zwischen den Teilnehmern, indem sie die Kernangebote, die aus Ausstellung oder Tagungsformaten bestehen, um Networking-Möglichkeiten erweitern. Zu diesen Angeboten gehören vor allem Networking-Events, wie beispielsweise Eröffnungsfeiern, Verbandsabende oder Händlerpartys. Im Falle von Tagungsveranstaltungen bieten die Tagungspausen den Raum für das Networking, sofern die Zeit ausreichend bemessen ist. Auf einigen Messeveranstaltungen haben neben den offiziell vom Veranstalter organisierten Networking-Events auch sogenannte Standpartys eine Tradition. Solche Feiern stellen die Veranstalter zwar vor organisatorische Herausforderungen, wie zum Beispiel die zeitversetzte Reinigung, aufwendigere Bewachung etc., sollten aber im Sinne der Attraktivität gefördert werden. Stoeck und Schraudy (2003, S. 234) sehen im Übrigen in solchen Angeboten auch eine Chance, den Ausstellern bei der Emotionalisierung ihres Marketings zu helfen. Eine weitere Möglichkeit zur Intensivierung des Networking ist die Nutzung von Matchmaking-Plattformen. Diese dienen aber in der Regel der Vermittlung von Kontakten zwischen Ausstellern und Besuchern, sodass ein wesentlicher Teil der Networking-Potenziale hierdurch nicht aktiviert wird.

Neben dem Informationsangebot von Veranstaltungen und den Networking-Chancen gehören einige infrastrukturelle Rahmenbedingungen von Veranstaltungen zu den Faktoren, die eine Veranstaltungsteilnahme wahrscheinlicher machen. Kaldenhoff und Beckmann (2003, S. 1035) zählen zu diesen Faktoren beispielsweise grundlegende Dinge wie „(g)ute Verkehrsanbindung“, „(m)oderne, lichtdurchflutete, funktionale und angemessen große Veranstaltungsräume“ oder „(b) equemes Funktionsmobiliar“. Diese Annehmlichkeiten beeinflussen die Informationsausbeute des Teilnehmers zwar nicht direkt, sie senken aber den wahrgenommenen Aufwand und reduzieren dadurch die Hemmschwelle zur Partizipation.

Insgesamt bieten die im Folgenden aufgeführten fünf konzeptionellen Ansatzpunkte Organisatoren die Chance, die Attraktivität von Veranstaltungen so zu erhöhen, dass einerseits bereits aktive Teilnehmer ihr Engagement als lohnend(er) wahrnehmen und dass andererseits bislang nicht oder nicht mehr mobilisierbare Entscheider ihre Abstinenz überdenken:

1. Auf- und Ausbau spezieller Veranstaltungsbereiche, die sich durch besondere Innovativität auszeichnen.
2. Lancieren von Leitthemen, vorzugsweise im Sinne des Agenda-Setting.
3. Formate aus- und aufbauen, die jenseits der herausragenden medienwirksamen Themen die praktische Wissensvermittlung zum Inhalt haben.
4. Sicherstellen, dass genug Raum, Zeit und Gelegenheit für das Networking aller Teilnehmer zur Verfügung stehen.
5. Die infrastrukturellen Rahmenbedingungen so gestalten, dass der subjektiv wahrgenommene Teilnahmeaufwand reduziert wird.

10.3.2 Kommunikationspolitische Ansätze zur Mobilisierung

Abgesehen von den konzeptionellen, produktpolitischen Ansätzen, die bestehen, um die Attraktivität von Veranstaltungen auszubauen, gehören auch kommunikationspolitische Maßnahmen zum Repertoire der Organisatoren, um Informationssuchende zu mobilisieren. Die Organisatoren nutzen hierzu das gesamte Spektrum der Werbeträger. Diese umfassen beispielsweise Anzeigen in Printmedien, Prospekte, Broschüren, Werbebanner im Internet, Sponsored Links, die über Google AdWords gezielt gestreut werden, und Plakate. Einige Veranstaltungen, die neben dem Fachpublikum auch Konsumenten direkt ansprechen wollen, schalten gelegentlich auch Fernseh- und Radiospots.

Nach Meffert et al. (2012, S. 612 f.) kommt es bei der Gestaltung der Botschaften, die an die Zielgruppe über die Werbung zu richten sind, darauf an, eine „Unique Advertising Proposition“ aufzubauen. Dabei sollen die Wettbewerbsvorteile in eine entsprechende Kommunikationsidee übersetzt werden, um das Nutzenversprechen wirkungsvoll zu übermitteln. Die Organisatoren von Veranstaltungen stehen allerdings vor einigen Herausforderungen, um dieser Empfehlung zu folgen. So sind es regelmäßig zwei sehr unterschiedliche Zielgruppen, die für die Veranstaltungen von Relevanz sind. Auf der einen Seite sind Unternehmen anzusprechen, die vor allem als Aussteller oder Sponsoren wesentlich zum Erfolg einer Veranstaltung beitragen und deren Anliegen es ist, ihrerseits Informationen zu verbreiten und Kaufprozesse zu initiieren. Auf der anderen Seite sollen die Informationssuchenden einer bestimmten Branche davon überzeugt werden, an der Veranstaltung teilzunehmen. Wie die oben ausgewertete Studie zeigt, nutzen die Teilnehmer Veranstaltungen aber vor allem zur Marktbeobachtung, um sich breit zu informieren, was zunächst einmal keinen direkten Bezug zu einem Beschaffungsprojekt haben muss.

Bei der Lösung des Dilemmas der zwei unterschiedlich motivierten Zielgruppen hilft die Tatsache, dass Aussteller und Sponsoren auf der einen und Besucher auf der anderen Seite zu unterschiedlichen Zeitpunkten angesprochen werden, da die Planungshorizonte beider Gruppen unterschiedliche Fristen aufweisen. Ausstellungsbeteiligungen und Sponsoring werden in der Regel im Rahmen der jährlichen Budgetplanungen langfristig im Voraus geplant, während die Besuchsentscheidung kurzfristiger erfolgt. Daher werden oft zwei verschiedene Werbekampagnen zu unterschiedlichen Zeiten durchgeführt.

Bei der Besucheransprache besteht eine weitere Herausforderung darin, das Nutzenversprechen für diese informationssuchende Zielgruppe glaubwürdig umzusetzen. Die individuellen Informationsanliegen bilden nämlich in Summe ein sehr heterogenes Spektrum ab. In Abhängigkeit vom Funktionsbereich, in dem der Informationssuchende tätig ist, von dessen Qualifikation und der Unternehmenssituation können sehr unterschiedliche Informationsanliegen vorliegen. Durch die Breite ihres Informationsangebots können Veranstaltungen diesem Informationsbedarf gerecht werden, die Werbung für eine Veranstaltung wäre aber überfrachtet, wenn sie versuchte, die Informationsangebote entsprechend der Heterogenität der Nachfrage differenziert darzustellen. Die Alternative besteht darin, den Nutzen der Veranstaltung verallgemeinert darzustellen, um so auf einer abstrakten Ebene deutlich zu machen, dass den Informationssuchenden ein breites Angebot erwartet. Damit läuft die Veranstaltungswerbung aber Gefahr, entweder so abstrakt zu werden, dass die Rezipienten keinen Zusammenhang zu ihrem konkreten Informationsbedürfnis erkennen, oder aber die Werbung verfällt darin, nach Kotler et al. (2007, S. 667) „das Offensichtliche zu erklären", was die Zielgruppe verärgere. Diese Hindernisse führen in der Regel dazu, dass die Veranstaltungswerbung gänzlich auf die Kommunikation des Nutzens verzichtet und sich darauf beschränkt, den Titel der Veranstaltung sowie wesentliche Rahmendaten, wie Termin und Örtlichkeit, zu vermitteln.

Um den Informationssuchenden dennoch den Nutzen von Veranstaltungen nahezubringen, betreiben die Organisatoren einen hohen Public-Relations-Aufwand. Hier sind vor allem Verbände und Fachpresse zu nennen, deren Vertreter ausführlich informiert werden, damit sie ihrerseits den Verbandsmitgliedern, bzw. Lesern der Fachzeitschriften, die Teilnahme empfehlen und erläutern, welche Informationsangebote sie erwarten. Hierbei spielt einerseits eine Rolle, dass Verbandsmitteilungen und Artikel in der Fachpresse sehr viel mehr Raum als die Werbung bieten, um die verschiedenen Informationsangebote ausführlich darzustellen. Andererseits werden Verbandsvertreter und (gute) Journalisten auch als besonderes glaubwürdig wahrgenommen, was bei der Werbung in der Regel nicht vorausgesetzt werden kann. So fand sich beispielsweise im Vorfeld der IFA 2016 in einem Informationsmedium des BVT, dem Handelsverbands Technik, das Zitat „Wer als Fachhändler nicht zur IFA fährt, sollte den Laden lieber gleich absperren" (o. V. 2016, S. 1). Im weiteren Verlauf wird den Lesern, die als Händler von Konsumelektronik die Kernzielgruppe der Veranstaltung bilden, erläutert, welche Services ihnen geboten werden und warum es effizient ist, diese Fachmesse aufzusuchen. Wenn der eigene Verband und ein für die Branche wichtiges Informationsmedium zu einer solchen Einschätzung kommen, ist die Mobilisierungswirkung in der Zielgruppe deutlich höher als die einer abstrakten Werbung.

Insofern ist von einer Arbeitsteilung zwischen der Werbung, die sich direkt an die Zielgruppe richtet, und der PR, die die Zielgruppe indirekt über Verbandsvertreter und Journalisten zu erreichen versucht, auszugehen. Während die Werbung im Kern darauf zielt, die Veranstaltung ins Gedächtnis der Informationssuchenden zu heben und wenige Basisdaten zu vermitteln, obliegt es der indirekten Ansprache, konkreten Nutzen zu verdeutlichen. Im Falle von Fachzeitschriften kommt hinzu, dass deren Bereitschaft, ihre Leser auf eine Veranstaltung hinzuweisen und die Vorteile herauszustellen, in der Regel wächst, wenn parallel zur redaktionellen Berichterstattung auch Anzeigen für die Veranstaltung geschaltet werden.

Für die Kommunikation mit Teilnehmern, die schon einmal eine Ausgabe der Veranstaltung besucht haben, steht den Organisatoren ein weiterer Kommunikationskanal zur Verfügung, wenn die Teilnehmer sich für die vergangene Veranstaltung registriert und zugestimmt hatten, zukünftig informiert zu werden. In diesem Fall kann mittels Direktmailing umfassend auch über die nächste Ausgabe der Veranstaltung informiert werden. Wenn bei der Registrierung auch Daten über die berufliche Situation des Teilnehmers erhoben wurden, kann die Ansprache individualisiert werden, indem zum Beispiel auf Highlights hingewiesen wird, die für den Teilnehmer aufgrund seiner beruflichen Stellung, seines Funktionsbereichs oder ähnlich von besonderer Relevanz sein dürften.

Ein weiterer Ansatz zur Mobilisierung von Besuchern besteht darin, die persönlichen Kontakte innerhalb der Zielgruppe zu nutzen. Wie die AUMA-Studie gezeigt hat, geben auch solche Entscheider an, Veranstaltungen als Informationsquelle zu nutzen, die diese gar nicht aufsuchen. Unter anderem liegt dies daran, dass die Informationen, die von Teilnehmern auf Veranstaltungen gewonnen wurden, über den persönlichen Austausch weitergetragen werden. Entsprechend ist davon auszugehen, dass Teilnehmer und Nicht-Teilnehmer ein Netzwerk bilden. Dieses Beziehungsgeflecht kann grundsätzlich auch für die Mobilisierung genutzt werden. Voraussetzung ist allerdings, dass diejenigen, die eine Teilnahme planen, schon im Vorfeld der Veranstaltung dazu bewegt werden, andere Personen in ihrem Netzwerk zu einem Besuch zu motivieren. Dieser Ansatz entspricht dem des viralen oder Empfehlungsmarketing (Becker 2013, S. 633 ff.). Die Schwierigkeit ist, schon im Vorfeld der Veranstaltung einen Anlass zur Netzwerkkommunikation zu geben. Ein bewährtes Mittel ist, dass die Organisatoren Teilnehmern, die sich zum Besuch registrieren, die Möglichkeit geben, Freunde, Bekannte und vor allem Kollegen durch den Organisator einladen zu lassen. Geben die Teilnehmer die Kontaktdaten ihrer Kollegen an, kann der Organisator diese ansonsten häufig schwer erreichbaren potenziellen Teilnehmer mit Mitteln des Direktmarketing ansprechen. In diesem Fall treffen die Botschaften allerdings auch auf solche Entscheider, bei denen von vornherein weder ein hohes Interesse an der Veranstaltung noch profunde Kenntnisse über ihre Struktur vorauszusetzen sind. Entsprechend sollten die Kommunikationsinhalte für die Eingeladenen zum einen mehr über die Veranstaltung selbst und deren Serviceangebote informieren und zum anderen stärker motivational ausgelegt sein.

Ergänzend zu der Einladung des Organisators, die durch registrierte Teilnehmer erfolgt, kann auch versucht werden, direkte Kommunikation zwischen denen, die sich zur Teilnahme entschlossen haben, und denen, die noch unentschlossen sind, zu initiieren. Im viralen Marketing werden dazu beispielsweise Videos genutzt, die dann über E-Mail oder Messaging-Dienste weitergereicht werden. Allerdings ist es im Konsumgütermarketing, insbesondere dann, wenn es sich um Trendprodukte handelt, vergleichsweise einfach, Content zu finden, der im Video aufbereitet dazu verleitet, auch andere daran partizipieren zu lassen. Die Faszination einer Messe oder einer Tagung ist dagegen sehr schwer in unterhaltsamer oder informativer Weise visuell aufzubereiten. Im Normalfall handelt es sich bei den Videoclips über Messen oder Kongresse um einen mit Musik unterlegten Zusammenschnitt von visuellen Impressionen, in denen bestenfalls die Highlights der letzten Ausgabe zu sehen sind. Solcher Content ist wenig dazu geeignet, „virale Effekte" (Meffert et al. 2012, S. 414) zu erzeugen. Anders verhält es sich mit Mitschnitten von Kongressbeiträgen. Diese verzeichnen im Internet regelmäßig mehr Zuschauer als im Vortragssaal. Dies gilt insbesondere dann, wenn es sich um prominente Branchengrößen oder provokante Themen handelt. Ihre Wirkung im Sinne der Besuchermobilisierung ist aber zweifelhaft, da selbst die provokanteste These ein Jahr nach dem Vortrag ihre Motivationswirkung verloren hat. Daher ist zu empfehlen, im Vorfeld der Veranstaltung mit Anbietern interessanter Produkte, Entwicklern innovativer Lösungen und zugkräftigen Rednern Videos und möglichst bebilderte Textbeiträge zu erstellen, die dann im Internet verfügbar gemacht werden. Diese können dann innerhalb der Entscheidernetzwerke weitergereicht werden und dienen im Erfolgsfall der Mobilisierung; denn auch für wenig veranstaltungsaffine Entscheider gilt, dass persönliche Erfahrung gegenüber dem Bericht aus zweiter Hand attraktiver ist.

Eine besondere Rolle bei der Aktivierung der Teilnehmernetzwerke spielen Social Media, wozu in Deutschland vor allem Facebook gehört (Prüser 2012, S. 222 ff.). Über diesen internetbasierten Dienst können Menschen mit den Personen ihres Netzwerks kommunizieren, die ebenfalls auf Facebook aktiv sind und die vorher der Verknüpfung über das soziale Netz zugestimmt haben, sodass sie in der Facebook-Terminologie als Friends gelten. Eine der Besonderheiten ist, dass alle oder ausgewählte Friends darüber informiert werden können, wenn der Facebook-Nutzer etwas erlebt, gesehen oder gelesen hat, was er für mitteilenswert hält. Das kann zum Beispiel ein Video-Clip sein, der mittels des Like-Buttons als empfehlenswert gekennzeichnet wird. Sofern die entsprechenden Einstellungen vorgenommen wurden, werden die Friends dann automatisch informiert, dass ihr

Bekannter den entsprechenden Clip gelikt hat. Neben Personen können auch kommerzielle Anbieter in diesem sozialen Netzwerk offizielle Fan-Seiten pflegen. Auf diesen werden dann informative oder unterhaltsame Inhalte veröffentlicht. Auch eine große Zahl von Veranstaltungen nutzt diese Möglichkeit zur Kommunikation. Denn darüber können permanent Textbeiträge, Bilder oder auch Videosequenzen einer interessierten Öffentlichkeit zur Verfügung gestellt werden. Besucher solcher Fan-Pages können durch das Klicken des Like-Buttons ihrem Netzwerk kommunizieren, dass sie das Angebot für interessant halten, und damit andere Friends motivieren, es ihnen gleich zu tun. Wie Abb. 10.7 illustriert, übertrifft die Zahl der Veranstaltungsbesuche in der Regel die Zahl derjenigen, die die offizielle Fan-Page gelikt haben, zum Teil sehr deutlich. Zu berücksichtigen ist allerdings, dass nicht jeder, der die Seite sieht, auch den Like-Button drückt. Wenn jedoch besagter Button gedrückt wird, erfährt das Facebook-Netzwerk des Likenden davon, sodass die kommunikative Wirkung um ein Vielfaches größer ist, als sie durch die bloße Zahl der Likes ausgedrückt wird.

Im Übrigen gilt, dass jeder Facebook-Nutzer teils aktiv, teils passiv eine Datenspur anlegt, etwa indem er in sein Facebook-Profil Angaben zur Ausbildung, zum Arbeitgeber, über sein Alter, Geschlecht usw. einträgt. Des Weiteren speichert Facebook auch die Aktivitäten des Nutzers, zu denen insbesondere besuchte und gelikte Seiten und zwar nicht nur bei Facebook selbst gehören. Die so gewonnene Datenbasis wird auch dafür genutzt, um typische Merkmale von Besuchern von Fan-Pages zu ermitteln. Im Anschluss werden dann andere Facebook-Nutzer ermittelt, die ähnliche Merkmale aufweisen, die aber besagte Fan-Page noch nicht besucht haben, um ihnen dann automatisch die jeweilige Fan-Page zu empfehlen. Darüber hinaus bietet Facebook auch an, solche Empfehlungen an bestimmte Merkmalsgruppen gegen Bezahlung auszuspielen. Auf diese Weise werden auch

Fachmesse	Besuche (im Jahr)	Facebooks-Likes
AGRITECHNICA	452.471 820159	183.081
CeBIT	176.795 (2016)	48.998
Drupa	260.165 (2016)	32.873
Deutscher Logistik Kongress	3.226 (2015)	773
HANNOVER MESSE	190.885 (2016)	36.831
IFA Berlin*	236.141 (2015)	3.414
ITB Berlin	139.211 (2016)	36.313
Musikmesse	62.100 (2016)	82.038

Abb. 10.7 Zahl der Veranstaltungsbesuche und Likes auf der offiziellen Facebook-Seite ausgewählter Veranstaltungen. (Quelle: AUMA-Databank und eigene Recherche; *Besucherzahlen nicht FKM-zertifiziert)

mögliche Interessenten auf die Veranstaltung aufmerksam gemacht, die für die Kommunikation ansonsten unerreichbar sind. Die hier beschriebene kommunikative Wirkung tritt umso wahrscheinlicher auf, je mehr die Fan-Page auch in anderen Medien, insbesondere dem eigenen Internet-Auftritt, beworben wird und je interessanter der platzierte Content für die Zielgruppe ist.

Abgesehen von Facebook sind noch andere soziale Netzwerke zu nennen, zu denen etwa Google+ und LinkedIn gehören. Grundsätzlich können auch über diese Dienste Teilnehmer mobilisiert werden. Allerdings fallen deren Marktanteile im Vergleich zu Facebook, das im vierten Quartal 2015 in Deutschland auf 38 % kommt (Statista o. J.), mit neun Prozent (Google+) und drei Prozent (LinkedIn) deutlich kleiner aus, sodass fraglich ist, ob der Aufwand lohnt, diese Dienste in die Kommunikation für Veranstaltungen einzubeziehen. Eine Ausnahme bildet hier Twitter, dessen Marktanteil mit sieben Prozent zwar ebenso gering ausfällt, dessen Bedeutung aber vor allem daraus erwächst, dass es intensiv von Journalisten genutzt wird und somit Multiplikatoreffekte erzielbar sind.

Insgesamt bleibt festzustellen, dass trotz der spezifischen Herausforderungen, die die kommunikationspolitische Arbeit für Organisatoren von Veranstaltungen bedeuten, die im Folgenden aufgeführten Ansatzpunkte zur Mobilisierung von Besuchern zur Verfügung stehen:

1. Konventionelle Werbung, im Wesentlichen, um die jeweilige Veranstaltung in Erinnerung zu rufen und Basisdaten zu verbreiten.
2. Verbands- und fachpressebezogene PR, um die Meinungsführer zu motivieren, über den Nutzen der Veranstaltung zu informieren.
3. Direktmarketing, insbesondere in der Form des Direktmailings an Teilnehmer der letzten Ausgabe, die auf der Basis der Registrierungsdaten individualisiert motiviert werden können.
4. Nutzung der Teilnehmernetzwerke über Empfehlungs- bzw. Einladungsmaßnahmen.
5. Kommunikation über soziale Netzwerke, insbesondere auch um konventionell unerreichbare potenzielle Teilnehmer zu mobilisieren.

10.4 Zusammenfassung und Ausblick

Die Analyse des Informationsverhaltens von Entscheidungsträgern zeigt, dass das Internet zwar die mit Abstand wichtigste Informationsquelle für Entscheidungsträger ist, dass aber zugleich gerade die am besten Informierten unter den Suchenden eine deutliche Präferenz für Veranstaltungen haben. Ferner schätzen auch solche Entscheider, die sich den Mühen der Veranstaltungsteilnahme entziehen, die Informationen, die auf Veranstaltungen gewonnen werden, so hoch ein, dass sie auf diese insbesondere für ihre Marktbeobachtung zurückgreifen. Sie bedienen sich dazu der Berichterstattung von Kollegen und der Fachpresse. Dass der Informationswert der Veranstaltungen so hoch bewertet wird, bietet den Organisatoren eine Chance, produktpolitisch und kommunikativ auch im Internet-Zeitalter Teilnehmer zu mobilisieren. Produktpolitisch bestehen hier konzeptionelle Ansatzpunkte, die vor allem darauf zielen, den Informationsgehalt der Veranstaltungen weiter auszubauen. Wichtig ist dabei, eine Balance zwischen innovativen, eher zukünftig relevanten Themen und dem konkreten, sofort umsetzbaren praktischen Nutzen für die Teilnehmer zu gewährleisten. Zum Letztgenannten gehört es auch, ausreichend Netzwerkmöglichkeiten zu schaffen; denn diese vertiefen die Informationswirkung und kommen der ausgeprägten Präferenz zur persönlichen Kommunikation der Teilnehmer entgegen. In der Summe wird somit ein Angebot geschaffen, das Entscheidern, die nicht teilnehmen, den Eindruck vermittelt, Wesentliches verpasst zu haben. Damit dieser Eindruck aber entstehen kann, sind die Informationsangebote und Nutzenversprechen den relevanten Zielgruppen kommunikationspolitisch zu verdeutlichen. Die Besonderheiten des Veranstaltungswesens verlangen dabei allerdings spezifische Adaptionen des kommunikationspolitischen Instrumentariums. So gehört der Einsatz konventioneller Werbeträger zwar zum Standardrepertoire der Organisatoren, hat aber nur eine sehr begrenzte Mobilisierungswirkung. Wesentlicher ist die PR, insbesondere die Zusammenarbeit mit Verbänden und Fachzeitschriften; denn dadurch können relevante Informationen gezielter und glaubwürdiger in die relevanten Zielgruppen transportiert werden. Ferner kann die Präferenz der Teilnehmer für die persönliche Kommunikation auch dazu genutzt werden, über deren Netzwerke die Vorteile der Informationsgewinnung auf Veranstaltungen in die Kreise der veranstaltungsabstinenten Entscheider zu kommunizieren. Eine spezielle Rolle kommt dabei den Social Media zu, von denen jedoch derzeit in Deutschland lediglich Facebook eine ausreichende Nutzerbasis aufweist. Die kommunikativen Potenziale gerade dieses Dienstes sind aber in besonderer Weise geeignet, auch ansonsten unerreichbare Entscheider anzusprechen.

Zusammenfassend ist festzustellen, dass angesichts der Informationsmacht des Internets zwar die Herausforderungen für Organisatoren von Veranstaltungen wachsen, dass aber die Besinnung auf die eigenen Stärken und die Nutzung der unter anderem durch das Internet geschaffenen Kommunikationsmöglichkeiten auch in Zukunft ein ausreichendes Mobilisierungspotenzial bieten. So wird auch der hundertste Geburtstags des IP-Protokolls auf einer Veranstaltung gefeiert werden.

Literatur

AUMA. o. J. Umsatz der Messeveranstalter in Deutschland in den Jahren 2003 bis 2015 (in Milliarden Euro). In Statista – Das Statistik-Portal. http://de.statista.com/statistik/daten/studie/5489/umfrage/umsatz-der-deutschen-messeveranstalter-seit-2003/. Zugegriffen: 15. Sept. 2016.

AUMA, Hrsg. 2015. *Informations- und Beschaffungsverhalten von Entscheidern: Befragung von Messebesuchern und Nicht-Messebesuchern aus der deutschen Wirtschaft.* Berlin: AUMA.

Becker, J. 2013. *Marketing-Konzeption,* 10. überarbeit. und erw. Aufl. München: Vahlen.

BVMI. 2016. Halbjahresreport 2016 – Streaming weiterhin sehr dynamisch: Deutscher Musikmarkt wächst um 3,6 Prozent. http://www.musikindustrie.de/aktuell_einzel/news/halbjahresreport-2016/. Zugegriffen: 11. Aug. 2016.

Fischer, W. 1992. Zur Geschichte der Messen in Europa. In *Handbuch Messemarketing,* Hrsg. K.-H. Strothmann und M. Busche, 3–13. Wiesbaden: Gabler.

GCB. 2016. Partizipation statt Langerweile – Neue Konzepte für interaktive Veranstaltungsformate. http://www.gcb.de/de/newsmeldung/news/partizipation-statt-langeweile-neue-konzepte-fuer-interaktive-veranstaltungsformate.html. Zugegriffen: 17. Sept. 2016.

ghh consult. o. J. Umsatzentwicklung auf dem deutschen Tagungs- und Kongressmarkt von 1999 bis 2015 (in Milliarden Euro). In Statista – Das Statistik-Portal. http://de.statista.com/statistik/daten/studie/38469/umfrage/umsatz-auf-dem-tagungs-und-kongressmarkt-seit-1999/. Zugegriffen: 15. Sept. 2016.

Henschel, K. 2003. Messebegleitendes Kongressmanagement. In *Handbuch Messemanagement – Planung, Durchführung und Kontrolle von Messen, Kongressen und Events,* Hrsg. M. Kirchgeorg, W. M. Dornscheidt, W. Gisee, und N. Stoeck, 997–1009. Wiesbaden: Gabler.

Jansen-Meinen, V. 2013. Tagungen und Kongresse. In *Events in der Wissenschaft,* Hrsg. M. Kirchner, Th. Knoll, V. Jansen-Meinne, und U. Moldrzyk, 73–138. Berlin: Innokomm.

Kaldenhoff, A., und K. Beckmann. 2003. Management für erlebnisorientierte Kongresse, Tagungen und Seminare. In *Handbuch Messemanagement – Planung, Durchführung und Kontrolle von Messen, Kongressen und Events,* Hrsg. M. Kirchgeorg, W. M. Dornscheidt, W. Gisee, und N. Stoeck, 1025–1036. Wiesbaden: Gabler.

Klingberg, T. 2008. *Multitasking – Wie man die Informationsflut bewältigt ohne den Verstand zu verlieren.* München: Beck.

Kotler, P., K. Keller, und F. Bliemel. 2007. *Marketing-Management – Strategien für wertschaffendes Handel,* 12. Aufl. München: Pearson.

Kresse, H., und K. Engelsberg. 2006. *Recht der Messewirtschaft*. Baden-Baden: Nomos.

Media Perspektiven. o. J. Verkaufte Auflage deutscher Fachzeitschriften in ausgewählten Jahren von 1975 bis 2015 (in Millionen Exemplaren). In Statista – Das Statistik-Portal. http://de.statista.com/statistik/daten/studie/3749/umfrage/auflage-deutscher-fachzeitschriften-seit-1975/. Zugegriffen: 15. Sept. 2016.

Meffert, H., C. Burmann, und M. Kirchgeorg. 2012. *Marketing – Grundlagen marktorientierter Unternehmensführung.* 11. Aufl. Wiesbaden: Gabler.

o. V. 2016. Leitartikel. In *rf brief,* Nr. 17 vom 29. Aug. 2016, 1–2.

Prüser, S. 2012. Social Media in der B-to-B-Kommunikation. In *Business-to-Business-Kommunikation – Neue Entwicklungen im B-to-B-Marketing,* Hrsg. T. Baaken, T. Kesting, T. Kliewe, und R. Pörner, 219–237. Berlin: Schmidt.

Schilling, D. R. 2013. Knowledge doubling every 12 months, soon to be every 12 hours. http://www.industrytap.com/knowledge-doubling-every-12-months-soon-to-be-every-12-hours/3950. Zugegriffen: 10. Sept. 2016.

Statista. o. J. We Are Social: Ranking der beliebtesten Social Networks nach dem Anteil der Nutzer an der Bevölkerung in Deutschland im 4. Quartal 2015. In Statista – Das Statistik-Portal. https://de.statista.com/statistik/daten/studie/505947/umfrage/reichweite-von-social-networks-in-deutschland/. Zugegriffen: 21. Sept. 2016.

Stoeck, N., und K. Schraudy. 2003. Messen auf dem Weg zum integrierten Kommunikationsdienstleister. In *Handbuch Messemanagement – Planung, Durchführung und Kontrolle von Messen, Kongressen und Events,* Hrsg. M. Kirchgeorg, W. M. Dornscheidt, W. Gisee, und N. Stoeck, 227–238. Wiesbaden: Gabler.

Strothmann, K.-H. 1979. *Investitionsgütermarketing*. München: Moderne Industrie.

The Economist. 2010. Data, data everywhere. Special Report: Managing information. 25. Februar (S. 1–3).

Troll, K. 2003. Messekonzepte im Wandel der Zeit – Von der „Leidmesse" zur „Leitmesse". In *Handbuch Messemanagement – Planung, Durchführung und Kontrolle von Messen, Kongressen und Events,* Hrsg. M. Kirchgeorg, W. M. Dornscheidt, W. Gisee, und N. Stoeck, 31–48. Wiesbaden: Gabler.

Über den Autor

Prof. Dr. Sven Prüser war nach Abschluss seines betriebswirtschaftlichen Studiums und ersten praktischen Erfahrungen auf dem Gebiet der Marktforschung für Investitionsgüter zunächst wissenschaftlicher Mitarbeiter am Lehrstuhl für Investitionsgütermarketing der FU Berlin. Nach Abschluss der Promotion 1996 begann er als Marketingreferent bei der Messe Berlin und wurde 2000 zum Geschäftsbereichsleiter berufen. 2001 wechselte er zur Deutschen Messe AG und leitete dort das Auslandsgeschäft, bis ihm 2006 die Verantwortung für die CeBIT übertragen wurde. 2009 wurde Prüser zum Professor an der HTW Berlin berufen und ist seither in der Ausbildung für Wirtschaftsingenieure sowie in der Forschung tätig.

Kontakt: Sven.Prueser@HTW-Berlin.de

Future Meeting Space – Zukunft von Veranstaltungen aktiv gestalten

11

Matthias Schultze

Der Fortschritt lebt vom Austausch des Wissens.
Albert Einstein

Zusammenfassung

Die Veranstaltungsbranche ist im Umbruch. Das Projekt „Future Meeting Space" zeigt deshalb nicht nur Entwicklungen und Chancen auf, sondern gibt klare Handlungsempfehlungen. Das GCB German Convention Bureau e. V. hat dafür mit dem Europäischen Verband der Veranstaltungs-Centren e. V., dem Fraunhofer-Institut für Arbeitswirtschaft und Organisation IAO und weiteren Forschungspartnern zusammengearbeitet. Der „Future Meeting Guide" fasst die von Januar 2015 bis Juni 2016 erhobenen Ergebnisse aus Analysen, Experteninterviews und Fokusgruppen zusammen. Auf der Basis der bisherigen Ergebnisse wurden sechs Szenarien zukünftiger Veranstaltungsformen entwickelt. Als Umsetzungsbeispiel wurde daraus das interaktive Szenario „Future Meeting Room" ausgewählt und ausgearbeitet, um künftig auftretende Teilnehmerbedürfnisse und -anforderungen abdecken zu können.

M. Schultze (✉)
German Convention Bureau,
Frankfurt am Main, Deutschland
E-Mail: info@gcb.de

T. Knoll (Hrsg.), *Veranstaltungen 4.0*,
DOI 10.1007/978-3-658-16223-8_11

11.1 Einleitung: Ausgangslage und Herausforderungen für den Veranstaltungsort Deutschland

11.1.1 Projekt „Future Meeting Space“: Partner, Ziel, Umsetzung

Im Innovationsverbund „Future Meeting Space“ stellen sich das GCB German Convention Bureau e. V. sowie der Europäische Verband der Veranstaltungs-Centren e. V. gemeinsam mit dem Fraunhofer-Institut für Arbeitswirtschaft und Organisation IAO dem internationalen Wettbewerb. Unterstützt werden sie dabei von Forschungspartnern, die den gesamten Markt repräsentieren. Dazu gehören: Drees & Sommer AG, KFP Five Star Conference Service GmbH, Seven Centers of Germany, Tourismus NRW e. V. sowie das *visitBerlin* Convention Office.

Das Ziel: Entwicklungen in der Veranstaltungsbranche analysieren und systematisieren, um darauf aufbauend technische, organisatorische und räumliche Anforderungen für erfolgreiche Veranstaltungen zu entwickeln.

Im Rahmen der Forschungsarbeit hat der Innovationsverbund einen Innovationskatalog erstellt, Experteninterviews und Fokusgruppen durchgeführt sowie sechs verschiedene Szenarien ausgearbeitet, welche die Veranstaltungswirtschaft zukünftig beeinflussen können. Das Projekt beleuchtet systematisch Entwicklungen in den Bereichen Gesellschaft, Didaktik und Methodik, Technologie, Mobilität und Infrastruktur. Mit Experteninterviews wurden die identifizierten Entwicklungen aus verschiedenen Perspektiven gespiegelt; Fokusgruppen haben diese aus verschiedenen Nutzerperspektiven reflektiert.

> Die Konkurrenz auf der Angebotsseite wird sicherlich wachsen. Damit stellt sich die Frage: Wie schaffe ich es, weltweite Aufmerksamkeit für das, was ich habe, […] zu erregen? (Prof. Dr. Joachim Kahlert, LMU München).

11.1.2 Methodik und Vorgehen

Nach der Analyse aktueller Entwicklungen mit Auswirkungen auf den Veranstaltungsmarkt wurde in der ersten Projektphase ein Innovationskatalog erstellt. Der Innovationsverbund entwickelte daraus in der zweiten Phase mithilfe von Experteninterviews und Fokusgruppenbefragungen sechs innovative Veranstaltungsszenarien, die Veranstaltungsteilnehmende in einer Online-Befragung auf ihre Relevanz für die Branche bewertet haben. Daraus wurde im April 2016 mit den Verbundpartnern abschließend ein Szenario ausgewählt und Handlungsempfehlungen für die Gestaltung des „Future Meeting Room“ gegeben. Die drei Projektphasen wurden durch verschiedene Forschungstreffen begleitet, bei denen die Teilnehmenden aktuelle Forschungsinhalte diskutiert und Best-Practice-Projekte besichtigt haben.

11.1.3 Veranstaltungsstandort Deutschland: Innovationen und gesellschaftliche Veränderungen

Deutschland nimmt als Standort für Veranstaltungen eine herausragende Position ein. Denn neben dem hervorragenden Preis-Leistungs-Verhältnis und der ausgezeichneten Infrastruktur punktet Deutschland mit umfassendem Know-how in vielen Bereichen der Wirtschaft und Wissenschaft. Vor allem in sechs Bereichen bieten deutsche Städte und Regionen wertvolle Kontakte oder thematisch passende Rahmenprogramme für Veranstaltungen: Medizin und Gesundheit, Transport, Logistik und Verkehr, Chemie und Pharma, Technologie und Innovation, Energie und Umwelt sowie Finanzdienstleistungen.

> Sich mehr auf Neues einlassen. Ich glaube, das kann man mit Veranstaltungen auch sehr gut üben. Eine neue Kultur einbauen (Prof. Dr. Reinhold Leinfelder, Futurium Haus der Zukunft gGmbH).

11.1.3.1 Internationalität und interkulturelle Kompetenzen

Die Anzahl von Veranstaltungen und internationalen Teilnehmenden in Deutschland hat in den letzten Jahren konstant zugenommen. Im Ländervergleich steht Deutschland als Destination für Tagungen und Kongresse europaweit auf Platz eins, weltweit nach den USA auf Rang zwei. Insgesamt gab es 2016 in Deutschland 3,02 Mio. Veranstaltungen mit 394 Mio. Teilnehmenden.

Aufgrund der Globalisierung und der zunehmenden Vernetzung von Veranstaltungen und Teilnehmenden werden interkulturelle Kompetenzen immer wichtiger. Das zeigt die steigende Anzahl der internationalen Gäste. 2016 kamen 32 Mio. Teilnehmende aus dem Ausland – mehr als doppelt so viele wie 2006.

Neue Anbieter am Markt stellen aber auch eine Tagungs- und Kongressdestination wie Deutschland vor Herausforderungen. Denn sie steigern durch modernste Infrastrukturen (zum Beispiel Messe- und Kongresszentren, Flughäfen) oder durch deutlich geringere Nebenkosten erheblich den Wettbewerbsdruck.

Außerdem wandeln sich die Zielgruppen. Ausgelöst von gesellschaftlichen Veränderungen verändern sich die Bedürfnisse der Teilnehmenden stetig – und immer schneller.

11.1.3.2 Innovationskatalog

Der im Dezember 2015 veröffentlichte Innovationskatalog umfasst 120 für Tagungen und Kongresse maßgebliche Innovationen und bildet bereits eine Reihe von Trends ab: von Sharing-Konzepten und neuen Formaten der Wissensvermittlung über technische Tools für die Kommunikation und Zusammenarbeit über weite Distanzen bis hin zu Sicherheit, alternativen Mobilitätskonzepten und Nachhaltigkeit. Maßgebliches Kriterium der Auswahl: der Innovationsgrad, der sich an Neuartigkeit, Marktreife und Bekanntheit orientiert.

> Menschen wollen involviert sein und mitgestalten, und wenn es um Wissensvermittlung geht, dann wollen sie nicht nur zuhören, sondern aktiv lernen (Evelyn Bodenmeier, die omnikraten).

11.1.3.3 Wunsch nach Partizipation und Interaktion nimmt zu

Treiber der aktuellen gesellschaftlichen Veränderungen sind auf der einen Seite der Wunsch nach mehr Mit- und Selbstbestimmung sowie die Suche nach passenderen Lösungen, auf der anderen Seite das erhöhte Sicherheitsbedürfnis. Die Menschen möchten trotz wahrgenommener Sicherheitsrisiken nicht auf die persönliche Interaktion verzichten. Veranstaltungen müssen diesem Bedürfnis gerecht werden und zum Beispiel auf Datensicherheit achten. Auch die Reise-und Aufenthaltssicherheit spielen eine wichtige Rolle.

Bereits heute nehmen die Angehörigen der „Generation Y“ aktiv an Veranstaltungen teil. Sie möchten ihr Wissen erweitern und ausbauen, es gemeinsam mit anderen analysieren und diskutieren sowie das Gelernte aktiv anwenden. Interaktion und Austausch rücken in den Fokus – ergänzt durch praktische Anwendung und die Vermittlung eines Erlebniswerts.

Formate wie „Innovation Boot Camps“ oder „Design Thinking“ sollen die Kreativität aller Teilnehmenden fördern. „Matchmaking“-Maßnahmen unterstützen den Ausbau des eigenen Netzwerks und Konzepte wie „Gamification“ bieten neue Erlebniswerte.

> The sharing economy system and the city management systems are infected a lot by digitalization (Prof. Greg Clark CBE, The Business of Cities Limited).

11.1.3.4 Teilen und Tauschen statt Kaufen

„Share Economy“ oder kurz: „Shareconomy“ ist eine weitere Entwicklung. Der Trend, Güter zu teilen, zeigt sich zum Beispiel darin, dass Teilnehmende bei der An- und Abreise vermehrt auf Sharing-Angebote bei Verkehrsmitteln und Übernachtung zurückgreifen.

Insbesondere in sozialen Netzwerken ist die „Shareconomy“ deutlich erlebbar. Nutzer teilen dort ihre Erfahrungen und Meinungen öffentlich mit anderen Mitgliedern – auch über Veranstaltungen. Einige Formate reagieren genau auf diese Entwicklung, wie zum Beispiel die sogenannten „Instawalks“, bei denen Teilnehmende dazu aufgefordert werden, Bilder und Erfahrungen von einer Veranstaltung auf Instagram zu teilen und mit einem gemeinsamen „Hashtag“ zu versehen.

Der Austausch mit anderen wird zum essenziellen Veranstaltungsbedürfnis. Vor allem ältere Teilnehmende möchten ihre jahrelang gesammelten Erfahrungen weitergeben und gleichzeitig auf dem neuesten Stand bleiben.

> […] Im Großen und Ganzen besteht der Wunsch, dass sich mit der neuen Technologie auch das Nutzerverhalten verändern wird, aber man muss gerade andersherum denken (Prof. Dr. Werner König, Hochschule Worms).

11.1.3.5 Technologische Innovationen begünstigen individuelle Lösungen

Der Wunsch nach Veranstaltungen, die individuell auf die eigenen Bedürfnisse zugeschnitten sind („Customization“), nimmt zu. Wie beim Neuwagenkauf, bei dem sich Kunden mit einem Konfigurator ihr „persönliches“ Auto zusammenstellen können, richtet auch die Veranstaltungsbranche ihre Angebote individueller aus. Und wie auf den Konsummärkten wird das auch hier durch technologische Entwicklungen und Innovationen unterstützt bzw. erst ermöglicht. Zum Beispiel indem virtuelle Räume geschaffen und als erweiterte Realität erlebt werden, oder indem die Vernetzung durch digitale Dolmetscher sowie großformatige und intuitiv bedienbare Kollaborationstechniken vorangetrieben wird. Individuellere Kommunikation und Zusammenarbeit werden so auch über weite Distanzen selbstverständlich.

Der technologische Fortschritt verändert – und individualisiert – aber auch das Mobilitäts- und Reiseverhalten der Menschen, weil sie ihre Fortbewegungsmittel immer flexibler kombinieren. Auch hier eröffnet einerseits der technische Fortschritt neue Möglichkeiten, zum Beispiel beim „autonomen“ Fahren, vernetzten Fahrzeugen oder bemannten Drohnen. Andererseits steigt die Nachfrage nach Carsharing, Mitfahrgelegenheiten und ÖPNV – auch aus ökologischen Gründen.

Das An- und Abreiseverhalten wird gemeinschaftlicher organisiert. Technologische Innovationen ermöglichen es, dem Bedürfnis nach individuellen Veranstaltungsangeboten Rechnung zu tragen, sie vereinfachen aber auch den Ablauf vor Ort, zum Beispiel durch bargeldlose Bezahlsysteme.

> Löst eine Technologie alle anderen ab? Es wird stattdessen immer stärker zu einem Miteinander (Prof. Dr. Jens Gerken, Westfälische Hochschule).

11.2 Veranstaltungswirtschaft in Deutschland: Vernetzung, Zusammenarbeit und Integration

Weniger ist mehr. Teilnehmende fordern verstärkt „auf das Wesentliche reduzierte“ Veranstaltungen. Begegnungen, der persönliche Austausch sowie das gemeinsame Erleben stehen im Mittelpunkt. Ein Trend, der, verbunden mit einem hohen Grad an Mitbestimmung („Co-Creation“) der Teilnehmenden, Veranstaltungen attraktiver macht. Vor allem, wenn auch die Organisation flexibler gehandhabt wird. Ein fest vorgegebener Rahmen kann bei der Themenfokussierung helfen, dennoch sollten ausreichend Raum und Zeit für die Vernetzung untereinander geboten werden.

> Da die Zeit sehr begrenzt ist, wird sich auch die Veranstaltungsbranche ändern müssen und zwar dahingehend, dass es [...] Online- und virtuelle Angebote gibt. Man sollte teilnehmen können, ohne direkt anwesend zu sein [...] (Michael Kluger, Kluger-Plan).

11.2.1 Digitale Tools fördern die Vernetzung

Die Vernetzung der Teilnehmenden untereinander ist deshalb zukünftig eines der zentralen Veranstaltungselemente. Dieses Element kann gezielt mit digitalen „Matchmaking“-Tools unterstützt werden. Teilnehmende geben dazu im Vorfeld der Veranstaltung ihre thematischen Präferenzen und Interessen an; der Veranstalter kann dann mit diesen Daten gezielt Teilnehmende mit ähnlichen Präferenzstrukturen zusammenbringen. Die Vernetzung wird also in Zukunft digital unterstützt.

Interessenten, die aus zeitlichen oder finanziellen Gründen nicht anreisen können, werden virtuelle Alternativen angeboten. Sie können digital in einem virtuellen Raum, als Hologramm oder per Videokonferenz teilnehmen und erweitern so den Kreis der Teilnehmenden global.

Im Zuge dessen bietet es sich an, einen „digitalen Dolmetscher“ zu implementieren, der Sprachbarrieren überwindet und die internationale Zusammenarbeit fördert. Virtuelle Angebote werden allerdings die persönliche Face-to-Face-Kommunikation nie vollständig ersetzen – sie wird vielmehr durch solche ergänzt.

> Aufgrund der immer schneller laufenden Innovations- und Entwicklungszyklen wird auch die Kluft zwischen Wissensträgern und Nichtwissenden immer größer werden (Evelyn Bodenmeier, die omnikraten).

11.2.2 Wissensvermittlung durch Zusammenarbeit

Gemeinsam zusammenarbeiten („Kollaboration“) hat vor allem bei der Wissensvermittlung einen großen Stellenwert. Denn Informationen zu teilen und dadurch gemeinsam neues Wissen zu generieren ist nachhaltiger.

Veranstalter sollten daher die Interaktion vor Ort nicht nur durch entsprechende Formate (Innovation Boot Camps, TED Talks, World Cafés etc.) und Technologien (Hologramm, Tangible Media, Bluescape usw.) fördern, sondern auch Inhalte online verbreiten und (in einem gewissen Rahmen) zugänglich machen. Und so direkt an das veränderte Lern- und Lehrverhalten anknüpfen.

> Die neue Generation definiert das Thema Kennenlernen ganz anders. […] Die Definition von Kennenlernen wird durchaus über die digitalen Medien begründet (Stefan Dietl, Festo Didaktic SE).

11.2.3 Social Media gezielt nutzen

Wissen und Informationen zu teilen ist vor allem in den sozialen Medien weit verbreitet. Veranstalter müssen darauf vorbereitet sein, dass über sie oder ihre Veranstaltung im Netz geredet wird, auch wenn sie dort nicht präsent sind. Besser ist es deshalb, selbst aktiv zu werden und über Social Media zu kommunizieren. Teilnehmende können etwa dazu aufgefordert werden, Inhalte mit einem festgelegten Herkunftsverweis („Hashtag“) zu verbreiten. Veranstalter können aber auch selbst aktiv werden und gezielt potenzielle Teilnehmende ansprechen. Die Reichweite erhöht sich durch Aktivitäten in den sozialen Medien enorm.

Die Integration digitaler Elemente (zusätzlich zur standortübergreifenden Vernetzung mit Hologrammen, virtuellen Räumen etc.) schafft einen Mix aus virtuellen und realen Angeboten. Formate wie der „Instawalk“ oder die „Virtual-Reality“-Brille verbinden dabei virtuell mit analog und erhöhen die Online-Präsenz der Veranstaltung.

> […] Technik alleine hat noch keinen Mehrwert. Erst, wenn sie den Menschen unterstützt, bekommt sie einen Mehrwert. Dadurch ist ganz klar, dass, ohne den Benutzer zu betrachten, gar nicht von Mehrwert gesprochen werden kann. Daran hängt zumeist auch der kommerzielle Erfolg (Prof. Dr. Werner König, Hochschule Worms).

11.2.4 Datensicherheit und Smartphone-Lösungen

Veranstalter müssen eine sichere Datenverbindung sowie den kompetenten Umgang mit den bereitgestellten Daten garantieren oder Teilnehmende auf ihren Online-Datenmanager hinweisen. Dieser organisiert und kontrolliert die Zugriffsrechte auf persönliche Daten im Internet. Wenn nötig, sperrt er sie gegen den Zugriff von Dritten. Wenn die Teilnehmenden sicher sein können, dass ihre eigenen Daten im Netz sicher sind, sind sie eher bereit, auch kritische Inhalte online auszutauschen.

Vor allem Geschäftsreisende tragen ihre Zahlungsmittel, Ausweise und Dokumente ständig bei sich und wünschen sich eine mobile, elektronische Lösung. Die kann zum Beispiel so aussehen, dass das Smartphone als Brieftasche zum Bezahlen, als Eintrittskarte oder als Fahrkarte genutzt wird. Bei Verlust oder Diebstahl sind die Daten über eine Zugangsberechtigung gesichert und können von einem anderen Endgerät abgerufen oder gesperrt werden.

> Die Mobilität wird sich in den nächsten fünf bis zehn Jahren so stark verändern, wie sie es in den letzten hundert Jahren nicht getan hat (Martin Hauschild, BMW Group).

11.2.5 Neue Anforderungen an die Mobilität

Die räumliche Mobilität bleibt ein Grundbedürfnis. Denn die veränderte Mobilität ist eng an den gesellschaftlichen Wandel, die Urbanisierung, das wachsende ökologische Bewusstsein sowie die Durchdringung nahezu aller Bereiche mit Informations- und Kommunikationstechnologien gekoppelt.

Autonomes Fahren erhöht nicht nur die Sicherheit auf den Straßen und mindert das Verkehrsaufkommen, sondern macht auch die Reisezeit effizienter nutzbar. Drohnen übertragen heute schon Live-Bilder von Veranstaltungen und werden bald auch Güter und Menschen transportieren.

Gleichzeitig kommt die Elektromobilität dem ökologischen Bewusstsein entgegen. Zur Anreise mit dem eigenen Auto gibt es heute schon viele Alternativen. Das Smartphone wird dabei zum persönlichen Mobilitätsassistenten, zum Beispiel indem eine App auf freie Parkplätze, alternative Anreisewege, Warteschlangen oder Staus hinweist.

Infrastrukturelle Anforderungen machen sich insbesondere im ökologischen Bewusstsein bemerkbar. Umweltschonende Verkehrsmittel wie der ÖPNV, ein intermodales Verkehrsangebot wie AIRail, das zentrale Bahnhöfe in Deutschland mit dem Flughafen Frankfurt als Zubringeralternative zum Flugzeug oder PKW verbindet, oder Elektrofahrzeuge werden verstärkt nachgefragt.

Teilnehmende fordern aber auch „grüne Veranstaltungen", die den Ressourcenverbrauch (Materialeinsatz, Energieverbrauch, Abfallaufkommen) mit intelligenten Lösungen verringern. Daneben spielen regionale Bezüge eine wichtige Rolle. Dies kann sich im gastronomischen Angebot oder in der Verwendung regionaler Bildmotive und Traditionen wiederfinden.

Die weniger gut ausgebaute Infrastruktur im ländlichen Raum wird in der Regel von allen Teilnehmenden akzeptiert. Hier ist es gerade die Abgeschiedenheit, die zum Beispiel verstärkt für Networking-Veranstaltungen genutzt wird.

11.3 Forschungsergebnisse und -erkenntnisse: Innovationen, die sich auswirken

11.3.1 Höhere Ansprüche: Sechs Anforderungen an einen Meeting Space

Die Ansprüche an Veranstaltungen steigen. Im Fokus stehen sechs Anforderungen:

1. Interaktion – Teilnehmende wollen bei Veranstaltungen aktiver agieren und mitgestalten.
2. Flexibilität – Unterschiedliche Gruppengrößen mit unterschiedlichen Formaten brauchen unterschiedlich große Räume mit veränderbaren Settings sowie intuitiv bedienbarer und individuell buchbarer Ausstattung.
3. Kurzfristigkeit – Kürzere Innovationszyklen und tagesaktuelle Themen fordern kurze Vorbereitungszeiten.
4. Zeiteffizienz – Entweder Anreisezeit und Veranstaltungsdauer werden kurz gehalten, oder man schafft eine Möglichkeit, um die Zeit bei Veranstaltungen auch für das Tagesgeschäft zu nutzen.
5. Sicherheit – Der wachsenden Sensibilität bei personenbezogenen Daten muss genauso Rechnung getragen werden wie der Zunahme von Personen- und Gepäckkontrollen vor Ort.
6. Erlebnis – Nur eine Veranstaltung, die ein besonderes emotionales Erlebnis schafft, bleibt in Erinnerung.

11.3.2 Der Mix macht's: Sechs verschiedene Veranstaltungsformen liegen im Trend

In Zukunft wird eine Vielzahl von unterschiedlichen Veranstaltungsformen stattfinden und nachgefragt werden. Sechs Szenarien wurden identifiziert:

1. Interaktives Forum: Eine Veranstaltung mit 50 bis 200 Gästen startet mit einem gemeinsamen frontalen Vortrag, danach werden einzelne Themengebiete in Kleingruppen bearbeitet. Die Interaktion der Teilnehmenden steht im Vordergrund.
2. Räumlich verteilter Kongress: Mehrere regionale Veranstaltungen finden an mehreren Standorten gleichzeitig und gleichberechtigt statt. Eine Übertragung und somit auch Kommunikation sind gewährleistet. Dieses Szenario punktet vor allem mit Zeiteffizienz, Sicherheit und Erlebniskreation.
3. Co-Working-Kongress: Eine mehrtägige Veranstaltung gibt genug Raum und Zeit, um ein nachhaltiges Netzwerk aufzubauen, zu pflegen und trotzdem notwendige Arbeiten des Berufsalltags zu erledigen. Kurzfristigkeit und Zeiteffizienz machen den Reiz dieses Szenarios aus.
4. Analog total: Die analoge Veranstaltung findet bewusst an einem abgeschiedenen Ort statt. Ziel ist die Fokussierung auf die Inhalte, die Anbindung an die Außenwelt spielt keine Rolle. Ein Szenario, das vor allem die Anforderungen an Sicherheit und Erlebnis abdeckt.
5. Hybride Veranstaltung: Eine reale Veranstaltung wird um einen virtuellen Raum erweitert. Die Existenz einer virtuellen Parallelwelt ermöglicht es den Teilnehmenden, sowohl physisch als auch digital anwesend zu sein. Das Szenario ist deshalb besonders zeiteffizient und erlebnisreich.
6. „Virtual goes real": Eine ausschließlich in sozialen Medien existierende Community trifft sich außerhalb der Netzwerke, um persönlich und direkt in Kontakt zu treten. Ein Szenario, das Interaktionselemente mit Kurzfristigkeit und Erlebniswerten vereint.

11.3.3 Veranstaltungsszenario „Future Meeting Room"

Der „Future Meeting Room" verbindet verschiedene Szenarien und deckt künftig auftretende Teilnehmerbedürfnisse und -anforderungen ab. Er kann als hybride Struktur, aber auch räumlich-verteilt oder als Co-Working-Veranstaltung auftreten.

In einem „Future Meeting Room" kommt eine Gruppe von bis zu 150 Personen zusammen, um ein bestimmtes Thema zu erschließen, zu diskutieren und gegebenenfalls weiterzuentwickeln. Ziel ist es, die Interaktion und Wissensvermittlung intensiv zu fördern, Teilnehmende mit verschiedenen Hintergründen zusammenzubringen und den Einzelnen aktiv zu beteiligen.

Die Veranstaltung startet mit einem Vortrag oder einer Reihe von Vorträgen. Anschließend teilen sich die Gäste in mehrere Kleingruppen auf. In diesen Kleingruppen werden jeweils ein Themenschwerpunkt diskutiert, weiterentwickelt sowie Lösungsvorschläge entwickelt. Der Ablauf kann sich auch wiederholen.

Dieses Szenario, das zukünftig den Hauptteil des Veranstaltungsgeschehens ausmachen wird, kann mittels Sonderformen spezifiziert werden. Dazu gehören:

Räumliche Verteilung
Veranstaltungen finden parallel an mehreren Standorten statt. Sie werden wechselseitig übertragen, damit die Teilnehmenden miteinander kommunizieren können.

Vorteile

- Stärkere Interaktion durch kleinere Gruppen.
- Zeiteffizienz aufgrund kurzer Vorlaufzeit und Anfahrtswege.
- Einfachere Sicherung aufgrund kleiner Gruppen und Räume.
- Höherer Erlebniswert durch kleine Gruppen und Vernetzung mit anderen Standorten.

Organisation und Technik

- 150 Teilnehmende verteilen sich auf drei Standorte mit maximal 50 Personen.
- Kleingruppen arbeiten mittels verschiedener Technologien standortunabhängig miteinander.
- Eine Moderation organisiert und kontrolliert standortübergreifende Interaktion.
- Vorträge, Inhalte und Daten werden mit anderen Standorten und Teilnehmenden geteilt.
- Interaktionstools zur standortübergreifenden Vernetzung und Kommunikation sind notwendig.

Hybride Veranstaltung
Die reale Veranstaltung wird in den virtuellen Raum verlängert. Teilnehmende können damit sowohl physisch als auch digital anwesend sein.

Vorteile

- Geringerer zeitlicher Aufwand.
- Neuartiges Erlebnis durch virtuelle Angebote.

Organisation und Technik

- Eine Moderation organisiert und kontrolliert standortübergreifende Interaktion.
- Vorträge, Inhalte und Daten werden mit anderen Standorten und Teilnehmenden geteilt.
- Interaktionstools zur standortübergreifenden Vernetzung und Kommunikation sind nötig.

Co-Working
Die Veranstaltung wird bewusst auf mehrere Tage ausgeweitet, um Zeit und Gelegenheit für den Aufbau und die Pflege eines nachhaltigen Netzwerks sowie zum Erledigen notwendiger Arbeiten des Berufsalltags einzuräumen.

Vorteile

- Vermehrte Interaktion durch längeren Aufenthalt.
- Besonders zeiteffizient, da vor Ort gearbeitet werden kann.

Organisation und Technik

- Multi-Space-Räume werden zusätzlich zum Arbeiten genutzt.
- Es gibt ein Foyer mit Sitzmöglichkeiten, Arbeitsplätzen, Telefonzellen und beruhigten Bereichen.
- Erweiterte Veranstaltungsdauer (eine Woche).
- Zusätzliche Zeiten zum Co-Working stehen den Teilnehmenden zur freien Verfügung.

„Virtual goes real"
Teilnehmende einer Community aus den sozialen Medien begegnen sich real auf einer Veranstaltung, um persönlich und direkt miteinander zu kommunizieren.

Vorteile

- Die Interaktion der Community-Mitglieder wird auf eine neue Ebene gehoben.
- Aufgrund der Schnelllebigkeit des Internets können hochaktuelle Themen bearbeitet werden.
- Das persönliche Aufeinandertreffen in der realen Welt schafft ein neues Erlebnis.

Organisation und Technik

- Verstärkter Technikeinsatz (Tablets, Smartwatch, VR-Brille etc.).

11.4 Fazit: Darauf kommt's an

Aus den Fokusgruppen und Aussagen von Experten können die folgenden zwölf Erkenntnisse generiert werden:

1. Wir arbeiten vermehrt zusammen.
2. Auf Veränderungen muss flexibel reagiert werden – mit unterschiedlich großen Räumen, veränderbaren Settings sowie intuitiv bedienbarer und individuell buchbarer Ausstattung.
3. Veranstaltungen werden mobiler, interaktiver und innovativer.
4. Sprachbarrieren zu überwinden unterstützt die internationale Zusammenarbeit.
5. Aus Gründen der Zeiteffizienz werden Veranstaltungen nur noch selten über mehrere Tage gehen.
6. Nach wie vor sind reale Treffen aufgrund von persönlichen Beziehungen unverzichtbar. Aufbau und Pflege des eigenen Netzwerks gehören zum Kern jeder Veranstaltung.
7. Mehr Vielfalt ist gefragt. Reale Veranstaltungen und virtuelle Plattformen ergänzen sich gegenseitig.
8. Veranstaltungen müssen individuelle, vielfältige und nutzerabhängige Angebote ermöglichen, auch um wettbewerbsfähig zu bleiben. Besucher werden zu aktiven Teilnehmenden, die individualisierte Informationsvermittlung wird wichtiger.
9. Eine Veranstaltung muss eine User Experience und Emotionen kreieren – auch durch Elemente aus dem Freizeitbereich. Damit Teilnehmende Zeit in eine Veranstaltung investieren, müssen Anreize geschaffen werden.

10. Teilnehmende möchten neues Wissen erlangen, anwenden und ihre eigenen Kenntnisse weiter ausbauen.
11. Der Einsatz von Technologie soll die gesamte Durchführung und Organisation einer Veranstaltung bzw. eines Veranstaltungsbesuchs unterstützen. Die sinnvolle Integration von Technik stellt für alle Teilnehmenden einen Mehrwert dar.
12. Virtuelle Treffen und virtuelle Zusammenarbeit nehmen weiter zu. Ursachen hierfür sind unter anderem das geminderte Reiseaufkommen aufgrund von veränderten Sicherheits- und Umweltbedürfnissen.

Über den Autor

Der Betriebswirt Matthias Schultze ist Geschäftsführer des GCB German Convention Bureau e. V. mit Hauptsitz in Frankfurt und Repräsentanzen in New York und Peking. Das GCB vermarktet Deutschland national und international als Standort für Tagungen und Kongresse. Als strategische Partner unterstützen die Deutsche Lufthansa, die Deutsche Bahn und die DZT Deutsche Zentrale für Tourismus die Arbeit des GCB. Die berufliche Laufbahn von Matthias Schultze umfasst Stationen im nationalen und internationalen Hotel- und Kongressmanagement, u. a. für Hilton International und als Mitglied der Geschäftsleitung der Betreibergesellschaft des World Conference Center Bonn – dem Kongresszentrum rund um den ehemaligen Plenarsaal des Deutschen Bundestages. Als Vizepräsident des EVVC sowie Mitglied des Marketingausschuss des GCB engagierte er sich zudem im nationalen Verbandswesen und Destinationsmarketing. Seine Ausbildung zum Hotelfachmann absolvierte Matthias Schultze im Brenner's Park Hotel in Baden-Baden. Anschließend folgte ein betriebswirtschaftliches Studium an der Hotelfachschule in Heidelberg.

Kontakt: info@gcb.de

Printed by Printforce, the Netherlands